U0461285

普通高等学校安全科学和工程类专业系列教材

# 矿山事故
# 应急救援理论与技术

主 编／韦善阳 郑禄林

副主编／李波波

重庆大学出版社

## 内容提要

本书以我国相关法律法规、行业标准为依据,系统讲述了矿山事故应急救援基本知识、体系,事故应急救援的编写要求、方法、步骤和管理,以及事故应急救援的培训演练等内容,阐述了矿山事故应急救援所需的救援队伍及装备的有关知识。为了使教材更具实用性和可操作性,针对矿山各类事故分析了事故应急救援处理的原则和程序,并对应提供了典型的事故案例;此外,对矿山事故避灾自救互救与现场急救方法措施也作了论述,达到理论与实践相结合的目的。全书内容共 6 章,包括矿山事故应急救援概论,矿山事故应急救援管理体系,矿山事故应急救援预案,矿山应急救援队伍及技术装备,煤矿、金属非金属矿山事故应急救援处置,矿山事故现场急救与自救互救。

本书可作为高等院校安全工程等安全科学与工程类专业的教材,也可作为矿山企业安全技术人员、安全管理人员等的实用参考书。

**图书在版编目(CIP)数据**

矿山事故应急救援理论与技术／韦善阳,郑禄林主编. -- 重庆：重庆大学出版社,2024.7. --(普通高等学校安全科学和工程类专业系列教材). -- ISBN 978 -7-5689-4572-1

Ⅰ. TD77

中国国家版本馆 CIP 数据核字第 20249LJ099 号

矿山事故应急救援理论与技术

KUANGSHAN SHIGU YINGJI JIUYUAN LILUN YU JISHU

主 编　韦善阳　郑禄林
副主编　李波波
策划编辑:苟荟羽
责任编辑:田 雨　版式设计:苟荟羽
责任校对:姜 凤　责任印制:张 策

*

重庆大学出版社出版发行
出版人:陈晓阳
社址:重庆市沙坪坝区大学城西路 21 号
邮编:401331
电话:(023)88617190　88617185(中小学)
传真:(023)88617186　88617166
网址:http://www.cqup.com.cn
邮箱:fxk@ cqup.com.cn(营销中心)
全国新华书店经销
重庆市远大印务有限公司印刷

*

开本:787mm×1092mm　1/16　印张:13　字数:295 千
2024 年 7 月第 1 版　2024 年 7 月第 1 次印刷
印数:1—1 000
ISBN 978-7-5689-4572-1　定价:39.00 元

本书如有印刷、装订等质量问题,本社负责调换
版权所有,请勿擅自翻印和用本书
制作各类出版物及配套用书,违者必究

# PREFACE 前　言

　　随着我国科学技术和社会经济快速发展,人民群众对安全的要求越来越高,应急救援作为防范和减少事故损失的关键环节,在国家安全生产和应急管理工作的总体布局中处于重要地位。党中央、国务院高度重视安全生产,确立了安全发展理念和"安全第一、预防为主、综合治理"的方针,并采取一系列重大举措加强安全生产工作。习近平总书记关于必须完善安全生产应急救援体系的论述强调,必须始终把做好应急救援工作作为安全生产工作的重要内容,持之以恒加强应急能力建设,为人民生命财产安全把好最后一道防线。因此,为牢牢守住安全底线,推进我国矿山事故应急救援工作,基于专业人才培养和矿山安全管理水平提升的需求,我们编写了本书。

　　本书以我国相关法律法规、行业标准为依据,系统讲述了矿山事故应急救援基本知识、体系,事故应急救援的编写要求、方法、步骤和管理,以及事故应急救援的培训演练等内容,阐述了矿山事故应急救援所需的救援队伍及装备的有关知识。为了使教材更具实用性和可操作性,针对矿山各类事故分析了事故应急救援处理的原则和程序,并对应提供了典型的事故案例;此外,对矿山事故避灾自救互救与现场急救方法措施也作了论述,达到理论与实践相结合的目的。全书内容共分为6章,包括矿山事故应急救援概论,矿山事故应急救援管理体系,矿山事故应急救援预案,矿山应急救援队伍及技术装备,煤矿、金属非金属矿山事故应急救援处置,矿山事故现场急救与自救互救。本书由韦善阳、郑禄林任主编,李波波任副主编。第1章、第2章由郑禄林编写,第3章、第4章由李波波和韦善阳编写,第5章、第6章由韦善阳编写,全书由韦善阳统稿。

　　本书的编写注重吸收已有教材成果,进一步完善各类矿山事故应急救援分析,将有关的最新数据、技术和规范纳入书中,并与国家相关的政策法规和技术标准保持一致。本书可作为安全工程等安全科学与工程类专业的教材,也可作为矿山企业安全技术人员、安全管理人员等的实用参考书。

　　由于作者水平有限,书中疏漏和错误之处在所难免,恳请读者不吝批评指正。

编　者

2024 年 1 月

# CONTENTS 目 录

# 第1章
# 矿山事故应急救援概论

    矿山事故应急救援在矿山安全方面占据重要地位,在全面掌握矿山事故应急救援技术之前必须先了解和掌握矿山事故应急救援基本知识。本章主要介绍了应急救援的目的与意义、应急救援的相关基本知识、事故应急救援基本法律法规、矿山事故应急救援的相关基本知识,使学生掌握应急救援的基本知识,为后续学习奠定基础。

## 1.1 应急救援概述

### 1.1.1 应急救援的目的与意义

    20世纪以来,随着工业化进程的迅猛发展,特别是第二次世界大战以后,危险化学品使用种类和数量急剧增加,各种工业事故呈不断上升的趋势。危及社会安全的重大事故时有发生,给人民生命安全、国家财产和环境安全构成重大威胁。重大工业事故的应急救援是近年来国内外开展的一项社会性减灾救灾工作。应急救援可以加强对重大工业事故的处理能力,一旦重大事故发生,可根据预先制定的应急处理的方法和措施,做到临危不乱,高效、迅速做出应急反应,尽可能缩小事故危害,减小事故后果对生命、财产和环境造成的危害。

    应急救援是经历惨痛事故后得出的教训,各国在工业不断发展的同时,重特大事故也与日俱增。

    1993年8月5日,深圳市某区的清水河危险品仓库发生特大火灾爆炸事故。这次事故经历了2次大爆炸,7次小爆炸,损坏、烧毁各种车辆120余台,死亡18人,受伤873人,其中重伤136人,烧毁炸毁建筑物面积39 000 m²,仅该市消防支队就损坏、炸毁消防车辆38台,41人受伤,直接经济损失达2.5亿元。在这次火灾事故中,有着深刻的教训:①库区选址不当;②未经批准,擅自改变储存物性质;③管理不善,水源严重缺乏;④有些领导干部对消防机构提出隐患的整改,凡认为整改难度大、需要投资的均未认真整改,结果造成重大的灾难。

    1997年6月27日21时30分,北京市某化工厂罐区着火,区内共有2.1万吨易燃易爆危险品。在发生爆炸后,北京市政府有关机构和领导立即启动应急救援计划,在第一时间迅速做出反应,调动消防队、救援组织和应急队伍,用尽一切方法保证了对救援行动的支援。经过40多个小时的艰苦奋战,终于扑灭了大火。在这次行动中,成功地把经济损失降到了最低,而且全体人员没有重伤或死亡。

全球每年发生伤亡事故约 2.5 亿起,大致造成 110 万人死亡,1997 年由此造成的经济损失相当于全球 GDP 的 4%。事实告诉我们,要重视对重大事故的预防和控制的研究,建立应急救援的各项措施,及时有效地实施应急救援行动。这样不但可以预防重大灾害的出现,而且一旦出现紧急情况,我们就可以按照计划和步骤来行动,有效地减少经济损失和人员伤亡。

如果对应急救援的计划和行动不够重视,将受到更大事故的惩罚,而且有关资料统计表明有效的应急救援系统可将事故损失降低到无应急系统的 6%。如上述案例所述,有效的应急救援可以大大降低事故损失,所以应急救援的目的就是在突发事件或紧急情况下,迅速采取有效措施,减少人员伤亡和财产损失,保障生命安全和财产安全。应急救援的意义包括以下几个方面:

①保障生命安全:应急救援能够及时救助受困人员,减少伤亡人数,最大限度地保障生命安全。

②保障财产安全:应急救援能够有效控制事故扩大范围,减少财产损失,保障财产安全。

③维护社会稳定:应急救援能够迅速有效地应对突发事件,减少社会恐慌和不安,维护社会稳定。

④提高应急处置能力:通过应急救援演练和实战救援,能够提高应急处置能力,提升应对突发事件的能力和水平。

⑤增强防灾意识:应急救援工作能够增强人们的防灾意识,提高对突发事件的警惕性,减少事故发生的可能性。

总之,应急救援的目的是保障生命安全和财产安全,维护社会稳定,提高应急处置能力,增强防灾意识,是一项重要的社会责任和义务。

## 1.1.2　事故应急救援的作用

事故是一种违背人们意愿的意外事件,其结果是造成人员的伤亡和财产的损失。事故应急救援工作通过在事故发生前所做的一系列预防和预备工作,以及在事故发生后的响应和恢复工作中,尽最大可能把各种损失降低到最低水平。

①通过有针对性地开展事故应急救援的预防和预备工作,可以发现平时没有发现的事故隐患,并将这些隐患消除,从而从源头上防止事故的发生。

②事故应急救援工作中的响应和恢复工作是在发生事故后开展的工作,虽然事故的发生有突然性,但由于事先已经有一定的准备,所以按照相关程序进行事故的救援工作就可以避免盲目性,极大地减少事故所导致的损失。

③事故应急救援演练和实践工作,能使有关部门和相关企业都对特定事故的特征以及救援的步骤和方法有进一步了解。在日常工作中从普通劳动者到各级安全管理人员都会更加重视安全生产工作。通过安全技术和安全管理方面的工作能及时消除各种可能导致事故的隐患,防止同类事故的再次发生。

综上,事故应急救援工作需要各部门和广大群众的共同努力才能有效进行。在应急救援工作中,要求不同的部门和人员齐心协力把事故的影响降到最小,这不仅锻炼了队伍,也提高了人们处理事故和协调配合的能力。

## 1.2　应急救援相关基本知识

### 1.2.1　应急救援的基本术语

**(1)事故**

事故是指在人们生产、生活活动过程中突然发生的、违反人们意志的、迫使活动暂时或永久停止,可能造成人员伤害、财产损失或环境污染的意外事件。

**(2)应急救援**

应急救援是指针对可能发生的或已经发生的事故采取预防、预备、响应和恢复的活动与计划。

**(3)应急管理**

应急管理是指政府、部门、单位等组织为有效地预防、预测突发公共事件的发生,最大限度减少其可能造成的损失或者负面影响,所进行的制定应急法律法规、应急预案以及建立健全应急体制和应急处置等方面工作的统称。

**(4)应急预案**

应急预案是指针对可能发生的事故,为迅速、有效、有序地开展应急行动,而预先制定的方案。用以明确事前、事发、事中、事后的各个进程中,谁来做,怎样做,何时做以及相应的资源和策略等。

**(5)一案三制**

一案三制是指为应对事故应急救援而制定的应急预案和建立的应急体制、应急机制、相关法律制度的简称。

**(6)预警**

预警是指根据监测结果,判断突发公共事件可能或即将发生时,依据有关法律法规或应急预案相关规定,公开或在一定范围内发布相应级别的警报,并提出相关应急建议的行动。

**(7)预警分级**

预警分级是指根据事故发生的可能性、严重性、紧急程度所划定的警报等级。发布时一般依次用红色(Ⅰ级)、橙色(Ⅱ级)、黄色(Ⅲ级)和蓝色(Ⅳ级)表示。

**(8)应急响应**

应急响应是指发生事故后,明确分级响应的原则、主体和程序。重点要明确政府、有关部门指挥协调、紧急处置的程序和内容;明确应急指挥机构的响应程序和内容,以及有关组织应急救援的责任;明确协调指挥和紧急处置的原则和信息发布责任部门。

**(9) 应急响应分级**

应急响应分级是指根据突发公共事件的等级、影响的范围、严重程度和事发地的应急能力所划定的应急响应等级。

**(10) 应急保障**

应急保障是指为保障应急处置的顺利进行而采取的各种保障措施。一般按功能分为人力、财力、物资、交通运输、医疗卫生、治安维护、人员防护、通信与信息、公共设施、社会沟通、技术支撑以及其他保障。

**(11) 应急处置**

应急处置是指一旦发生事故,按照应急处理程序和方法,能快速反应处理故障或将事故消除在萌芽状态的初期阶段,使可能发生的事故控制在局部,防止事故的扩大和蔓延。

**(12) 应急恢复**

应急恢复是指事故发生的影响得到初步控制以后,政府、社会组织和公民,为了使生产、工作、生活、社会秩序和生态环境尽快恢复到正常状态而采取的措施或行动。

**(13) 应急演练**

应急演练是针对可能发生的事故,按照应急预案规定的程序和要求所进行的程序化模拟训练演练。

**(14) 应急救援体系**

应急救援体系是针对各类可能发生的事故和所有危险源制定综合专项应急预案和现场应急处置方案,并按照预案要求建成的职责明确、周全合理、运行有序、处置高效的应急救援运行体系。

## 1.2.2 事故应急救援的内涵

事故应急救援的内涵包括预防、预备、响应和恢复四个阶段,这四个阶段是一个动态的过程。虽然四个阶段有重叠,但每个阶段都有各自的目标,并且成为下一阶段内容的一部分,如图 1-1 所示。

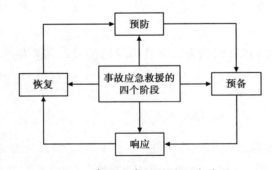

图 1-1　事故应急救援的四个阶段

**(1) 预防**

通过安全管理和安全技术等手段,尽可能防止事故的发生;在假定事故必然发生的前提下,通过预先采取的预防措施,降低或减缓事故的影响或后果严重程度。

**（2）预备**

针对可能发生的事故，为迅速有效地开展应急行动而预先采取的各种准备，包括应急机构的设立和职责的落实、预案的编制、应急队伍的建设、应急设备（施）、物资的准备和维护、预案的演练、与外部应急力量的衔接等，目的是应对事故发生而提高应急行动能力及推动响应工作。

**（3）响应**

事故发生前及发生期间和发生后应立即采取救援行动，包括事故的报警与通报、人员的紧急疏散、急救与医疗、消防和工程抢险措施、信息收集与应急决策和外部求援等，目标是尽可能地抢救受害人员、保护可能受威胁的人群，尽可能控制并消除事故。

**（4）恢复**

事故发生后立即进行恢复工作，使事故影响区域恢复到相对安全的基本状态，然后逐步恢复到正常状态。立即进行的恢复工作包括事故损失评估、原因调查、清理废墟等。短期恢复时应注意避免出现新的紧急情况，长期恢复包括厂区重建和受影响区域的重新规划和发展。事故应急救援必须强调以下两点：

①事故应急救援不仅仅是在事故发生后要采取行动，而是应该将重点落在预防上面，尽可能地预防事故发生。由于事故发生具有偶然性和必然性，在事故不可避免地发生后，要采取科学有效的措施降低人员伤亡、财产损失和环境破坏。

②事故应急救援不仅仅是从事事故应急救援专业人员的事情，它与所有从业人员密切相关，也与所有社会大众紧密相关。事故发生后现场人员不能只会报警，不能完全依赖于应急救援专业人士，更应该懂得自救与避险相关知识，懂得现场急救知识，懂得现场急救设备的存放位置和使用方法，懂得选择正确的逃生路线，懂得现场处置基本措施。这样才能更好地减少事故发生后可能造成的人员伤亡和财产损失。每个人都要扮演好自己在事故应急救援中的角色，熟悉自己的职责和任务，事故应急救援工作才可能有条不紊地开展。应急救援各阶段主要工作内容见表 1-1。

表 1-1　应急救援各阶段主要工作内容

| 阶　段 | 工作内容 |
|---|---|
| 预防阶段 | 风险辨识、评价与控制<br>安全规划<br>安全研究<br>安全法规、标准制定<br>危险源监测监控<br>事故灾害保险<br>税收激励和强制性措施等 |

续表

| 阶　段 | 工作内容 |
|---|---|
| 预备阶段 | 制定应急救援方针与原则<br>制定应急救援工作机制<br>编制应急救援预案<br>应急救援物资、装备筹备<br>应急救援培训、演习<br>签订应急互助协议<br>应急救援信息库建设等 |
| 响应阶段 | 启动相应的应急系统和组织<br>报告有关政府机构<br>实施现场指挥和救援<br>控制事故扩大并消除<br>人员疏散和避难<br>环境保护和监测<br>现场搜寻和营救等 |
| 恢复阶段 | 损失评估<br>理赔<br>清理废墟<br>灾后重建<br>应急预案复查<br>事故调查 |

## 1.2.3　事故应急救援基本原则

事故应急救援工作应在预防为主的前提下，贯彻统一指挥、分级负责、区域为主、单位自救和社会救援相结合的原则，如图 1-2 所示。

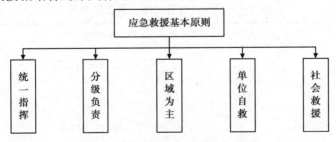

图 1-2　事故应急救援基本原则

预防工作是事故应急救援工作的基础，除平时做好事故的预防工作，避免或减少事故的发生外，还应落实好救援工作的各项准备措施，做到预防有准备，一旦发生事故就能及时实施救援。重大事故具有发生突然、扩散迅速、危害范围广的特点，也决定了救援行动必须达到迅速、准确和有效,因此,救援工作必须实行统一指挥下的分级负责制,以区域为主,并根据事故发展情况,采取单位自救和社会救援相结合的形式,充分发挥事故单位及地区的优势和作用。事故应急救援又是一项涉及面广、专业性强的工作,仅靠某一个部门是很难完成的,必须把各方面的力量组织起来,形成统一的救援指挥部,在指挥部的统一指挥下,安全、救护、公安、消防、环保、卫生、质检等部门密切配合,协同作战,迅速、有效地组织和实施应急救援,尽可能地避免和减少损失。

## 1.2.4 事故应急救援基本任务

事故应急救援的基本任务包括现场处置任务和宏观管理任务。

**(1)现场处置任务**

①立即组织营救受害人员,组织撤离或者采取其他措施保护危害区域内的其他人员。抢救受害人员是应急救援的首要任务,在应急救援行动中,快速、有序、有效地实施现场急救与安全转送伤员是降低伤亡率、减少事故损失的关键。由于重大事故发生突然、扩散迅速、涉及范围广、危害大,应及时指导和组织群众采取各种措施进行自身防护,并迅速撤离危险区或可能受到危害的区域。在撤离过程中,应积极组织群众开展自救和互救工作。

②迅速控制危险源,并对事故造成的危害进行检验、检测,测定事故的危害区域、危害性质及危害程度。及时控制造成事故的危险源是应急救援工作的重要任务,只有及时控制危险源,防止事故的继续扩展,才能及时有效地进行救援。特别对发生在城市或人口稠密地区的化学事故,应尽快组织工程抢险队与事故单位技术人员一起及时控制事故,避免继续扩展。

③做好现场清洁,消除危害后果。针对事故对人体、动植物、土壤、水源、空气造成的现实危害和可能的危害,迅速采取封闭、隔离、洗消等措施。对事故外溢的有毒、有害物质和可能对人和环境继续造成危害的物质,应及时组织人员予以清除,消除危害后果,防止对人的继续危害和对环境的污染。对危险化学品事故造成的危害进行检测、处置,直至符合国家环境保护标准。

④查清事故原因,评估危害程度。事故发生后应及时调查事故的发生原因和事故性质,评估出事故的危害范围和危险程度,查明人员伤亡情况,做好事故调查。

**(2)宏观管理任务**

1)完善事故应急预案体系

各级安全生产监督管理部门和其他负有安全监管职责的部门要在政府的统一领导下,根据国家安全生产事故有关应急预案,分门别类修订本地区、本部门、本行业和领域的国家安全生产有关预案。各生产经营单位要按照《生产经营单位生产安全事故应急预案编制导则》(GB/T 29639—2020)制定应急预案,建立健全包括集团公司、子公司或分公司、基层单位及关键岗位在内的应急救援体系,并与政府及有关部门的应急预案相互衔接。

各级安全生产监督管理部门要把生产安全事故应急预案的备案、审查、演练等作为安全生产监督监察工作的重要内容,通过应急预案的备案审查和演练,提高应急救援的质量,做到相关预案相互衔接、增强应急预案的科学性、针对性、时效性和可操作性。依据有关法律法规和国家标准、行业标准的修改变动情况,以及生产经营单位生产条件的变化情况,预案演练过程中发现的问题和预案演练总结等,及时对应急预案予以修订。

2)健全和完善事故应急救援体制和机制

落实有关事故应急救援体系建设重点工程,各级安全生产监督管理部门都要明确应急管理机构;落实应急管理职责,完成省、市两级事故应急救援指挥机构的建设;应急救援任务重、重大危险源较多的县也要根据需要建立事故应急救援指挥机构,做到事故应急管理指挥工作机构、职责、编制、人员、经费五落实。

理顺各级事故应急管理机构与事故应急救援指挥机构、事故应急救援指挥机构与各专业应急救援指挥机构的工作关系。对于隶属于省级矿山安全监察机构的矿山应急救援指挥机构,各省级安全生产监督管理部门要与省级矿山安全监察机构协商,完善体制,建立机制,理顺关系,做好工作。

加强各地区、各部门事故应急救援管理机构间的协调联动,积极推进资源整合和信息共享,形成统一指挥、相互衔接、密切配合、协同应对事故灾难的合力。要发挥各级政府安全生产委员会及其办公室在事故应急管理方面的协调作用,建立事故应急救援管理工作协调机制。

3)加强事故应急救援队伍和能力建设

依据全国事故应急救援体系总体规划,依托大中型企业和社会救援力量,优化、整合各类应急救援资源,建设国家、区域、骨干专业应急救援队伍。加强生产经营单位的应急能力建设。尽快形成以企业应急救援力量为基础,以国家、区域专业应急救援基地和地方骨干专业队伍为中坚力量,以应急救援志愿者等社会救援力量为补充的事故应急救援队伍体系。各地区、各部门要编制本地区、本行业事故应急救援体系建设规划,并纳入本地区、本部门经济和社会发展规划之中,确保顺利实施。

各类生产经营单位要按照安全生产法律法规要求,建立事故应急救援组织。危险物品的生产、经营、储存单位及矿山、金属冶炼、城市轨道交通运营、建筑施工单位应建立应急救援组织;生产经营规模较小的,可以不建立应急救援组织,但应指定兼职的应急救援人员。危险物品的生产、经营、储存、运输单位及矿山、金属冶炼、城市轨道交通运营、建筑施工单位应配备必要的应急救援器材、设备和物资,并进行经常性维护、保养,保证正常运转。

统筹规划,建设具备风险分析、监测监控、预测预警、信息报送、数据查询、辅助决策、应急指挥和总结评估等功能的国家、省(区、市)、市(地)安全生产应急信息系统,实现各级安全生产应急指挥机构与相关专业应急救援指挥机构、国家级区域应急救援基地及骨干应急救援机构的信息共享。应急信息系统建设要结合实际,依托和利用安全生产通信信息系统和有关办公信息系统资源,规范技术标准,实现互联互通和信息共享,避免重复建设。

高度重视应急救援管理和应急救援队伍的自身建设,建设一支政治坚定、作风硬朗、业务精通、装备精良、纪律严明的安全生产应急管理和应急救援队伍。加强思想、作风建设，强化忧患意识、执行意识、服务意识、奉献意识，养成勤勉敬业、雷厉风行、尊重科学、敢打硬仗的作风。加强业务建设，强化教育、培训与训练，提高管理水平和实战能力。建立激励和约束机制，对在安全生产事故应急救援工作中做出突出贡献的单位和个人，要给予表彰和奖励。

4）建立健全事故应急救援法律法规及标准规范体系

加强事故应急救援管理的法治建设，逐步形成规范的安全生产事故灾难预防与处理工作的法律法规和标准规范体系。认真贯彻《中华人民共和国安全生产法》和《中华人民共和国突发事件应对法》，认真执行《国家突发公共事件总体应急预案》。抓紧研究制定安全生产应急预案管理、救援资源管理、信息管理、队伍建设、培训教育等配套规章、规程和标准，尽快形成安全生产应急管理的法规标准体系。

5）加强安全生产应急管理培训和宣传教育工作

将安全生产应急管理和应急救援培训纳入安全生产教育培训体系。在有关注册安全工程师、安全评价师等安全生产类资格培训，以及特种作业培训、企业主要负责人培训、安全生产管理人员培训等培训中增加安全生产应急管理的内容。分类组织开发应急管理和应急救援培训适用教材，加强培训管理，提高培训质量。生产经营单位要加强对从业人员的应急管理知识和应急救援内容的培训，特别是要加强重点岗位人员的应急知识培训，提高现场应急救援处置能力。

充分发挥出版、广播、电视、报纸、网络等文化宣传的作用，通过各种有效方式，加大宣传力度，要使事故应急救援的法律法规、应急预案、救援知识进企业、进学校、进社区，普及安全生产事故预防、避险、自救、互救和应急处置知识，提高生产经营单位从业人员救援技能，增强社会公众的安全意识和应对事故灾难的能力。

6）加强事故应急救援管理支撑保障体系的建设

依靠科技进步，提高安全生产应急管理和应急救援水平。成立国家、专业、地方安全生产应急管理专家组。为应急管理、事故救援提供技术支持；依托大型企业、院校、科研院所，建立安全生产应急管理研究和工程中心，开展突发性事故灾难的预防、处理的研究攻关，鼓励、支持救援技术装备的自主创新，引进、消化吸收先进救援技术和装备，提高应急救援装备的含金量。

建立政府、企业、社会相结合的多方共同支持的安全生产应急保障投入机制。各级安全生产监督管理部门和其他负有安全监管职责的部门要根据国家有关规定，积极争取将事故应急救援需要政府负担的经费纳入本级财政年度预算。制定事故应急救援队伍有偿服务的指导意见和管理办法，建立事故应急救援队伍正常的经费渠道。企业要建立安全生产应急管理的投入保障机制。

7）加强与有关国家、地区及国际组织在安全生产应急管理领域的交流与合作

积极参加国际矿山救援技术竞赛及国际事故应急救援活动。密切跟踪研究国际安全生产应急管理发展的动态和趋势，开展重大项目研究与合作。继续组织国际交流和学习培训，学习、借鉴国外在事故灾难预防、处置和应急救援体系建设等方面的有益经验。

## 1.2.5　应急救援的特点

事故应急救援工作涉及技术事故、自然灾害、城市生命线、重大工程、公共活动场所、公共交通、公共卫生和人为突发事件等多个公共安全领域，构成一个复杂的系统，具有不确定性、突发性、复杂性以及后果影响易猝变、激化放大的特点。

**（1）不确定性和突发性**

不确定性和突发性是各类公共安全事故、灾害与事件的共同特征，大部分事故都是突然爆发，爆发前基本没有明显征兆，而且一旦发生，发展蔓延迅速，甚至失控。因此要求应急行动必须在极短的时间内，在事故的第一现场做出有效反应，在事故产生重大灾难后果之前采取各种有效的防护救助、疏散和控制事态等措施。

为保证迅速对事故做出有效的初始响应，并及时控制住事态，应急救援工作应坚持属地化为主的原则，强调应急准备工作包括建立全天候的昼夜值班制度，确保报警、指挥通信系统始终保持完好状态，明确各部门的职责，确保各种应急救援的装备、技术器材有关物资随时处于完好可用状态，制定科学有效的突发事件应急预案，保证在事故发生后能有效采取措施，把事故损失降到最低。

**（2）应急活动的复杂性**

应急活动的复杂性主要表现在：事故、灾害或事件影响因素与演变规律的不确定性和不可预见的多变性；众多来自不同部门参与应急救援活动的单位，在信息沟通、行动协调、指挥授权与职责、通信等方面的有效组织和管理，以及应急响应过程中公众的反应、恐慌心理和过激行为的复杂性等。这些复杂因素的影响，给现场应急救援工作带来了严峻的挑战应对应急救援工作中各种复杂的情况做出足够的估计，制定随时应对各种复杂变化的相应方案。

应急活动的复杂性另一个重要特点是现场处置措施的复杂性。重大事故的处置措施往往涉及较强的专业技术支持，包括易燃、有毒危险物质、复杂危险工艺以及矿山井下事故处置等，对每一行动方案、监测以及应急人员防护等都需要在专业人员的支持下进行决策。因此，针对生产安全事故应急救援的专业化要求，必须高度重视建立和完善重大事故的专业应急救援力量专业检测力量和专业应急技术与信息支持等的建设。

**（3）后果影响易猝变激化和放大**

公共安全事故、灾害与事件虽然是小概率事件，但后果一般比较严重，能造成广泛的公众影响，应急处理稍有不慎，就可能改变事故、灾害与事件的性质，使平稳、有序、和平状态向动态、混乱和冲突方面发展。引起事故、灾害与事件波及范围扩展，卷入人群数量增加和人员伤亡与财产损失后果加大，猝变、激化与放大造成的失控状态，不但迫使应急响应升级，甚至可导致社会性危机出现，使公众立即陷入巨大的动荡与恐慌之中。因此，重大事故的处置必须坚决果断，而且越早越好，防止事态扩大。

因此，为尽可能降低重大事故的后果及影响，减少重大事故所导致的损失，要求应急救援行动必须做到迅速、准确和有效。所谓迅速，就是要求建立快速的应急响应机制能迅速准确地传递事故信息，迅速地调集所需的大规模应急力量和设备、物资等资源，迅速地建立起统一指挥与协调系统，开展救援活动。所谓准确，要求有相应的应急决策机制,能基于事故的规模、性质特点、现场环境等信息,正确地预测事故的发展趋势,准确地对应急救援行动和战术进行决策。所谓有效,主要指应急救援行动的有效性,很大程度上它取决于应急准备的充分性与否,包括应急队伍的建设与训练、应急设备(施)、物资的配备与维护、预案的制定与落实以及有效的外部增援机制等。

## 1.3　事故应急救援基础法律法规

### 1.3.1　应急法律体系框架

事故发生往往会给公民的人身财产安全造成巨大损失,给社会秩序造成巨大破坏,因此,对事故紧急状态进行相关的立法是非常有必要的。当前,我国安全生产事故应急管理法治建设虽取得了一定成效,但安全生产应急救援法律法规体系还不完善,因此,应当进一步加强安全生产应急管理法治建设,逐步形成规范的安全生产事故灾难预防和应急处置工作的法律法规和标准体系。

我国安全生产应急管理法律法规体系层级框架如图 1-3 所示,主要由以下五个层次构成。

**(1)法律层面**

《中华人民共和国宪法》(以下简称《宪法》)是我国安全生产法律的最高层级,提出的"加强劳动保护,改善劳动条件"的规定是我国安全生产方面最高法律效力的规定。应急管理法治建设得到党和国家的高度重视。有关部门在认真总结我国应对各种突发事件经验教训、借鉴其他国家成功做法的基础上,颁布实施《中华人民共和国突发事件应对法》,以规范应对各类突发事件的共同行为。这对于进一步建立和完善我国的突发事件应急管理体制、机制和法制,预防控制和消除突发事件的社会危害,提高政府应对突发事件的能力,落实执政为民的要求,促进经济和社会的协调发展,构建社会主义和谐社会都具有重要意义。我国安全生产应急管理法律法规体系层级框架如图 1-3 所示。

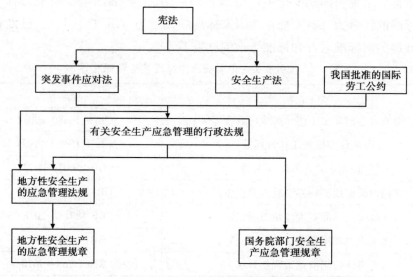

图 1-3　我国安全生产应急管理法律法规体系层级框架

**(2)行政法规层面**

《中华人民共和国突发事件应对法》要求根据国家机构设置情况,明确事故应急管理过程中各项具体任务,明确应急指挥与功能的分配。

**(3)地方性法规层面**

地方政府根据本地潜在事故灾难的风险性质与种类,结合本地应急资源的实际情况,制定相应的地方性法规,对突发性事故应急预防、准备、响应和恢复等各阶段的制度和措施提出针对性的规定与具体要求。

**(4)行政规章层面**

行政规章包括部门规章和地方政府规章。有关部门根据有关法律和行政法规在各自权限范围内制定有关事故灾难应急管理的规范性文件,内容是对具体管理制度和措施的进一步细化,说明详细的实施办法。各省(区、市)人民政府、省(区)人民政府所在地的市人民政府及国务院批准的计划单列市可根据有关法律、行政法规、地方性法规和本地实际情况,制定本地区关于事故灾难应急管理制度和措施的详细实施办法。

## 1.3.2　事故应急救援标准体系

应急救援标准体系是根据应急救援基本立法的要求,为贯彻国家有关应急救援管理的法规,按应急救援管理的性质功能、内在联系进行分级、分类,构成一个有机联系的整体。体系内的各种标准互相联系、互相依存、互相补充,具有很好的配套性和协调性。应急救援标准体系不是一成不变的,它与一定时期的技术经济水平及应急救援管理状况相适应,因此,它随着应急救援管理要求的提高而不断变化。我国现行应急救援标准体系正在完善之中,主要包括国家标准、行业标准和地方标准三个方面。

**(1)国家标准**

应急救援国家标准是在全国范围内统一的技术要求,是我国在建的应急救援标准体系中的主体。主要由国家安全生产综合管理部门、卫生部门组织制定,归口管理,强制性国家标准的代号为"GB",推荐性国家标准的代号为"GB/T"。目前,已发布的部分有关应急救援国家标准名称和标准号示例见表1-2。

表1-2　部分有关应急救援国家标准名称和标准号

| 标准名称 | 标准号 |
|---|---|
| 《劳动能力鉴定职工工伤与职业病致残等级》 | GB/T 16180—2014 |
| 《事故伤害损失工作日标准》 | GB/T 15499—1995 |
| 《危险化学品仓库储存通则》 | GB 15603—2022 |
| 《辐射防护仪器临界事故报警设备》 | GB/T 12787—2020 |
| 《危险化学品重大危险源辨识》 | GB 18218—2018 |
| 《火灾自动报警系统设计规范》 | GB 50116—2013 |
| 《有毒作业场所危害程度分级》 | WS/T 765—2010 |

（2）行业标准

行业标准是对没有国家标准而又需要在全国范围内统一制定的标准，是国家标准的补充。由安全生产行政管理部门及各行业部门制定并发布实施。有关应急救援的行业标准主要分布在公安消防、安全生产、煤炭等行业标准中，部分标准名称和标准号示例见表1-3。

表1-3　行业标准中有关应急救援管理的部分标准名称和标准号

| 标准名称 | 标准号 |
| --- | --- |
| 《固定灭火系统驱动、控制装置通用技术条件》 | XF 61—2010 |
| 《安全防范系统通用图形符号》 | GA/T 74—2017 |
| 《灭火器维修》 | XF 95—2015 |
| 《安全防范系统验收规则》 | GA 308—2001 |

（3）地方标准

根据《中华人民共和国标准化法》，对没有国家标准和行业标准而又需要在省、自治区、直辖市范围内统一的工业产品的安全、卫生要求，可以制定地方标准。地方标准由省、自治区、直辖市标准化行政主管部门制定，并报国务院标准化行政主管部门和国务院有关行政主管部门备案。在公布国家标准或者行业标准之后，该项地方标准即废止。地方应急救援标准是对国家标准和行业标准的补充，同时也为将来制定国家标准和行业标准打下了基础，创造了条件。

对于特殊情况而我国又暂无相对应的应急救援标准时，可采用国际标准。采用国际标准时，必须与我国标准体系进行对比分析或验证，应不低于我国相关标准或暂行规定的要求，并经有关安全综合管理部门批准。国家标准及行业标准中按标准对象特性分类，主要包括基础标准、产品标准、方法标准和卫生标准等。目前，地方标准中有关应急救援标准主要体现在产品标准方面，而且属于企业自定产品标准。

目前，应急救援管理地方标准中已形成系列的为各省质量技术监督局发布的设备泄漏处置作业指导书，见表1-4。

表1-4　质量技术监督局地方标准中有关应急救援管理的标准名称和标准号示例

| 标准名称 | 标准号 |
| --- | --- |
| 《液氨设备泄漏处置作业指导书》 | TSYJ/Z 001—2006 |
| 《液氯设备泄漏处置作业指导书》 | TSYJ/Z 002—2006 |
| 《液化石油气设备泄漏处置作业指导书》 | TSYJ/Z 003—2006 |

为贯彻落实《中华人民共和国突发事件应对法》等国家有关应急救援的法规，按照《中华人民共和国标准化法》的要求，对应急救援的功能、内在联系进行分级、分类，建立应急救援标准体系。把分散在国家标准、行业标准和地方标准中的有关应急救援标准，整理、修订、补充、完善和规范。类似GBZ标准，建立应急救援国家标准GBY体系。

### 1.3.3　事故应急救援相关法律法规的要求

面对突发事件发生频率加快,规模扩大的趋势,许多国家纷纷加强应急管理法治建设,逐步形成了规范各类突发公共事件,应对、涵盖应急管理整个过程的完备的法律体系。实践证明,将应急管理纳入法治化轨道,有利于保证突发事件应对措施的正当性和有效性从而做到既有效地控制和克服突发公共事件,又能够将国家和社会应对突发事件的损失代价降到最低。

近年来,国家高度重视突发事件应对的法治建设,加快了应急管理立法工作步伐,先后制定或修订了《中华人民共和国防洪法》《中华人民共和国防震减灾法》《中华人民共和国安全生产法》《中华人民共和国消防法》《中华人民共和国职业病防治法》《中华人民共和国特种设备安全法》《中华人民共和国传染病防治法》《中华人民共和国动物防疫法》《中华人民共和国道路交通安全法》《中华人民共和国治安管理处罚法》等40余部法律,《核电厂核事故应急管理条例》《突发公共卫生事件应急条例》《粮食流通管理条例》等40余部行政法规,《铁路行车事故处理规则》《中国民航局重大飞行事故应急处理程序》等60余部部门规章;一些地方政府及其部门也结合实际,制定了相关地方性法规和规章,为预防和处置相关突发公共事件提供了法律依据和法治保障。

《中华人民共和国安全生产法》第二十一条规定,生产经营单位的主要负责人具有组织制定并实施本单位的生产安全事故应急救援预案的职责。第四十条规定,生产经营单位对重大危险源应当制定应急救援预案,并告知从业人员和相关人员在紧急情况下应当采取的应对措施。第八十条规定,县级以上地方各级人民政府应当组织有关部门制定本行政区域内特大生产安全事故应急救援预案,建立应急救援体系。

《中华人民共和国职业病防治法》第二十条规定,用人单位应当建立、健全职业病危害事故应急救援预案。

《中华人民共和国消防法》第十六条规定,机关、团体、企业、事业等单位应当制定灭火和应急疏散预案,组织进行有针对性的消防演练。

《中华人民共和国特种设备安全法》第六十九条规定,国务院负责特种设备安全监督管理的部门应当依法组织制定特种设备重特大事故应急预案,报国务院批准后纳入国家突发事件应急预案体系。县级以上地方各级人民政府及其负责特种设备安全监督管理的部门应当依法组织制定本行政区域内特种设备事故应急预案,建立或者纳入相应的应急处置与救援体系。特种设备使用单位应当制定特种设备事故应急专项预案,并定期进行应急演练。

《危险化学品安全管理条例》第六十九条规定,县级以上地方人民政府安监部门应当会同工信、环保、公安卫生、交通、铁路、质检等部门,根据本地区实际情况,制定危险化学品事故应急预案,报本级人民政府批准。第七十条规定,危险化学品单位应当制定本单位危险化学品事故应急预案,配备应急救援人员和必要的应急救援器材、设备,并定期组织应急救援演练。危险化学品单位应当将其危险化学品事故应急预案报所在地设区的市级人民政府安监部门备案。

《国务院关于特大安全事故行政责任追究的规定》第七条规定,市(地、州),县(市、区)人民政府必须制定本地区特大安全事故应急处理预案。

《特种设备安全监察条例》第六十五条规定,特种设备使用单位应当制定事故应急专项预案。

《使用有毒物品作业场所劳动保护条例》第十六条规定,从事使用高毒物品作业的用人单位,应当配备应急救援人员和必要的应急救援器材、设备,制定事故应急救援预案,并根据实际情况变化对应急预案适时进行修订,定期组织演练。事故应急救援预案和演练记录应当报当地卫生行政部门、安全生产监督管理部门和公安部门备案。

2006 年 1 月,国务院发布了《国家突发公共事件总体应急预案》,明确了各类突发公共事件分级分类和预案框架体系,规定了国务院应对特别重大突发事件的组织体系、工作机制等内容,是指导预防和处置各类突发公共事件的规范性文件。

2007 年 8 月 30 日全国人大常委会通过了《中华人民共和国突发事件应对法》,2007 年 11 月 1 日起实施,该法明确规定了突发事件的预防与应急准备、监测与预警、应急处置与救援、事后恢复与重建等活动中,政府单位及个人的权利与义务。

2009 年,国家安全生产监督管理总局发布了《生产安全事故应急预案管理办法》(安监总局 17 号令)、《生产经营单位生产安全事故应急预案评审指南》(安监总厅应急〔2009〕73 号)。《安全生产应急演练指南》等相关法规和文件,对安全生产应急管理工作的相关事宜作出了明确规定。这些法律法规对加强安全生产应急管理工作,提高防范、应对安全生产重特大事故的能力,保护人民群众生命财产安全发挥了重要作用。

2010 年,国务院下发了《国务院关于进一步加强企业安全生产工作的通知》(国发〔2010〕23 号)。通知提出了建设更加高效的应急救援体系,主要包括加快国家安全生产应急救援基地建设,建设完善企业安全生产预警机制,完善企业应急预案等内容。关于应急预案,通知强调企业应急预案要与当地政府应急预案保持衔接,并定期进行演练。

2011 年,国家安全生产应急救援指挥中心关于切实做好中央企业应急预案工作的通知(应指信息〔2011〕14 号)指出:做好应急预案管理工作是降低事故风险,完善应急机制,提高应急能力,促进安全生产形势稳定好转的重要措施。各中央企业要认真贯彻落实《生产安全事故应急预案管理办法》,完善企业应急预案相关管理制度,规范应急预案管理,组织所属企业做好应急预案备案评审工作。要结合企业实际,重点解决目前应急预案针对性不强、可操作性差,相互不衔接、缺少现场处置方案等问题;要制定工作计划,组织所属企业开展不同层次的应急预案演练和培训,检验应急预案,磨合工作机制,使有关人员切实掌握应急预案或现场处置方案的内容和应急处置技能,切实提高企业安全生产应急管理水平。

2013 年,根据国家安全生产监督管理总局 2013 年立法计划,国家安全生产应急救援指挥中心组织对《生产安全事故应急预案管理办法》(安全监管总局令第 17 号)进行了修改,形成了修订稿,同年,国家标准化委员会发布了《生产经营单位生产安全事故应急预案编制导则》(GB/T 29639—2013),相关标准和法规的发布为企业建立完善的应急管理体系,提高应急管理水平奠定了坚实的基础。

2016 年,国家安全生产监督管理总局公布了新修订的《生产安全事故应急预案管理办法》,对于长期以来存在的安全事故应急预案顽疾,有针对性地作了回应。新修订的"办法"体现三大亮点:以预防为导向,重在事前的准备工作;解决应急预案形式主义问题,将应急预案管理镶嵌进入日常管理工作的动态管理;强调预案编制以实际操作为导向。该办法规定:应急预案的管理实行属地为主、分级负责、分类指导、综合协调、动态管理的原则;应急预案的编制应当遵循以人为本、依法依规、符合实际、注重实效的原则,以应急处置为核心,明确应急职责、规范应急程序、细化保障措施;各级安全生产监督管理部门和煤矿安全监察机构应当将生产经营单位应急预案工作纳入年度监督检查计划,明确检查的重点内容和标准,并严格按照计划开展执法检查;还规定了生产经营单位应负有的法律责任。该"办法"的制定将能更好地规范生产安全事故应急预案管理工作,迅速有效处置生产安全事故。

2019 年,为贯彻落实十三届全国人大一次会议批准的《国务院机构改革方案》和《生产安全事故应急条例》《国务院关于加快推进全国一体化在线政务服务平台建设的指导意见》,应急管理部决定对《生产安全事故应急预案管理办法》(国家安全生产监督管理总局令第 88 号)部分条款予以修改,使得应急管理办法进一步完善。

## 1.3.4 突发事件分级、分类

突发事件,是指突然发生造成或者可能造成重大人员伤亡、财产损失、生态环境破坏和严重社会危害,危及公共安全的紧急事件。突发事件的研究范围比生产安全事故的范围要大,了解突发事件特征、分类及分级对于科学地认识事故应急救援具有重要的意义。突发公共事件往往具有共同特征:

①不确定性。即事件发生的时间、形态和后果往往无规则,难以准确预测。许多突发公共事件,如各种事故、火灾等,人们还难以准确预见其在什么时候,在什么地方,以什么样的形式发生;有些突发公共事件,如地震、台风、旱灾、水灾等虽能做出一定的预报,但对这些灾害风险发生的具体形式及其所造成的影响或后果,还难以完全准确预见。

②紧急性。即事件的发生突如其来或者只有短时预兆,必须立即采取紧急措施加以处置和控制,否则将会造成更大的危害和损失,如化学品泄漏、爆炸等事故发生后可能造成人员财产损失,如不能立即采取紧急救助措施,人员财产损失将会不断扩大。

③威胁性。即事件的发生威胁到公众的生命财产、社会秩序和公共安全,具有公共危害性。在社会生活中,一般性的针对个体的突发性事件,如工伤事故、交通事故、疾病突然发作、打架斗殴等情况每时每刻都可能发生,如果没有对公共安全或公共秩序构成威胁,就不属于这里所说的突发公共事件的范畴。当然对实际事件如何区分还需要具体分析。

突发公共事件既可能是自然原因造成的,如地震、洪水等;也可能是技术原因造成的,如危险化学品泄漏、火灾、爆炸等;也可能是公共卫生原因造成的;还可能是社会原因造成的,如暴力冲突、械斗等。突发公共事件尽管起因千差万别,但有一点是共同的,即它们涉及的对象不是单个的个人,而是社会大众,至少是一个特定单位或地域中的一群人。突发公共事件发生时,受影响的是公众,所以防范突发公共事件需要取得公众的共识,需要公众的参与并团结一致,采取必要的措施阻止事态的继续扩大和发展。

通常,根据突发公共事件的发生过程性质和机理,突发公共事件主要分为以下四类:

①自然灾害事件。指由于自然原因而导致的事件,主要包括水旱灾害、气象灾害、地震灾害、地质灾害、海洋灾害、生物灾害和森林草原火灾等。

②事故灾难事件。指由人为原因造成的事件,涵盖由于人类活动或者人类发展所导致的计划之外的事件或事故,主要包括工矿商贸等企业的各类安全事故和交通运输事故、公共设施和设备事故、环境污染和生态破坏事件等。

③公共卫生事件。指由病菌病毒引起的大面积的疾病流行等事件,主要包括传染病疫情、群体性不明原因疾病、食品安全和职业危害、动物疫情以及其他严重影响公众健康和生命安全的事件。

④社会安全事件。指由人们主观意愿产生,会危及社会安全的事件,主要包括恐怖袭击事件、经济安全事件和涉外突发事件等。

按照世界各地突发事件应急管理的通常做法,在突发公共事件分类的基础上,还应进行突发公共事件的分级。

根据《国家突发公共事件总体应急预案》,各类突发公共事件按照其性质、严重程度、可控性和影响范围等因素,一般分为四级:Ⅰ级(特别重大)、Ⅱ级(重大)、Ⅲ级(较大)和Ⅳ级(一般)。

依据突发公共事件可能造成的危害程度、紧急程度和发展态势,预警级别一般划分为四级:Ⅰ级(特别严重)、Ⅱ级(严重)、Ⅲ级(较重)和Ⅳ级(一般),依次用红色、橙色、黄色和蓝色表示。《国家突发公共事件总体应急预案》发布后,国务院发布了《国家安全生产事故灾难应急预案》,该预案适用于特别重大安全生产事故灾难、超出省级人民政府处置能力或者跨省级行政区、跨多个领域(行业和部门)的安全生产事故灾难以及需要国务院安全生产委员会处置的安全生产事故灾难等。

突发公共事件通常对经济社会有很大的负面影响,如给人民生命财产造成巨大损失,对生态和人类生存环境产生破坏,对正常的社会秩序和公共安全形成不良影响等,乃至引发社会和政治的不稳定。而且,随着城市化、全球化、科技运用、社会矛盾和环境气候等诸多因素的变化和影响,突发公共事件的种类、形式、发生概率和影响程度日益扩大。另一方面,面对危机,如果善于总结反思,正视并解决突发公共事件所反映出来的问题,可以使危机转化为动力,化危机为转机。

## 1.4 矿山事故应急救援概述

### 1.4.1 矿山企业常见的事故类型

**(1)煤矿常见灾害事故类型**

1)顶板事故

顶板事故是指冒顶坍塌、片帮、煤炮、冲击地压、顶板掉矸、露天滑坡及边坡垮塌等事故。

2)瓦斯事故

瓦斯事故是指瓦斯(煤尘)爆炸(燃烧)、煤(岩)与瓦斯(二氧化碳)突出、瓦斯窒息(中毒)等事故。

3)机电事故

机电事故是指触电、机械故障伤人。

4)运输事故

运输事故是指运输工具造成的伤害。

5)爆破事故

爆破事故是指爆破崩人、触响盲炮伤人,以及炸药、雷管意外爆炸。

6)水害事故

水害事故是指矿井在建设或生产过程中,由于防治水措施不到位而导致地表水和地下水通过裂隙、断层、塌陷区等各种通道无控制地涌入采掘工作面,造成作业人员伤亡或财产损失的水灾事故。

7)火灾事故

火灾事故是指煤层自然发火和外因火灾,直接使人致死或产生的有害气体使人中毒。

8)其他事故

其他事故是指以上七类以外的事故。

**(2)非煤矿山企业常见的事故类型**

1)中毒与窒息

人体过量或大量接触化学毒物,引发组织结构和功能损害、代谢障碍而发生疾病或死亡,称为中毒。因外界氧气不足或其他气体过多或者呼吸系统发生障碍而呼吸困难甚至呼吸停止,称为窒息。

2)排土场事故

排土场是指矿山剥离和掘进排弃物集中排放的场所。排弃物一般包括腐殖表土、风化岩土、坚硬岩石以及混合岩土,有时也包括可能回收的表外矿、贫矿等。排土场的常见事故有排土场滑坡、排土场泥石流、排土场环境污染。

3)尾矿库溃坝事故

尾矿库是指筑坝拦截谷口或围地构成的,用以堆存金属或非金属矿山进行矿石选别后排出尾矿或其他工业废渣的场所。它是一个具有高势能的人造泥石流危险源,存在溃坝危险,一旦失事,容易造成重特大事故。根据《尾矿库事故灾难应急预案》规定,冶炼废渣形成的赤泥库,发电废渣形成的废渣库,也应按尾矿库进行管理。

4) 露天矿山边坡事故

露天矿山边坡滑坡是指边坡岩体在较大范围内沿某一特定的剪切面滑动。

5) 其他事故

其他事故是指以上四类以外的事故。

## 1.4.2　矿山灾害事故的特征与特性

矿山生产灾害事故的发生和发展是一个动态过程。在同一矿井的不同空间或不同时期,由于自然条件、生产环境和管理效能不尽相同,事故是随空间和时间的推移而变化的一个过程。矿山事故的发生具有共同的突发性、灾害性、破坏性及继发性等特征,以及事故的因果性、规律性和潜在性等主要特性。

1) 矿山事故的特征

①事故的突发性。重大灾害事故往往是突然发生的,事故发生的时间、地点、形式、规模及事故的严重程度是不确定的。它给人们心理上的冲击最为严重,最容易出现措手不及,使指挥者难以冷静、理智地考虑问题,难以制定出行之有效的救灾措施,在抢救的初期容易出现失误,造成事故的损失扩大。

②事故的灾害性。重大灾害事故造成多人伤亡或使井下人员的生命受到严重威胁,若指挥决策失误或救灾措施不得力,往往酿成重大恶性事故。处理事故过程中得知已有人员伤亡或意识到有众多人员受到威胁,会增加指挥者的心理负担,容易造成决策失误。

③事故的破坏性。重大灾害事故往往使矿井生产系统遭到破坏,不但使生产中断,井巷工程和生产设备损毁造成重大损失,同时也给抢险救灾增加了难度,特别是通风系统的破坏,使有毒有害气体在大范围内扩散,会造成更多人员的伤亡。

④事故的继发性。在较短的时间里重复发生同类事故或诱发其他事故,称为事故的继发性。例如,矿山火灾可能诱发瓦斯、煤尘爆炸,也可能引起再生火源;爆炸可能引起火灾,也可能出现连续爆炸;煤与瓦斯突出可能在同一地点发生多次突出,也可能引起瓦斯、煤尘爆炸。

2) 矿山事故的特性

①事故的因果性。矿山灾害事故现象和生产过程中的其他现象都有着直接或间接的关联,事故发生是生产过程中相互联系的多种不安全因素作用的结果。从事故的因果性看,矿山生产过程存在的不安全因素是"因"的关系,而事故却是以"果"的现象出现。造成矿山灾害事故的直接原因,如人的违章因素、物的安全缺陷因素等是不易查找的,它所产生的事故后果也是显而易见的。然而,寻找出究竟是哪些间接原因,又是经过怎样的过程才造成事故结果,却非易事。因为矿山事故是随生产空间和时间的推移而变化的,会有多种造成事故的因素同时存在,并且它们之间都存在着相互作用的关

系,同时还可能出现某些偶然因素。因此,在制订矿山灾害预防与事故处理措施时,除了要查明造成事故的直接原因,还应尽力找出造成事故的间接原因,并深入地进行剖析,揭露出导致事故发生的关键因素,以便有效地采取预防事故的措施。

②事故的规律性。矿山事故客观上存在着某种不安全因素,随着生产时间和作业空间推移的变化,一旦不安全因素事件充分集合,事故必然发生。虽然,矿山事故偶然性本质的存在,还不能确定全部规律,但在一定范畴内或一定条件下,通过科学试验、模拟试验和统计分析,从外部或本质的关联上,能够找出其内在的决定性关系。认识事故发生的偶然性与必然性的关联,充分掌握事故发生规律,以防患于未然或化险为夷。

③事故的潜在性。矿山生产随时间推移和作业空间变化,往往事故会突然违背人们的意愿而发生。在生产过程中无论是人们的生产活动还是机械的运动,在其所经过的时间内,事故隐患是始终存在的,一旦条件成熟事故就会突然发生,绝不会脱离时间而存在。因此,在制订矿山灾害预防与处理计划时,必须充分认识和发现事故的潜在性,彻底根除不安全的隐患因素,预防事故的再次发生。

### 1.4.3 矿山救护工作概述

#### (1)矿山救护队工作性质

矿山救护队不仅是一支处理矿井水灾、火灾、瓦斯、煤尘、顶板等灾害的职业性、技术性、军事化的专业队伍,同时又是行业安全生产的生力军,肩负着保护矿工生命和国家财产安全的重任,在应急救援、预防事故发生、矿井安全检查工作中发挥着重要作用,是一支不可替代的力量。矿山救护队被誉为"矿山卫士""矿工生命的守护神"。随着我国工业经济的快速发展,煤炭工业为国民经济的快速增长作出了巨大贡献。但是,煤矿安全生产事故还时有发生,矿山救护队在应急救援工作中发挥着重要作用:

①矿山救护队是应急救援的主力军。矿山救护队日常实行军事化管理,严格训练,当出现矿山灾害时,能够迅速出动,科学、安全、迅速地完成救援任务。

②矿山救护队在应急救援中是一支不可替代的特种作业队伍。由于矿山救护工作具有明显的紧迫性和危险性,救护队接警后,不管何时何地何种恶劣气候,都必须立即行动,到达事故矿井开展抢险救灾。这就要求矿山救护队要昼夜值班、待机,做到"闻警即到、速战能胜";矿山救护队平时要加强技术练兵,提高业务技术水平和战斗力,战时才能很好地处理各类灾害事故。

③矿山救护队是一支多功能的队伍。矿山救护队既是应急救援的战斗队、安全方针的宣传队、提高矿工素质的教育队、事故隐患的排查队,又是矿山安全生产的服务队。除了处理事故外,矿山救护队经常下矿进行安全检查,查隐患、堵漏洞、反"三违"、强化规章,还承担震动爆破、排放瓦斯、启封火区、反风演习等需要佩戴氧气呼吸器的安全技术工作以及参加应急救援演练。此外,当突发森林火灾、地震灾害、地质灾害等公共事件需要矿山救护队参与时,矿山救护队也应积极参与救援,责无旁贷。

**（2）矿山救护工作特点**

1）"急"

《矿山救护规程》要求救护工作达到"闻警即到，速战能胜"，处理事故达到"召之即来、来之能战、战之必胜"。这些要求体现了一个"急"字。"急"是速度要求，是一种"紧急"的体现。

不管是救人，还是救灾，都需要争分夺秒。秒虽然只是一瞬间，但在抢救工作中却非常重要。每当矿难发生后，矿工被困险境，如果救援队伍早到一分钟，被困矿工就有生的希望；反之，晚到一分钟，也许就是另外一种结果。

2）"险"

风险有能看到的明险，如高温、浓烟、垮落的巷道及涌水等，但更可怕的是看不到的瓦斯、有毒气体、二次透水等暗险，后者的危险性远大于前者。

3）"难"

救灾过程中存在诸多不确定性，有些是不可抗力。灾区条件恶劣，救援任务艰巨。难度极大，若不能科学决策指挥，处置不当就可能造成次生、衍生事故。

4）"专"

处理矿山事故是一项复杂的系统工程，需要多学科的综合知识，特别是地测、"一通三防"、采掘、机电、通信等，因为专业性、技术性强，对指挥人员的要求也较高。因指挥人员不专业造成事故的教训是惨痛的。

## 课后习题

1. 简述事故应急救援的目的及作用。
2. 事故应急救援有哪些重要概念。
3. 简述事故应急救援内涵。
4. 简述事故应急救援的基本原则、任务。
5. 试述事故应急救援相关法律法规包括哪些。
6. 简述突发事件的分级、分类。
7. 简述矿山企业常见事故类型。
8. 简述矿山事故灾害的特征与特性。
9. 简述矿山救护队的工作性质及矿山救护工作的特点。

# 第2章
# 矿山事故应急救援管理体系

本章阐述应急管理及其特点、范围和主要内容等,介绍矿山事故应急救援体系,使学生熟悉并掌握矿山事故应急体系框架等有关知识。

## 2.1 应急管理基本概念

### 2.1.1 应急的概念

"应急"由"应"和"急"两部分组成:

作为动词的"应"一方面指人受到刺激而发生的活动和变化,另一方面指对待。

"急"是指迫切、紧急、重要的事情,是一个相对概念,对于不同大小、类型、复杂程度的组织,"急"的内容有很大差异。

根据对"应"和"急"的解析,现将应急的内涵定义为:人类面对正在发生或预测到的紧急状况时所采取的行动和应对措施。

1)应急的主体

应急的主体,即个人、组织和社会。根据主体的不同,应急可以分为以下四类:

①组织机构应急,即影响单个组织单位的客观紧急事件。如某贸易公司负责出口荔枝,但经销商反映荔枝已经发生霉变,贸易公司为了保持对海外荔枝市场的占有率,需要紧急处理这一事件。这一事件会对该贸易公司产生至关重要的影响,但对其他组织的影响却较小,属于组织机构应急范畴。

②行业应急,即影响整个行业的客观紧急事件。例如,疫情对医疗行业的影响,包括医疗资源的紧张、服务模式的转变、医疗体系的改革以及医疗机构运营的困难。为了有效应对这些挑战,必须提升整个医疗行业应对突发公共卫生事件的能力。

③区域应急,即影响某一区域的客观紧急事件。例如,火灾、内涝、台风灾害等会影响某个区域,应对这些紧急事件需要调动区域中社会各方面的力量,因此属于区域应急范畴。

④国家应急,即影响到国家的客观紧急事件。如低温雨雪灾害等,这类事件影响到国家的各个方面,需要整合国家或世界的力量进行应对,属于国家应急范畴。

2)应急的客体

应急的客体,即客观发生或可能发生的紧急状况。根据应急客体的影响程度不同,主要分为以下两类：

①常规应急，即某类事件足以影响主体的利益，但主体可根据经验或事先的准备进行应对处理，使生产生活恢复到正常情况。典型的常规应急主要包括火灾、爆炸、交通事故等，这些事件发生的具体细节可能不尽相同，但训练有素的应急人员通常能够提供结构化的解决方案，知道什么时候该做什么、该如何去做，从而达到将损失降至最低的目的。

②非常规应急，即某类事件足以影响主体的利益，但主体无法根据经验或事先的准备进行处理，只能借鉴其他紧急状况的处理方式，根据信息反馈及时调整处理方案。这类事件的应急结果有可能将损失降到较低程度，也有可能由于决策失误而造成更大的损失。

## 2.1.2　应急管理的内涵与对象

### （1）应急管理的内涵

目前，应急管理内涵的界定还未统一，国内外相关机构和学术领域对其有多个不同角度的阐释。

1）相关机构对应急管理的定义

相关机构对应急管理的定义中较具代表性的有美国联邦紧急事务管理局的定义：应急管理，是通过组织分析、规划决策和对可用资源的分配，以实施对灾难影响的减除、准备、应对和恢复，其目标是拯救生命、防止伤亡、保护财产和环境。

澳大利亚紧急事态管理署提出应急管理的内涵：应急管理，是一个处理因紧急事件引起社会风险的过程，是识别、分析、评估和治理紧急事态的系统性方法，其五个主要行动包括建立背景、识别风险、分析风险、评估风险和治理风险。

2）国内外学者对应急管理的定义

有学者认为，应急管理是指为应对即将出现或已经出现的灾害而采取的救援措施，不仅包括紧急灾害期间的行动，还包括灾前的备灾措施和灾后的救灾工作。也有观点认为，应急管理是基于对突发事件的原因、过程及后果进行分析，有效集成社会各方面相关资源，对突发事件进行有效预警、控制和处理的过程。

此外，还有学者认为应急管理由预防、应对、恢复、减灾四个环节构成，具体内容见表 2-1。

表 2-1　应急管理的四个阶段

| 四个环节 | 内容描述 |
| --- | --- |
| 预防环节 | 在危机发生前采取相应措施防御和提高危机应对与运作能力 |
| 应对环节 | 在危机发生时采取行动抢救人员，避免财产损失和人员伤亡 |
| 恢复环节 | 恢复生活支持体系和基础设施服务系统 |
| 减灾环节 | 采取措施降低未来危机的影响，减轻危机的后果，预防未来危机发生 |

借鉴对管理内涵的表述,应急管理是指应用管理学的知识对应急行为人和事务进行管理,即在紧急状况发生或预测发生时,确切知道要针对性地去做什么,并注意采用最好最经济的管理方法去应对。这里所说的紧急状况有可能正在发生,也有可能预测将要发生。在紧急状况发生或预测发生时,由于时间紧迫,需要明确各类人员的职责,避免出现混乱和无序,这增加了指挥协调的难度,同时也需要监督、控制各类人员的行为,提高整体和全局效益。

需要注意的是,灾害发生后,应急行为可以减少个人、组织和社会的损失,它的出发点和目的都是符合人类需要的。但同其他社会行为一样,需要考察这一行为的效益。特别是在日益复杂的法治化社会中,应急行为的效益更加重要,不能因为需要应对紧急事件而制造出更多的紧急事件,也不能不计成本地减少当前紧急事件带来的损失。所以在应对紧急事件时,需要提高应急行为的效益,全面提升应急管理水平。

**(2)应急管理的对象**

有效地进行应急管理,需要明确具体的管理对象。应急管理对象是指引发应急管理行为的状况。与应急的客体类似,根据状况发生的特点和类型,可将应急管理对象分为两类:一类是突发事件、自然灾害和技术灾害;另一类是社会和经济风险。

1)突发事件、自然灾害和技术灾害

《国家突发公共事件总体应急预案》中将突发公共事件界定为突然发生、造成或者可能造成重大人员伤亡、财产损失、生态环境破坏、严重社会危害和危及公共安全的紧急事件。从政府层面将突发事件进行界定,有"自然灾害、事故灾难、公共卫生事件、社会安全事件"等类别。本书所指的突发事件既包括公共事件也包括非公共事件。

《国家突发公共事件总体应急预案》将自然灾害归入突发公共事件,在此单独列出,旨在强调自然灾害的重要性。每年自然灾害都会给我国的社会和经济造成严重的危害,重大突发性自然灾害包括旱灾、洪涝、台风、风暴潮、冻害、雹灾、海啸、地震、火山、滑坡、泥石流、森林火灾、农林病虫害等。自然灾害一般具有区域特征,有的自然灾害也可能影响到我国的大部分地区。自然灾害也可能会衍生出其他灾害,如大雪阻断交通导致城市居民的日常供给受到影响,如果不能及时解决有可能会造成重大人员伤亡。

2)社会和经济风险

社会和经济风险是指社会和经济在运行过程中,可能发生的影响社会或经济发展的事件。社会和经济风险在很多时候是不易被察觉的。

## 2.1.3 应急管理的特征与流程

处理突发事件的应急管理行为,需要广泛动员社会各种力量相互协作地参与其中,通常具有以下特征和基本流程。

**(1)应急管理的特征**

通过整合组织、资源、行动等各应急要素,所形成的一体化应急管理系统具有以下特征:

①多主体的应急组织体系。应急管理活动所形成的组织体系是一个由政府部门和

各种社会机构共同组成的多主体形态。

②统一指挥、分工协作的应急体制。多主体的组织结构在应急管理活动中需要明确的职责分工,且要求统一指挥和相互协作的工作方式。

③快速反应的应急机制。灾害事件的突发性和不确定性,决定了应急管理活动必须具有快速反应能力。应急管理多是为应对突发事件,关乎生命、全局,应急管理响应速度的快慢直接决定了突发事件所造成危害的大小。

④高效的应急信息系统。及时准确地收集、分析和发布应急信息是应急管理早期预警和制定决策的前提,利用现代化的信息通信技术,建立信息共享、反应高效的应急信息系统是应急管理体系的重要特征。

⑤广泛的应急支持保障。应急管理系统必须有技术、物资、资金等多方面的支持保障:合理物资储备为应对突发事件提供物力财力保障;调动专业机构和技术人员参与应急活动,为应对突发事件提供技术保障。

⑥健全的应急管理法律法规。应急管理需要决策者采取特殊的应对措施,健全的应急管理法律法规能够为应急活动提供有力的法制支持。

**(2)应急管理的基本流程**

与一般事件的生命周期相同,突发事件往往也具有潜伏期、形成期、爆发期和消退期。以综合性应对突发事件为目的,应急管理的基本流程可分为预防、准备、应对和恢复四个阶段(图2-1)。四个阶段构成一个循环,每一阶段都起源于前一阶段,同时又是后一阶段的前提,有时前后两阶段之间会存在交叉和重叠。

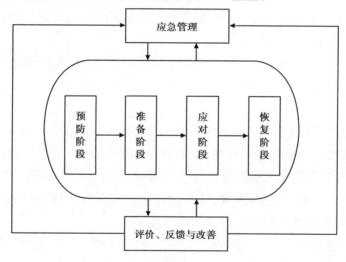

图 2-1　应急管理基本流程图

①预防阶段,又称为减灾阶段,是指在突发事件发生之前,为了消除突发事件出现的机会或者为了减轻危机损害所做的各种预防性工作。突发事件有多种多样,有些可以被缓解;有些虽然无法避免,但可以通过各种预防性措施减轻其危害。在这个阶段,尤其要注重风险评估,尽可能预测和事先考虑到在哪些环节会出现哪些风险,并采取相应的预防措施以减小风险,防患于未然。

②准备阶段,是指针对特定的或潜在的突发事件所做的各种应对准备工作。主要

包括两方面措施：一是制定各种类型的应急预案；二是设法增加灾害发生时可调用的资源(技术支持、物资设备供应、救援人员等)。

③应对阶段，也称应急响应，是指在突发事件发生发展过程中所进行的各种紧急处置和救援工作。主要措施包括及时收集灾情、启动应急预案、为处理突发事件提供各种各样的救助、向公众报告事件状况以及采取的应对措施等。在应急响应阶段，需要注意的是各种紧急救援行动的实施要防止二次伤害。

④恢复阶段，是指在突发事件得到有效控制之后，为了恢复正常的状态和秩序所进行的各种善后工作。主要措施包括启动恢复计划、提供灾后救济救助、重建被毁设施、尽快恢复正常的社会生产生活秩序，以及进行灾害和管理评估等善后工作。

## 2.2 事故应急管理的特点、范围及主要内容

### 2.2.1 事故应急管理的内容与范围

应急管理作为应对、处置突发事件的管理理论和方法在社会生产、生活中发挥着重要的作用。一般而言，对应急管理的认识，存在广义和狭义之分。

广义的应急管理是从整体上对突发事件各个发展阶段的管理，包括对突发事件从孕育、生长、爆发和恢复全过程所进行的预测、决策、控制、协调、指挥等活动。它是基于对突发事件的原因、过程及后果进行分析，为预防和减少突发事件的发生，降低突发事件的危害，通过实施有效的管理，有效集成社会各方面的相关资源，对突发事件进行有效预警、控制和处置的过程。

狭义的应急管理，偏重突发事件发生后的应急处置，在内涵上包括应急预案建设与管理、应急资源的管理与调配、应急处置手段的建设、应急指挥体系建设、应急队伍建设等内容。

安全事故应急管理的客体是安全事故，以广义的应急管理概念为基础，安全事故应急管理就是在安全事故整个寿命周期内，对安全事故的抢救、调查、分析、研究、报告处理、统计、建档、制定预案和采取防范措施等一系列管理行动的总称。安全事故发生前的管理活动立足于预测、预防和预警，亦称为安全事故风险治理；安全事故发生后的管理活动，通常被称为突发事件应急响应与应急救援。

安全事故一般都是生产领域内的突发事件，由于这些事件所处的领域不同，不同突发事件的发生发展规律迥异，给安全事故的应急管理带来了困难。需要对容易发生重大危害事件的领域进行专业性、针对性的研究和分析，才能够制定比较完善的应对方案。如火灾是一个突发性和危害性较大的事件，由于发生地区不同，防治措施和处理方法的差别也很大，这就要求必须研究各类安全事故发生和发展的规律。概括而言，安全生产事故应急管理的外延，应该包括如下内容：

**(1)安全事故隐患源的识别**

安全事故是各种不安全因素交互作用的结果，因此，对安全生产过程中各种不安全

因素及其关键作用点的识别,成为预防安全事故的基础和关键。这些工作的目标在于通过分析各种不安全性因素及其相互作用关系,把握安全事故的孕育过程,确定安全事故的隐患所在,从而便于有针对性地进行预防和监控。

(2)安全事故隐患源的实时监控

安全事故隐患源的实时监控,是安全事故预警及控制管理的关键环节。该过程结合事故隐患源的特点,采用现代化监控技术,采集隐患源的各种状态数据,并以一定的手段实现监控数据的传输,为数据的分析和风险状态的评估提供科学依据。对于众多生产企业而言,提升其重大事故风险监测能力,不仅依赖于监控技术等物质方面的手段,还需要设置相应的安全管理组织、人员与制度。

(3)安全事故风险评估与预警

安全事故的风险评估,是指通过分析已经采集的反映事故隐患源状态的各种数据,采用科学的风险评估技术,评估事故隐患源发生事故的可能性及后果,划定风险等级。所谓预警,就是根据风险评估的等级,对可能出现的安全事故风险给出不同等级的警示。在预警管理中,要求在出现较高级别的预警时,采取相应的处理措施,将风险降低到预定的水平,从而提高隐患源的安全程度,最大限度地避免安全事故的发生,或最大限度地降低事故带来的伤害和损失。

(4)安全事故应急处置

对安全事故的应急处置是应急管理的核心,表现为在预案规定的各种应急处置方案间进行选择决策,利用各种应急手段对各种应急资源进行组织和利用。当安全事故出现以后,事故的各种表现形式及特征都将逐步显露出来,这就要求对事故的发展状态进行分析,对事故未来的发展趋势进行预测,根据分析的结果,对各种应急响应措施做出相应的决策。其间还会涉及对各级政府的法律法规、政策和条例的遵守,以及相关应急人力资源的调动、应急物资的调配等一系列行动。

(5)安全事故应急资源管理

安全事故应急资源包括专业应急救援人员、应急处置工具、应急救援物资和各种应急辅助工具(如通信工具、交通工具等)。应急资源管理不仅包括要合理储备一定品种和数量的实物应急资源,还涉及应急资源储备在地理位置上的合理布局、市场储备、生产能力储备与实物储备的构成,以及储备资源的日常管理等一系列问题。

(6)安全事故应急救援预案管理

所谓事故应急救援预案,是指政府或企业为降低事故发生时造成的严重危害,对当前危险源、突发性灾难事件的评价,以及以事故预测后果为依据而预先制定的事故控制和抢险救灾的方案,是事故救援活动的行动指南。应急预案由一系列的决策点和措施集合组成。预案管理包括预案的编制和对预案的修订完善等工作,它贯穿在应急管理的主要过程中。预案管理还是对一些可能出现事件的规律分析和预测,通过研究事件之间的相互联系,寻找其中的规律性特征,并结合现行的应急管理组织构成,最终形成具有科学性和可操作性的突发事件应急预案。

**（7）安全事故事后处理**

安全事故事后处理是在安全事故的影响减弱或结束之后,对原正常运行状态的恢复,对事故造成的损失进行评估并对相关人员进行相应的赔偿、补偿或救济,对相关部门、人员的奖罚和追究责任。另外,还要对发生的事故及时查找原因,总结经验教训,提出改进方案、防范措施以及预防对策,并进行结账和归档管理。

### 2.2.2　事故应急管理的特点

应急管理是一项重要的公共事务,既是政府的行政管理职能,也是社会公众的法定义务。同时,应急管理活动又有法律的约束,具有与其他行政活动不同的特点。

**（1）政府主导性**

应急管理的主体是政府、企业和其他公共组织,其中政府起主导性作用。政府的主导性体现在两个方面:首先,政府主导性是由法律规定的。《中华人民共和国突发事件应对法》规定,县级人民政府对本行政区域内突发事件的应对工作负责,涉及两个以上行政区域的,由有关行政区域共同的上一级人民政府负责,或者由各有关行政区域的上一级人民政府共同负责,即从法律上明确界定了政府的责任。其次,政府主导性是由政府的行政管理职能决定的。政府掌管行政资源和大量的社会资源,拥有组织严密的行政组织体系,具有庞大的社会动员能力,这是任何非政府组织和个人都无法比拟的行政优势。所以,只有由政府主导,才能动员各种资源和各方面力量开展应急管理。

**（2）社会参与性**

《中华人民共和国突发事件应对法》规定,公民、法人和其他组织有义务参与突发事件应对工作,但是没有全社会的共同参与,突发事件应对不可能取得好的效果。

**（3）行政强制性**

应急管理主要是依靠行使公共权力对突发事件进行管理。公共权力具有强制性,社会成员必须绝对服从。在处置突发事件时,政府应急管理的一些原则、程序和方式将不同于正常状态,权力将更加集中,决策和行政程序将更加简化,一些行政行为将带有更大的强制性。当然,这些非常规的行政行为必须有相应法律法规作保障。应急管理活动既受到法律法规的约束,需正确行使法律法规赋予的应急管理权限,同时又可以以法律法规作为手段,规范和约束管理过程中的行为,确保应急管理措施到位。

**（4）目标广泛性**

应急管理以维护公共利益、社会大众利益为己任,以保持社会秩序、保障社会安全、维护社会稳定为目标。即应急管理追求的是社会安全、社会秩序和社会稳定,关注的是包括经济、社会、政治等方面在内的公共利益和社会大众利益。其出发点和落脚点是把人民群众的利益放在第一位,保证人民群众生命财产安全,保证人民群众安居乐业,为社会全体公众提供全面优质的公共产品,为全社会提供公平公正的公共服务。

**（5）管理局限性**

一方面,突发事件的不确定性决定了应急管理的局限性。另一方面,突发事件发生后,尽管管理者作出了正确的决策,但指挥协调和物资供应任务十分繁重,要在极短时间内指挥协调、保障物资,本身就是一件艰巨的工作,特别是在面对一些没有出现过的、新的突发事件时,物资保障更是难以实现。另外,在突发事件的影响下,社会公众往往处于紧张、恐慌、激动之中,这种情绪不稳定,加大了应急管理的难度。

### 2.2.3　事故应急管理的意义

安全事故应急管理的根本任务就是预防和减少安全事故的发生,并通过科学的应急处置对安全事故做出快速有效的应对,从而最大限度地减少事故发生可能造成的损失。安全事故应急管理专业方向的建立和发展,可以为安全事故的预防和处置提供原理和方法。安全事故在不同领域的发生具有不同的表现形式和特征,发生的原因、发展的规律各种各样。比如,安全事故的发生具有因果性、潜在性特征,有的具有先兆特征,事故的影响范围具有扩散性,事故对人、财、物具有伤害性和破坏性等。安全事故应急管理可以通过对安全事故共性特征的研究,总结出开展应急管理应遵循的一般程序、制度和方法,再加上一些领域的专业知识,就可以形成一整套预防与应对安全突发事件的理论和方法体系,因此,加强安全事故应急管理具有十分重要的现实意义。

## 2.3　矿山事故应急救援体系

矿山事故应急救援体系是一个多层次、多环节的复杂系统,旨在确保在矿山事故发生时能够迅速、有效地进行应急救援,降低事故损失,保障人员生命安全。

一个完整的矿山事故应急救援体系应由组织体制、运行机制、规章制度和保障体系四部分构成,如图 2-2 所示。

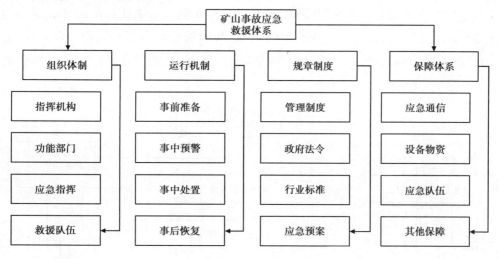

图 2-2　矿山事故应急救援体系基本框架图

### 2.3.1　组织体制

#### (1) 指挥机构

指挥机构是指当事故发生时,指挥矿山事故应急救援的负责部门。中华人民共和国应急管理部矿山应急救援指挥中心是全国范围内的矿山应急救援中枢机构,负责全国矿山事故的预防、控制、指挥、信息汇总和综合协调等应急工作。领导小组下设办公室、联络组和专家组,联络组由各成员单位指派的人员组成,专家组由矿山、公安、消防、安全生产、医疗等方面的专家组成。

省级和市级矿山应急机构比照国家矿山应急机构的组成、职责,结合本地的实际情况而设立,突出精简、效率、专一的原则,采用"联而不并"的方式设置矿山事故应急机构。矿山事故应急救援指挥机构应急响应运行示意图如图2-3所示。

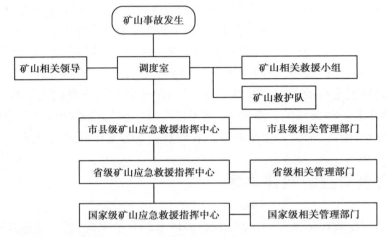

图2-3 矿山事故应急救援指挥机构应急响应运行示意图

**(2) 功能部门**

功能部门包括与应急活动有关的各类组织机构。由于矿山系统复杂、工程量巨大,矿山企业属于劳动密集型企业,各种危险因素的存在都有可能使得矿山事故的影响超出矿山企业系统本身的范围,造成严重的后果,甚至引起矿山安全问题。因此,应急活动所涉及的功能部门有公安消防、医疗卫生、安全监管、交通等许多行政部门和企业单位,具体如图2-4所示。

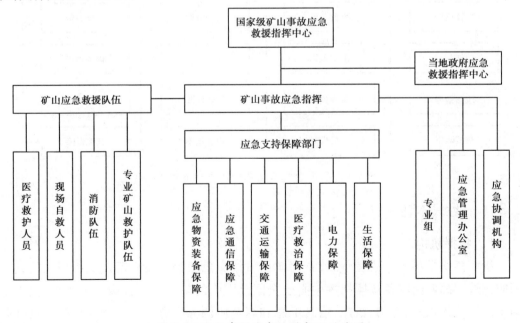

图2-4 矿山事故应急救援部门功能图

**（3）应急指挥**

矿山应急指挥是在事故发生应急预案启动后，负责应急救援活动场外与场内的指挥。前者的职责主要是整个应急救援活动的组织协调、资源调配和扩大应急救援活动的指挥；而后者要直接承担起现场的控制灾害、救护人员和工程抢险等具体实效的救援任务。

矿山事故发生后，场外情况往往十分复杂，且汇集了各方面的应急力量与大量的资源，应急救援行动的组织、指挥和管理成为事故应急工作所面临的一个严峻挑战。为保证现场应急救援工作的高效和快速，必须对事故现场的所有应急救援工作实施统一的指挥和管理，即建立事故指挥系统，形成清晰的指挥链，以便及时地获取事故信息、分析和评估事态，确定救援的优先目标，决定如何实施快速、有效的救援行动和保护生命的安全措施，指挥和协调各方应急力量的行动，高效地利用可获取的资源，确保应急决策的正确性，以及应急行动的整体性和有效性。

在矿山事故应急处置时，建立矿山事故应急救援指挥中心。从功能上，可由现场指挥中心、应急指挥中心、信息管理中心和支持保障中心 4 个运作中心组成，具体如图 2-5 所示。

在矿山事故应急救援体系建设时，应建立矿山事故现场应急指挥体系，有助于在矿山事故应急演练中，对现场指挥系统进行实践，确保在实际事故发生时保证各方明确自己的责任。现场指挥系统组织结构如图 2-6 所示。

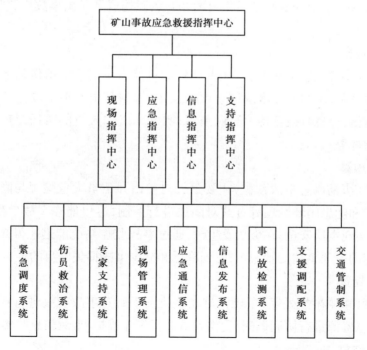

图 2-5　矿山事故应急救援指挥系统结构示意图

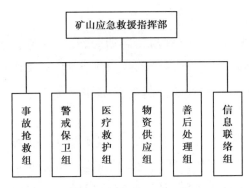

图 2-6　矿山现场指挥系统组织结构示意图

### 2.3.2　运行机制

矿山事故应急救援体系建立的目的是把事故所造成人员伤亡、财产损失、环境影响以及其他影响降至最低限度。从时间的角度分析,矿山事故是一个进程或是一个发展的周期。隐患状态不是一下子就形成的,隐患也不可能直接从危险状态回到安全的状态,隐患的形成与最终解决都需要时间。一个完整的事故应急运行管理过程包括事前准备、事前预警、事中处置与事后恢复 4 个阶段。这 4 个阶段分别发生在事故发生前、事故发生时和事故发生后 3 个不同的时间段,形成一个循环的过程。

其中,每一个具体的阶段都要求矿山管理者采取相应的应急管理策略和措施,准确地估计事故形势,尽可能把事故控制在某一个特定的阶段,以免进一步恶化。因而,事前准备、事前预警、事中处置与事后恢复的相互关联构成了矿山事故应急救援体系的循环过程。

**(1)事前准备**

事前准备(事前应急资源准备)主要是针对可能发生的事故所做的准备工作,包括建立应急救援体系,编制矿山事故应急救援预案,编制矿山专项事故应急救援预案,建设应急救援队伍,应急救援宣传、培训、演习,明确部门和人员的责任,与外部应急救援力量的协调指挥等。

**(2)事前预警**

事前预警(事前隐患事故预警)主要是针对矿山井下重大危险源与隐患进行监控,采用实时监控和隐患闭环管理等方式对隐患进行控制,尽可能在事故发生前阻止事故的发生,最终实现本质安全;在事故发生时,通过事故监控系统能迅速得知事故的情况,采取预先制定的专项事故处置预案,达到降低和减少事故损失的目的。

**(3)事中处置**

事中处置(事中事故处置)主要针对在事故发生后对事故源头进行控制、事故人员进行疏散、应急资源进行协调调配、受伤人员进行医疗救护、事故信息收集与发布等。

**(4)事后恢复**

事后恢复(事后善后总结)主要针对在事故救援结束后,如何快速地将事故区域进行恢复、如何对事故损失评估、如何对事故受伤人员进行善后、总结事故救援过程中的得失、根据事故救援情况对事故应急救援预案进行修改,从事故救援中汲取经验。

## 2.3.3　规章制度

矿山事故应急规章制度的建设,是矿山事故应急救援体系建设中的重要内容,涉及诸多要素和环节。

①国家法律层次:《中华人民共和国矿山安全法》《中华人民共和国煤炭法》等。

②国务院法律层次:《矿山安全监察条例》《特别重大事故调查程序暂行规定》《煤炭生产许可证管理办法》等。

③部门规章:《特种设备质量监督与安全监察的规定》《矿山安全监察行政处罚暂行办法》《粉尘危害分级监察规定》《矿山特种作业人员安全操作资格考核规定》《矿山救护规程》《矿山矿用爆破器材管理规定》等。

④国家标准:《企业职工伤亡事故经济损失统计标准》(GB 6721—1986)等。

⑤矿山企业制定的相关管理制度。

## 2.3.4　保障体系

### (1)应急通信保障

矿山应急通信保障要能确保井下与地面指挥调度系统保持畅通的联系,保证信息的准确性,矿山隐患监控系统、报警系统、预警系统和调度系统的信息交流顺畅;事故发生后也要保证与井下通信的线路畅通,以方便救援。

### (2)设备物资保障

矿山企业要保证井下自救器、呼吸器和个人防护装备的正常使用,并定期对这些设备进行检测,保证在发生事故时这些设备能够有效使用。还要保证开展应急救援活动所需的井下搜救设备和医疗救护设备。

### (3)应急队伍保障

训练有素的矿山防灾救灾专业队伍是有效救援和控制事故的基础,也是执行应急救援的保证。它包括专业的搜索(侦查)、救护、医疗、消防等队伍。专业队伍必须注重理论学习、技能训练,要能够经受高温、浓烟、水灾和有害气体等的严酷考验。救援队在平时应做到:严格组织管理,加强业务训练;平时进入可能发生事故的地域,熟悉情况;参与审查事故应急救援预案,并在实施中检查预案的落实情况,协助搞好安全和消除事故隐患的工作;掌握并检查救灾器材及设备的布置、管理和贮备情况;训练急救人员,进行自救教育。

### (4)其他保障

在矿山事故应急救援预案的编制过程中,需要各方面的专家对应急预案的适用性和应急救援方案进行研究,提出适合矿山的方案;在应急处置过程中,各方面专家可以协助应急指挥中心,为救援活动提供技术支持。矿山企业应就矿山事故应急救援知识对企业职工进行宣传和培训,使其在事故发生时能够进行自救,不至于慌乱;矿山企业应定期进行应急事故救援演练,明确各部门和人员在应急救援活动中的责任、了解应急救援程序,查找现有应急救援预案中的不足,并对其进行修改。

## 课后习题

1. 简述应急管理的定义及其主要目标。
2. 列举应急管理的几项基本原则。
3. 描述事故应急管理的特点,并举例说明。
4. 事故应急管理包括哪些主要阶段? 每个阶段的主要任务是什么?
5. 编制应急预案时需要考虑哪些关键因素?
6. 矿山事故应急救援体系主要包括哪些组成部分?
7. 在矿山事故应急救援中,组织体系的作用是什么?
8. 阐述预案体系在矿山事故应急救援中的重要性,并说明如何制定有效的预案。
9. 为什么资源保障体系对矿山事故应急救援至关重要?
10. 设计一个模拟矿山事故应急演练的场景。

# 第3章
# 矿山事故应急救援预案

应急预案是在辨识和评估潜在重大危险，事故类型、发生的可能性及发生的过程，事故后果及影响严重程度的基础上，对应急机构职责、人员、技术、装备、设施、物资、救援行动及其指挥与协调方面预先做出具体安排。本章简要介绍了事故应急预案，针对矿山事故的救援预案体系和程序与编制和管理进行了阐述，最后介绍有关矿山事故应急预案的演练过程，使学生了解和掌握应急救援预案编写的有关要求及知识等。

## 3.1　事故应急预案概述

事故应急预案最早是为预防、预测和应急处理关键生产装置事故、重点生产部位事故、化学泄漏事故等而预先制定的对策方案。应急预案明确了在事故发生前、事故过程中以及事故发生后，谁负责做什么、何时做、怎么做，相应的策略和资源准备等。

### 3.1.1　应急预案基础知识

**（1）应急预案主要内容**

应急预案主要包括三方面的内容：

①事故预防：通过危险辨识、事故后果分析，采用技术和管理手段降低事故发生的可能性并使可能发生的事故控制在局部，防止蔓延。

②应急处置：一旦发生事故（或故障）有应急处置程序和方法，能快速反应并处理故障，或将事故消除在萌芽状态。

③抢险救援：采用预定现场抢险和抢救的方式，控制或减少事故造成的损失。

**（2）需要编制应急预案的单位或场所**

①容易发生重大工业事故的企业：煤矿和非煤矿山企业，危险化学品企业，民用爆破器材和烟花爆竹生产、经营、储存、运输企业，建筑施工企业，石油和海上石油企业，核设施场所等。

②无危险物质但可由活动中的因素引发公共危害的群众聚集所：歌舞厅、影剧院等公共娱乐场所，酒店、宾馆等服务场所，图书馆、商场、大型超市等场所，举办集会、烟火晚会等大型活动的场所。

③国家和地方政府规定的其他场所和单位。

**（3）应急预案的分类**

事故类型多种多样，因此必须在编制应急预案时进行合理策划，做到重点突出，反映出本地区的主要重大事故风险,并合理组织各类预案,避免预案之间相互孤立、交叉和矛盾。

预案的分类有多种方法,如按行政区域划分为国家级、省级、市级、区(县)和企业预案;按事故特征可划分为常备预案和临时预案(如偶尔组织的大型集会等);按事故灾害或紧急情况的类型可划分为自然灾害、事故灾难、突发公共卫生事件和突发社会安全事件等预案;按预案的适用对象范围划分为综合预案、专项预案和现场处置方案。

1)综合预案

综合预案是整体预案,从总体上阐述应急方针、政策、应急组织结构及相应的职责与应急行动的总体思路等。通过综合预案可以很清晰地了解城市的应急体系及预案的文件体系,更重要的是可以作为应急救援工作的基础和"底线",即使对那些没有预料的紧急情况也能起到一般的应急指挥作用。

2)专项预案

专项预案是针对某种具体的、特定类型的紧急情况,如危险物质泄漏、火灾、某一自然灾害等的应急而制定的。专项预案是在综合预案的基础上充分考虑了某特定危险的特点,对应急的形势、组织机构、应急活动等进行更具体的阐述,具有较强的针对性。

3)现场处置方案

现场预案是在专项预案的基础上,根据具体情况的需要而编制的。它是针对特定的具体场所,即以现场为目标,通常是针对事故风险较大的场所或重要防护区域等所制定的预案。例如,根据危险化学品事故专项预案编制的某重大危险源的应急预案,根据防洪专项预案编制的某洪区的防洪预案等。现场处置方案的特点是针对某一具体现场的特殊危险及其周边环境情况。在详细分析的基础上,对应急救援中的各个方面做出具体、周密而细致的安排,因而具有更强的针对性和对现场具体救援活动的指导性。

## 3.1.2　应急预案的基本结构

不同的应急预案由于各自所处的层次和适用的范围不同,在内容的详略程度和侧重点上会有所不同,但都可以采用相似的基本结构。即一个基本预案加上应急功能设置、特殊风险预案、标准操作程序和支持附件构成综合预案,可保证各种类型预案之间的协调性和一致性。

(1)基本预案

基本预案是该应急预案的总体描述。它主要阐述应急预案所要解决的紧急情况,应急的组织体系、方针,应急资源和应急的总体思路,并明确各应急组织在应急准备和应急行动中的职责,以及应急预案的演练和管理等规定。

(2)应急功能设置

应急功能是针对在各类重大事故应急救援中通常都要采取的一系列基本的应急行动和任务,如指挥和控制、警报、通信、人员疏散、人员安置、医疗等。它着眼于城市对突发事故响应时所要实施的紧急任务。由于应急功能是围绕应急行动设置的,因此它们的主要对象是那些任务执行机构。针对每一项应急功能应明确其针对的形势、目标、负责机构和支持机构、任务要求、应急准备和操作程序等。应急预案中包含的功能设置的数量和类型因地方差异有所不同,主要取决于其所针对的潜在重大事故危险类型,以及城市或生产经营单位的应急组织方式和运行机制等具体情况。

**(3)特殊风险预案**

特殊风险是根据各类事故灾难、灾害的特征,需要对其应急功能作出针对性安排的风险。应急管理部门应考虑当地地理、社会环境和经济发展等因素影响,根据其可能面临的潜在风险类型,说明处置此类风险应该设置的专有应急功能或有关应急功能所需的特殊要求,明确这些应急功能的责任部门、支持部门、有关介入部门及它们的职责和任务,对该类风险的专项预案制定提出特殊要求和指导。

**(4)标准操作程序**

由于基本预案、应急功能设置并不说明各项应急功能的实施细节,各应急功能的主要责任部门必须组织制定相应的标准操作程序,为应急组织或个人提供履行应急预案中规定职责和任务的详细指导。标准操作程序应保证与应急预案的协调和一致性,其中重要的标准操作程序可作为应急预案附件或以适当方式引用。

**(5)支持附件**

支持附件主要包括应急救援的有关支持保障系统的描述及有关的附图表。

### 3.1.3　应急预案的目的和作用

**(1)应急预案的目的**

为控制重大事故的发生,防止事故蔓延,有效地组织抢险和救援,政府和生产经营单位应对已初步认定的危险场所和部位进行风险分析。对认定的危险有害因素和重大危险源,应事先对事故后果进行模拟分析,预测重大事故发生后的状态、人员伤亡情况及设备破坏和损失程度,以及由于物料的泄漏可能引起的火灾、爆炸、有毒有害物质扩散对单位可能造成的影响。

依据预测提前制定重大事故应急预案。组织、培训应急救援队伍,配备应急救援器材,以便在重大事故发生后,能及时按照预定方案进行救援,在最短时间内使事故得到有效控制。综上所述,应急预案主要目的有以下两个方面:

①采取预防措施使事故控制在局部,消除蔓延条件,防止突发性重大或连锁事故发生。

②能在事故发生后迅速控制和处理事故,尽可能减轻事故对人员及财产的影响,保障人员生命和财产安全。

**(2)应急预案的作用**

编制重大事故应急预案是应急救援准备工作的核心内容,是及时有序、有效地开展应急救援工作的重要保障。应急预案在应急救援中的重要作用和地位体现在以下方面:

①应急预案确定了应急救援的范围和体系,使应急准备和应急管理有据可依、有章可循。培训可以让应急响应人员熟悉自己的责任,具备完成指定任务所需的相应技能;

演练可以检验预案和行动程序,并评估应急人员的技能和整体协调性。

②编制应急预案有利于做出及时的应急响应,降低事故后果。应急行动对时间要求十分敏感,不允许有任何拖延。应急预案预先明确了应急各方的职责和响应程序,在应急力量和应急资源等方面做了大量准备,可以指导应急救援迅速有序、高效地开展,将事故的人员伤亡、财产损失和环境破坏降到最低限度。此外,如果制定了预案,对重大事故发生后必须快速解决的一些应急恢复问题,也就很容易解决。

③成为城市应对各种突发重大事故的响应基础。通过编制城市的综合应急预案,可保证应急预案具有足够的灵活性,对那些事先无法预料到的突发事件或事故,也可以起到基本的应急指导作用,成为保证城市应急救援的"底线"。在此基础上,城市可以针对特定危害,编制专项应急预案,有针对性地制定应急措施,进行专项应急准备和演练。

④当发生超过城市应急能力的重大事故时,便于与省级、国家级应急部门的协调。

⑤有利于增强全社会的风险防范意识。应急预案的编制过程,实际上是辨识城市重大风险和防御决策的过程,强调各方的共同参与。因此,预案的编制、评审以及发布和宣传,有利于社会各方了解可能面临的重大风险及其相应的应急措施,有利于促进社会各方增强风险防范意识和能力。

### 3.1.4 应急预案的基本要求

编制应急预案是进行应急准备的重要工作内容之一。编制应急预案要遵守编制程序,应急预案的内容也应满足下列基本要求:

**(1)应急预案要有针对性**

应急预案是针对可能发生的事故,为迅速、有序地开展应急行动而预先制定的行动方案。因此,应急预案应结合危险分析的结果,针对以下内容进行编制,确保其有效性。

①针对重大危险源。

②针对可能发生的各类事故。

③针对关键的岗位和地点。

④针对薄弱环节。

⑤针对重要工程。

**(2)应急预案要有科学性**

应急救援工作是一项科学性很强的工作。编制应急预案必须以科学的态度,在全面调查研究的基础上,实行领导和专家相结合的方式。开展科学分析和论证,制定出决策程序和处置方案,应急手段先进的应急反应方案,使应急预案真正具有科学性。

**(3)应急预案要有可操作性**

应急预案应具有实用性或可操作性,即发生重大事故灾害时,有关应急组织、人员可以按照应急预案的规定迅速,有序、有效地开展应急救援行动,降低事故损失。为确保应急预案实用、可操作,重大事故应急预案编制过程中应充分分析、评估本地可能存在的重大危险及其后果,并结合自身应急资源、能力的实际,对应急过程的一些关键信息如潜在重大危险及其后果分析、支持保障条件、决策、指挥与协调机制等进行系统描述。同时,应急相关方应确保重大事故应急所需的人力、设施和设备、资金支持以及其他必要资源。

**(4)应急预案要有完整性**

应急预案内容应完整,包含实施应急响应行动需要的所有基本信息。应急预案的完整性主要体现在以下方面:

①功能(职能)完整。

②应急过程完整。

③适用范围完整。

**(5)应急预案要合法合规**

应急预案中的内容应符合国家法律法规、标准和规范的要求。应急预案的编制工作必须遵守相关法律法规的规定。我国有关生产安全应急预案编制工作的法律法规主要有《中华人民共和国安全生产法》《危险化学品安全管理条例》《中华人民共和国职业病防治法》《建筑工程安全生产管理条例》《生产安全事故应急预案编制导则》等,编制安全生产应急预案必须遵守这些法律法规的规定,并参考其他灾种(如洪涝、地震、核辐射事故等)的法律法规、标准和规范的要求。

**(6)应急预案要有可读性**

应急预案应当包含应急所需的所有基本信息,这些信息如组织不善可能会影响预案执行的有效性,因此预案中信息的组织应有利于使用和获取,并具备相当的可读性。

①易于查询。

②语言简洁,通俗易懂。

③层次及结构清晰。

**(7)应急预案要相互衔接**

安全生产应急预案应相互协调一致、相互兼容。如生产经营单位的应急预案应与上级单位应急预案、当地政府应急预案、主管部门应急预案、下级单位应急预案等相互衔接,确保出现紧急情况时能够及时启动各方应急预案,有效控制事故。

## 3.2　矿山事故应急救援预案体系与程序

### 3.2.1　矿山事故应急救援预案体系

生产经营单位的预案体系主要包括综合预案、专项预案、现场处置方案。

**(1)综合预案**

综合预案在生产经营单位中扮演着至关重要的角色,是单位整体应急管理的核心文件。它从宏观和全局的视角出发,详细阐述了生产经营单位的应急方针、政策,明确了应急组织结构及其相应职责,并规划了应急行动的总体思路。综合预案为生产经营单位设定明确的应急方针和政策,这是单位在面对各种紧急情况时保持冷静、有序应对的指导思想。它指导着单位如何根据风险等级、资源条件和实际情况,制定符合自身特点的应急措施。描述应急组织结构及其职责。这包括应急领导小组、指挥部、应急队伍等各个组成部分的设立和职责分配,确保在紧急情况下,各个部门和人员能够迅速响应、协同作战。规划应急行动的总体思路。它根据可能发生的各种紧急情况,制定了一系列应急处置流程和措施,确保在事故发生时能够迅速启动应急响应机制,采取有效措施控制事态发展,最大限度地减少人员伤亡和财产损失。综合预案还具有重要的指导和参考作用。即使面对未预料到的紧急情况,综合预案也能为单位提供一般的应急指导,帮助单位迅速找到解决问题的思路和方法。

它是生产经营单位应急管理的基础和核心,为单位在面对各种紧急情况时提供了全面、系统、科学的指导。通过不断完善和优化综合预案,可以提高生产经营单位的应急响应能力,确保在紧急情况下能够迅速、有效地应对各种挑战。

**(2)专项预案**

专项预案是针对生产经营单位某种具体的、特定类型的紧急情况,例如危险物质泄漏、火灾、某一自然灾害等的应急而制定的。其制定是在综合预案的基础上进行的,但相对于综合预案,它更加专注于某一特定类型的紧急情况。在制定过程中,专项预案会充分考虑该特定危险的特点,包括其可能发生的频率、影响范围、潜在后果等,从而对应急的形势、组织机构和应急活动等进行更具体、更深入的阐述。专项预案的针对性非常强,它详细规定了在该类紧急情况发生时,应如何迅速启动应急响应机制、如何组织人员疏散、如何进行现场控制、如何调配应急资源等。这些具体的应急措施和流程,能够确保在紧急情况下,相关人员能够迅速、准确地执行应急任务,最大程度地减少人员伤亡和财产损失。此外还注重与其他预案的衔接和配合。它可能会引用综合预案中的部分内容,同时也会对其他相关预案(如现场处置方案、通信联络预案等)提出具体的要求和指导,确保在紧急情况下,整个应急体系能够高效、协调地运转。

**(3)现场处置方案**

现场处置方案是在专项预案的基础上,根据具体情况需要而编制的。它是针对生产经营单位特定的具体场所(即以现场为目标),通常是该类型事故风险较大的场所或重要防护区域等所制定的处置方案。例如,针对矿井透水事故专项预案而编制的某重大危险源的场外应急救援处置方案,现场应急救援处置方案的特点是针对某一具体现场所存在的该类特殊危险,结合可能受其影响的周边环境情况,在详细分析的基础上,对应急救援中的各个方面做出具体、周密而细致的安排,因而现场处置方案具有更强的针对性和对现场具体救援活动的指导性。

## 3.2.2 矿山事故应急救援预案程序

矿山事故应急救援预案程序一般步骤如下:

**(1)制定预案**

确定矿山事故应急救援预案的编制范围、编制依据、编制原则、组织机构等内容,并明确各类事故应急预案的编制要求。

1）编制范围

矿山事故应急救援预案的编制范围应涵盖矿山的各个生产环节和可能发生的各类事故。具体包括但不限于矿山井下作业、露天开采、爆破作业、运输作业等生产环节，以及可能发生的火灾、瓦斯爆炸、透水、冒顶、坍塌等事故类型。

2）编制依据

矿山事故应急救援预案的编制应依据国家法律法规、行业标准、矿山安全生产规范以及矿山实际情况。具体包括《安全生产法》《矿山安全法》等相关法律法规，以及矿山安全生产标准化、应急救援体系建设等相关标准。

3）编制原则

①预防为主，防救结合：在编制预案时，应强调预防工作的重要性，同时确保救援措施与预防措施相结合，形成有效的救援体系。

②统一指挥，分级负责：预案应明确救援指挥体系，实行统一指挥、分级负责的原则，确保救援工作的有序进行。

③快速反应，科学救援：预案应注重提高救援反应速度，采用科学的救援方法和手段，提高救援效率。

④综合协调，资源共享：预案应强化各部门之间的协调配合，实现资源共享，确保救援资源的有效利用。

4）组织机构

矿山应急救援预案应设立应急救援指挥部，负责指挥协调救援工作。指挥部下设若干专业救援队伍，包括矿山救护队、医疗救护队、后勤保障队等，负责具体实施救援任务。同时，应建立救援信息报告制度，确保救援信息的及时传递和处理。

5）各类事故应急预案编制要求

①火灾事故应急预案：应明确火灾报警程序、灭火器材配备、人员疏散等措施，确保在火灾发生时能够迅速控制火势，保障人员安全。

②瓦斯爆炸事故应急预案：应重点关注瓦斯监测预警、通风系统维护、爆炸后救援等方面，确保在瓦斯爆炸事故发生时能够迅速响应，减少人员伤亡。

③透水事故应急预案：应制定透水预警机制、排水设备配备、被困人员搜救等措施，确保在透水事故发生时能够及时排水救援，保障被困人员生命安全。

④冒顶、坍塌事故应急预案：应关注支护结构安全、监测预警系统建设、被困人员定位与搜救等方面，确保在冒顶、坍塌事故发生时能够迅速定位被困人员并实施救援。

**(2) 风险评估**

对矿山可能发生的各类事故进行风险评估，确定可能的应急情况和应对措施。

风险评估是预防矿山事故的关键步骤。这包括对矿山生产过程中的各个环节进行全面梳理，识别可能存在的安全隐患和风险点。通过实地考察、数据分析、专家咨询等方式，对矿山的地质条件、设备设施、作业环境等进行深入评估。同时，还需考虑人为因素、管理漏洞等可能导致事故的因素，确保风险评估的全面性和准确性。

在风险评估的基础上，我们需要确定可能发生的应急情景。这些情景可能包括火灾、瓦斯爆炸、透水、冒顶、坍塌等各类事故。针对每种可能的情景,我们需要分析其发生的可能性、影响范围、危害程度等,以便为制定应对措施提供依据。针对这些可能的应急情景,我们需要制定相应的应对措施。这些措施应包括但不限于以下几个方面:

①建立健全应急救援体系,包括组建专业的救援队伍、配备必要的救援设备和器材、制定详细的救援流程等。确保在事故发生时能够迅速启动救援行动,有效控制事故发展。

②加强事故预防和预警工作。通过加强安全监测、定期检查维护设备设施、加强员工安全培训等方式,提高矿山的安全生产水平。同时,建立事故预警机制,及时发现和处理安全隐患,防止事故的发生。

③完善应急通信和信息报告系统。确保在事故发生时能够迅速传递信息、协调各方力量、做出正确决策。同时,加强与外部救援力量的沟通与协作,形成合力应对事故。

④加强事故后的恢复和重建工作。在事故得到控制后,及时组织人员进行清理和修复工作,恢复矿山的正常生产秩序。同时,对事故原因进行深入调查和分析,总结经验教训,完善预案和措施,防止类似事故的再次发生。

**(3)制定预案流程**

明确各类事故应急预案的启动条件、启动程序、应急响应等流程,确保在事故发生时能够迅速有效地启动应急救援工作。

①需要明确各类事故应急预案的启动条件。这些条件通常基于事故的性质、规模和潜在影响来设定。例如,对于火灾事故,当火势蔓延至一定范围或威胁到重要设施时,应启动相应的应急预案。对于瓦斯爆炸事故,当瓦斯浓度超过安全阈值或检测到异常气体泄漏时,也应立即启动预案。这些条件的设定旨在确保在事故初期就能迅速作出反应,防止事态进一步恶化。

②启动程序是应急预案中的重要环节。一旦满足启动条件,应立即启动应急响应机制。这包括通知应急救援指挥部,启动应急通信系统,确保信息畅通。同时,通知相关救援队伍和人员迅速集结,做好救援准备。在启动程序中,还应明确各级人员的职责和分工,确保各个环节能够有序衔接,形成高效的救援体系。

③应急响应流程。在事故发生后,应急救援指挥部应迅速对事故进行评估,确定事故的性质、规模和影响范围。根据评估结果,指挥部应制定相应的救援方案,并下达救援指令。各救援队伍和人员应按照指令迅速展开救援行动,包括现场疏散、伤员救治、灭火或控制事故蔓延等。在救援过程中,应保持与指挥部的实时通信,及时报告救援进展和遇到的问题,以便指挥部能够及时调整救援策略。

④定期进行演练和评估。通过演练,可以检验预案的可行性和有效性,发现存在的问题和不足,并及时进行改进。评估则是对预案实施效果的客观评价,有助于我们总结经验教训,进一步完善预案内容。

**(4)人员培训**

对矿山工作人员进行应急救援知识培训,提高应急救援能力,确保在事故发生时能够迅速有效地行动。

①应急救援知识培训应涵盖广泛的内容。这包括但不限于事故预防知识、应急避险技能、自救互救方法、救援器材使用等。通过系统学习,工作人员能够全面了解矿山事故的常见类型、原因及应对措施,掌握在紧急情况下的自我保护方法,正确使用救援器材和设备,为事故救援提供有力保障。

②培训应注重实战模拟和演练。通过模拟真实的事故场景,让工作人员在模拟环境中进行实际操作和演练,能够更好地帮助他们理解和掌握应急救援知识。同时演练还能够检验预案的可行性和有效性,发现存在的问题和不足,以便及时进行调整和完善。

③培训还应加强心理素质的培养。在事故发生时,工作人员往往面临着巨大的心理压力和恐慌情绪。因此,培训中应注重对工作人员心理素质的培养,提高他们的应急反应能力和心理承受能力,确保在关键时刻能够保持冷静、理智和果断。

④建立培训考核机制。通过考核,可以检验工作人员对应急救援知识的掌握程度和应用能力,确保他们真正掌握了相关知识和技能。同时,对于考核不合格的人员,应进行再次培训和补考,直至达到合格标准。

⑤定期进行培训,并随着矿山安全生产形势的变化和新技术、新设备的引进而不断更新和完善。通过持续的培训和教育,能够不断提高矿山工作人员的应急救援能力,确保在事故发生时能够迅速有效地行动,最大限度地减少人员伤亡和财产损失。

**(5)救援演练**

定期组织矿山应急救援演练,检验预案的有效性和可行性,发现问题并及时改进。

通过定期演练,可以模拟真实的事故场景,让参与人员熟悉并掌握应急救援流程和操作方法。这有助于增强人员的应急反应能力和协同作战能力,提高救援效率。同时,演练还可以检验预案的实用性和可操作性,发现预案中存在的问题和不足,为预案的修订和完善提供依据。

及时进行总结和评估。对演练过程中暴露出的问题和不足进行深入分析,找出原因并制定相应的改进措施。同时,对演练中表现突出的个人和团队进行表彰和奖励,以激励全体人员积极参与应急救援工作。

为了确保演练的顺利进行和取得实效,需要做好以下几点工作:

①加强组织领导,明确责任分工,确保演练的顺利进行。

②加强宣传教育,增强全体人员的安全意识和应急意识。

③加强队伍建设,提高救援人员的专业素质和技能水平。

④加强装备保障,确保救援设备和器材的完好有效。

**(6)完善预案**

根据演练和实际情况,及时完善矿山应急救援预案,确保其符合实际应急救援需求。

## 3.3 矿山事故应急救援预案的编制与管理

### 3.3.1 应急救援预案编制

矿山企业安全生产事故应急预案是国家安全生产应急预案体系的重要组成部分。制定矿山企业安全生产事故应急预案是贯彻落实"安全第一、预防为主、综合治理"方针,规范矿山企业应急管理工作,提高应对安全风险和防范事故的能力,保证职工安全健康和公众生命安全,最大限度地减少财产损失、环境损害和社会影响的重要措施。

**(1)编制要求**

《生产安全事故应急救援预案管理办法》规定,矿山企业应当根据有关安全生产法律法规和《生产经营单位生产安全事故应急预案编制导则》(GB/T 29639—2013),结合本单位的危险源状况、危险性分析情况和可能发生的事故特点,制定相应的安全生产事故应急预案。

矿山企业的应急预案按照针对情况的不同,可分为综合应急预案、专项应急预案和现场处置方案。矿山企业风险种类多、可能发生多种事故类型的,应当组织编制本单位的综合应急预案。综合应急预案应当包括本单位的应急组织机构及其职责、预案体系及响应程序、事故预防及应急保障、应急培训及预案演练等主要内容。

对于某一种类的风险,矿山企业应当根据存在的重大危险源和可能发生的事故类型,制定相应的专项应急预案。专项应急预案应当包括危险性分析、可能发生的事故特征、应急组织机构与职责、预防措施、应急处置程序和应急保障等内容。

对于危险性较大的重点岗位,矿山企业应当制定重点工作岗位的现场处置方案。现场处置方案应当包括危险性分析、可能发生的事故特征、应急处置程序、应急处置要点和注意事项等内容。矿山企业编制的综合应急预案、专项应急预案和现场处置方案之间应当相互衔接,并与所涉及的其他单位的应急预案相互衔接。应急预案应当包括应急组织机构和人员的联系方式、应急物资储备清单等附件信息。附件信息应当经常更新,确保信息准确有效。

**(2)应急预案的编制**

1)编制准备

①全面分析本单位危险因素、可能发生的事故类型及事故的危害程度。

②排查事故隐患的种类、数量和分布情况,并在隐患治理的基础上,预测可能发生的事故类型及事故的危害程度。

③确定事故危险源,进行风险评估。

④针对事故危险源和存在的问题,确定相应的防范措施。

⑤客观评价本单位应急能力。

⑥充分借鉴国内外同行业事故教训及应急工作经验。

2）编制程序

①应急预案编制工作组。结合本单位部门职能分工,成立以单位主要负责人为领导的应急预案编制工作组,明确编制任务、职责分工,确定工作计划。

②资料收集。收集应急预案编制所需的相关法律法规、应急预案、技术标准、国内外同行业事故案例分析,本单位技术资料等。

③危险源与风险分析。在危险因素分析及事故隐患排查、治理的基础上,确定本单位可能发生事故的危险源、事故的类型和后果,进行事故风险分析,并排查出事故可能产生的次生、衍生事故,形成分析报告,将分析结果作为应急预案的编制依据。

④应急能力评估。对本单位应急装备、应急队伍等应急能力进行评估,并结合本单位实际,加强应急能力建设。

⑤应急预案编制。针对可能发生的事故,应按照有关规定和要求编制应急预案。应急预案编制过程中,应注重全体人员的参与和培训,使所有与预案有关人员均充分认识危险源的危险性掌握应急处置方案和技能。应急预案应充分利用社会应急资源,与地方政府预案、上级主管单位的预案相衔接。

⑥应急预案评审与发布。应急预案编制完成后,应进行评审。内部评审由本单位主要负责人组织有关部门和人员进行。外部评审由上级主管部门或地方人民政府负责安全管理的部门组织审查。评审后,按规定报有关部门备案,并经矿山企业主要负责人签署发布。

**(3)应急预案体系的构成**

应急预案应形成体系,针对各级各类可能发生的事故和所有危险源制定专项应急预案和现场应急处置方案,并明确事前、事发、事中、事后的各个过程中相关部门和有关人员的职责。生产规模小、危险因素少的矿山企业,综合应急预案和专项应急预案可以合并编写。

综合应急预案是从总体上阐述事故的应急方针、政策,应急组织结构及相关应急职责,应急行动、措施和保障等基本要求和程序,是应对各类事故的综合性文件。专项应急预案是针对具体的事故类别、危险源和应急保障而制定的计划或方案,应按照综合应急预案的程序和要求组织制定,并作为综合应急预案的附件。现场处置方案是针对具体的装置、场所或设施、岗位所制定的应急处置措施。现场处置方案应根据风险评估及危险控制措施逐一编制,做到事故相关人员应知应会、熟练掌握,并通过应急演练,做到迅速反应、正确处置。

**(4)综合应急预案的主要内容**

1）总则

①编制目的。简述应急预案编制的目的、作用等。

②编制依据。简述应急预案编制所依据的法律法规、规章,有关行业管理规定、技术规范和技术标准等。

③适用范围。说明应急预案适用的区域范围,以及事故的类型、级别。

④应急预案体系。说明本单位应急预案体系的构成情况。

⑤应急工作原则。说明本单位应急工作的原则,内容应简明扼要、明确具体。

2)矿山企业的危险性分析

①矿山企业概况。主要包括单位地址、从业人数、隶属关系、主要原材料、主要产品、产量等内容,以及周边重大危险源、重要设施、目标、场所和周边布局情况。必要时,可附平面图进行说明。

②危险源与风险分析。主要阐述本单位存在的危险源及风险分析结果。

3)组织机构及职责

①应急组织体系。明确应急组织形式、构成单位或人员,并尽可能以结构图的形式表示出来。

②指挥机构及职责。明确应急救援指挥机构总指挥、副总指挥、各成员单位及其相应职责。应急救援指挥机构根据事故类型和应急工作需要,可以设置相应的应急救援工作小组,并明确各小组的工作任务及职责。

4)预防与预警

①危险源监控。明确本单位对危险源监测监控的方式、方法,以及采取的预防措施。

②预警行动。明确事故预警的条件、方式、方法及信息的发布程序。

③信息报告与处置。按照有关规定,明确事故及未遂伤亡事故信息报告与处置办法。主要包括以下内容:

a.信息报告与通知。明确24 h应急值守电话、事故信息接收和通报程序。

b.信息上报。明确事故发生后向上级主管部门和地方人民政府报告事故信息的流程、内容和时限。

c.信息传递。明确事故发生后向有关部门或单位通报事故信息的方法和程序。

5)应急响应

①响应分级。针对事故危害程度、影响范围和单位控制事态的能力,将事故分为不同的等级。按照分级负责的原则,明确应急响应级别。

②响应程序。根据事故的大小和发展态势,明确应急指挥、应急行动、资源调配应急避险、扩大应急等响应程序。

③应急结束。明确应急终止的条件。事故现场得以控制,环境符合有关标准,导致次生、衍生事故隐患消除后,经事故现场应急指挥机构批准后,现场应急结束。应急结束后,应明确事故情况上报事项,以及需向事故调查处理小组移交的相关事项和事故应急救援工作总结报告。

6)信息发布

明确事故信息发布的部门,发布原则。事故信息应由事故现场指挥部及时准确向新闻媒体通报。

7)后期处置

后期处置主要包括污染物处理、事故后果影响消除、生产秩序恢复、善后赔偿。抢险过程和应急救援能力评估以及应急预案的修订等内容。

8）保障措施

①通信与信息保障。明确与应急工作相关联的单位或人员通信联系方式和方法，并提供备用方案。建立信息通信系统及维护方案，确保应急期间信息通畅。

②应急队伍保障。明确各类应急响应的人力资源，包括专业应急队伍、兼职应急队伍的组织与保障方案。

③应急物资装备保障。明确应急救援需要使用的应急物资和装备的类型、数量、性能、存放位置、管理责任人及其联系方式等内容。

④经费保障。明确应急专项经费来源、使用范围、数量和监督管理措施，保障应急状态时生产经营单位应急经费的及时到位。

⑤其他保障。根据本单位应急工作需求而确定的交通运输、治安、技术、医疗后勤等其他保障措施。

9）培训与演练

①培训。明确对本单位人员开展的应急培训计划、方式和要求。如果预案涉及社区和居民，要做好宣传教育和告知等工作。

②演练。明确应急演练的规模、方式、频次、范围、内容、组织、评估及总结等内容。

10）奖惩

明确事故应急救援工作中奖励和处罚的条件和内容。

11）附则

①术语和定义。对应急预案涉及的一些术语进行定义。

②应急预案备案。明确本应急预案的报备部门。

③维护和更新。明确应急预案维护和更新的基本要求，定期进行评审，实现可持续改进。

④制定与解释。明确负责应急预案制定与解释的部门。

⑤应急预案实施。明确应急预案实施的具体时间。

**(5)专项应急预案的主要内容**

1）事故类型和危害程度分析

在危险源评估基础上，对可能发生事故类型和可能发生季节及事故严重程度进行确定。

2）应急处置基本原则

明确处置安全生产事故应当遵循的基本原则。

3）组织机构及职责

①应急组织体系。明确应急组织形式、构成单位或人员，并以结构图的形式表示出来。

②指挥机构及职责。根据事故类型，明确应急救援指挥机构总指挥、副总指挥以及各成员单位或人员的具体职责。应急救援指挥机构内可设应急救援工作小组，明确其工作任务及主要负责人职责。

4）预防与预警

①危险源监控。明确本单位对危险源监测监控的方式、方法以及采取的预防措施。

②预警行动。明确具体事故预警的条件、方式方法和信息的发布程序。

5）信息报告程序

确定报警系统及程序；确定现场报警方式；确定 24 h 与相关部门的通信、联络方式；明确相互认可的通告、报警形式和内容；明确应急反应人员向外求援的方式。

6）应急处置

①响应分级。针对事故危害程度、影响范围和单位控制事态的能力，将事故分为不同的等级。按照分级负责的原则，明确应急响应级别。

②响应程序。根据事故的大小和发展态势，明确应急指挥、应急行动、资源调配、应急避险、扩大应急等响应程序。

③处置措施。针对矿山企业事故类别和可能发生的事故特点、危险性，制定瓦斯爆炸、冒顶片帮、火灾、水灾、尾矿库、排土场等事故应急处置措施。

7）应急物资与装备保障

明确应急处置所需的物资与装备数量管理和维护、正确使用等。

**（6）现场处置方案的主要内容**

1）事故特征

①危险性分析，可能发生的事故类型。

②事故发生的区域、地点或装置的名称。

③事故可能发生的季节和造成的危害程度。

④事故前可能出现的征兆。

2）应急组织与职责

①基层单位应急自救组织形式及人员构成情况。

②应急自救组织机构、人员的具体职责，应同单位或车间班组人员工作职责紧密结合，明确相关岗位和人员的应急工作职责。

3）应急处置

①事故应急处置程序。根据可能发生的事故类别及现场情况，明确事故报警、各项应急措施启动、应急救护人员的引导、事故扩大及同企业应急预案衔接的程序。

②现场应急处置措施。针对可能发生的火灾、爆炸、危险化学品泄漏、坍塌、水患、机动车辆伤害等，从操作措施、工艺流程、现场处置事故控制，人员救护、消防、现场恢复等方面制定明确的应急处置措施。

③报警电话及上级管理部门、相关应急救援单位联络方式和联系人员，事故报告基本要求和内容。

4）注意事项

①佩戴个人防护器具方面的注意事项。

②使用抢险救援器材方面的注意事项。

③采取救援对策或措施方面的注意事项。

④现场自救和互救注意事项。

⑤现场应急处置能力确认和人员安全防护等事项。

⑥应急救援结束后的注意事项。

⑦其他需要特别警示的事项。

**(7)附件**

1)有关应急部门、机构或人员的联系方式

列出应急工作中需要联系的部门、机构或人员的多种联系方式,并不断进行更新。

2)重要物资装备的名录或清单

列出应急预案涉及的重要物资和装备名称、型号、存放地点和联系电话等。

3)规范化格式文本

信息接报、处理、上报等规范化格式文本。

4)关键的路线标识和图纸

①警报系统分布及覆盖范围。

②重要防护目标一览表、分布图。

③应急救援指挥位置及救援队伍行动路线。

④疏散路线、重要地点等的标识。

⑤相关平面布置图纸、救援力量的分布图纸等。

5)相关应急预案名录

列出与本应急预案相关的或相衔接的应急预案名称。

6)有关协议或备忘录

与相关应急救援部门签订应急支援协议或备忘录。

7)应急预案编制格式和要求

①封面。应急预案封面主要包括应急预案编号、应急预案版本号、矿山企业名称、应急预案名称、编制单位名称、颁布日期等内容。

②批准页。应急预案必须经发布单位主要负责人批准方可发布。

③目次。应急预案应设置目次,目次中所列的内容及顺序为:批准页;章的编号、标题;带有标题的条的编号、标题;附件,用序号标明其顺序。

④印刷与装订。应急预案采用 A4 版面印刷,活页装订。

## 3.3.2　矿山事故应急救援预案管理

**(1)事故应急救援预案评审与发布**

1)基本规定

①地方各级安全生产监督管理部门应当组织有关专家对本部门编制的应急救援预案进行审定,必要时,可以召开听证会,听取社会有关方面的意见。涉及相关部门职能或者需要有关部门配合的,应当征得有关部门同意。

②矿山、建筑施工单位,易燃易爆物品、危险化学品、放射性物品等危险物品的生产、经营、储存、使用单位,以及中型规模以上的其他生产经营单位,应当组织专家对本

单位编制的应急救援预案进行评审。评审应当形成书面纪要并附有专家名单。前款规定以外的其他生产经营单位应当对本单位编制的应急救援预案进行论证。

③参加应急救援预案评审的人员应当包括应急救援预案涉及的政府部门工作人员和有关安全生产及应急管理方面的专家。评审人员与所评审预案的生产经营单位有利害关系的,应当回避。

④应急救援预案的评审或者论证应当注重应急救援预案的实用性、基本要素的完整性、预防措施的针对性、组织体系的科学性、响应程序的操作性、应急保障措施的可行性、应急救援预案的衔接性等内容。

⑤生产经营单位的应急救援预案经评审或者论证后,由生产经营单位主要负责人签署公布。

2)评审方法

应急救援预案评审采取形式评审和要素评审两种方法。形式评审主要用于应急救援预案备案时的评审,要素评审主要用于生产经营单位组织的应急救援预案评审工作。

①形式评审。应急救援预案评审采用符合、基本符合、不符合三种意见进行判定。对于基本符合和不符合的项目,应该给出具体的修改意见或建议。形式评审,依据《生产经营单位安全事故应急救援预案编制导则》和有关行业规范,对应急救援预案的层次结构、内容格式、语言文字、附件项目及编制程序等内容进行审查,重点审查应急救援预案的规范性和编制程序、应急救援预案形式评审的具体内容和要求。

②要素评审。依据国家有关法律法规、《生产经营单位安全事故应急救援预案编制导则》和有关行业规范,从合法性、完整性、针对性、适用性、科学性、操作性等方面进行对照,判断是否符合有关规定,指出存在的问题及不足。应急救援预案要素分为关键要素和一般要素。关键要素是指应急救援预案构成要素中必须规范的内容。这些要素涉及生产经营单位日常应急管理及应急救援的关键环节,具体包括危险源辨识及风险分析、组织机构及职责、信息报送与处理和应急响应程序与处置技术等要素。关键要素必须符合生产经营单位实际和有关规定要求。一般要素是指应急救援预案构成要素中可以简写或省略的内容。这些要素不涉及生产经营单位日常应急管理及应急救援的关键环节,具体包括应急救援预案中的编制目的、编制依据、适用范围、工作原则、单位概况等要素。

3)评审程序

应急救援预案制定完成后,生产经营单位应该在广泛征求意见的基础上,对应急救援预案进行评审。

①评审准备。成立应急评审工作组,落实参加评审的单位或人员,将应急救援预案及有关资料在评审前送达参加评审的单位或人员。

②组织评审。评审工作应该由生产经营单位主要负责人或主管安全生产工作的负责人主持,参加应急救援预案评审人员应符合《生产安全事故应急救援预案管理办法》要求。生产经营规模小、人员少的单位,可以采取演练方式对应急救援预案进行论证,必要时应当邀请相关主管部门或安全管理人员参加。应急救援预案评审工作组讨论并

提出会议评审意见。

③修订完善。生产经营单位应认真分析研究评审意见,按照评审意见对应急救援预案进行修订和完善。评审意见要求重新组织评审的,生产经营单位应组织有关部门对应急救援预案重新进行评审。

④批准印发。生产经营单位的应急救援预案经过评审或论证,符合要求的,由生产经营单位主要负责人签发。

4)评审要点

应急救援预案评审应该坚持实事求是的工作原则,结合生产经营单位工作实际,按照《生产经营单位安全事故应急救援预案编制导则》和有关行业规范,从以下几个方面进行评审。

①合法性。符合有关法律法规、标准规范及有关部门和上级单位规范性文件要求。

②完整性。具备《生产经营单位安全事故应急救援预案编制导则》所规定的各项要素。

③针对性。紧密结合本单位危险源辨识和风险分析。

④操作性。应急响应程序和保障措施等内容切实可行。

⑤衔接性。综合、专项应急救援预案和现场预案形成体系,并与相关部门或单位应急救援预案相互衔接。

**(2)事故应急救援预案备案**

①地方各级安全生产监督管理部门的应急救援预案,应当报同级人民政府和上一级安全生产监督管理部门备案。其他负有安全生产监督管理职责的部门的应急救援预案,应当抄送同级安全生产监督管理部门。

②中央管理的总公司(总厂、集团公司、上市公司)的综合应急救援预案和专项应急救援预案,报国务院国有资产监督管理部门、国务院安全生产监督管理部门和国务院有关主管部门备案;其所属单位的应急救援预案分别抄送所在地的省、自治区、直辖市或者设区的市人民政府安全生产监督管理部门和有关主管部门备案。前款规定以外的其他生产经营单位中涉及实行安全生产许可的,其综合应急救援预案和专项应急救援预案,按照隶属关系报所在地县级以上地方人民政府安全生产监督管理部门和有关主管部门备案;未实行安全生产许可的,其综合应急救援预案和专项应急救援预案的备案,由省、自治区、直辖市人民政府安全生产监督管理部门确定。

煤矿企业的综合应急救援预案和专项应急救援预案除按照前面规定报安全生产监督管理部门和有关主管部门备案外,还应当抄报所在地的煤矿安全监察机构。

③生产经营单位申请应急救援预案备案,应提交以下材料:

a.应急救援预案备案申请表。

b.应急救援预案评审或者论证意见。

c.应急救援预案文本及电子文档。

④受理备案登记的安全生产监督管理部门应当对应急救援预案进行形式审查,经审查符合要求的,予以备案并出具应急救援预案备案登记表;不符合要求的,不予备案

并说明理由。对于实行安全生产许可的生产经营单位,已经进行应急救援预案备案登记的,在申请安全生产许可证时,可以不提供相应的应急救援预案,仅提供应急救援预案备案登记表。

⑤各级安全生产监督管理部门应当指导、督促、检查生产经营单位做好应急救援预案的备案登记工作,建立应急救援预案备案登记建档制度。

**(3)事故应急救援预案培训**

1)应急救援预案培训目的

①提高现场内、外应急部门的协调能力。

②判别和改正应急救援预案的缺陷。

③增强企业员工及公众的应急意识。

2)应急救援预案的培训范围

①政府主管部门的培训。

②周围居民的培训。

③企业全员的培训。

④专业应急救援队伍的培训。

应制定应急培训计划,采用各种教学手段和方式,如自学、讲课、办培训班等,加强对各有关人员应急救援的培训,以提高事故应急处理能力。

# 3.4 矿山事故应急演练

应急演练是指针对事故情境,依据应急救援预案而模拟开展的预警行动、事故报告、指挥协调及现场处置等活动。

## 3.4.1 应急演练相关知识

**(1)应急演练目的**

①检验预案。发现应急救援预案中存在的问题,提高应急救援预案的科学性、实用性和可操作性。

②锻炼队伍。熟悉应急救援预案,提高应急救援人员在紧急情况下妥善处置事故的能力。

③磨合机制。完善应急管理相关部门、单位和人员的工作职责,提高协调配合能力。

④宣传教育。普及应急管理知识,提高参演和观摩人员风险防范意识和自救互救能力。

⑤完善准备。完善应急管理和应急处置技术,补充应急装备和物资,提高其适用性和可靠性。

⑥其他需要解决的问题。

（2）应急演练原则

1）符合相关规定

按照国家相关法律法规、标准及有关规定组织开展演练。

《安全生产法》规定，生产经营单位应当制定本单位生产安全事故应急救援预案，与所在地县级以上地方人民政府组织制定的生产安全事故应急救援预案相衔接，定期组织演练。

《煤矿安全规程》规定，煤矿企业必须建立应急救援机构，健全规章制度，编制应急预案，储备应急救援物资、装备并定期检查补充。煤矿企业必须建立矿井安全避险系统，对井下人员进行安全避险和应急救援培训，每年至少组织一次应急演练。煤矿企业必须建立应急演练制度。应急演练计划、方案、记录和总结评估报告等资料保存期限不少于 2 年。

2）结合企业实际

结合企业生产安全事故特点和可能发生的事故类型组织开展演练。

3）注重能力提高

以提高指挥协调能力、应急处置能力为主要出发点组织开展演练。

4）确保安全有序

在保证参演人员及设备设施安全的条件下组织开展演练。

（3）应急演练类型

应急演练按照演练内容，可分为综合演练和单项演练。按照演练形式，可分为现场演练和桌面演练。不同类型的演练可相互组合。

1）事故情境

针对生产经营过程中存在的危险源或有害因素而预先设定的事故状况。

2）综合演练

针对应急预案中多项或全部应急响应功能开展的演练活动。

3）单项演练

针对应急预案中某项应急响应功能开展的演练活动。

4）现场演练

选择或模拟生产经营活动中的设备、设施装置或场所，设定事故情境，依据应急预案而模拟开展的演练活动。

5）桌面演练

针对事故情境，利用图纸、沙盘、流程图、计算机、视频等辅助手段，依据应急预案进行交互式讨论或模拟应急状态下应急行动的演练活动。

（4）应急演练内容

1）预警与报告

根据事故情境，向相关部门或人员发出预警信息，并向有关部门和人员报告事故情况。

2）指挥与协调

根据事故情境,成立应急指挥部,调集应急救援队伍和相关资源,开展应急救援行动。

3）应急通信

根据事故情境,在应急救援相关部门或人员之间进行音频、视频信号或数据信息互通。

4）事故监测

根据事故情境,对事故现场进行观察、分析和测定,确定事故严重程度、影响范围和变化趋势等。

5）警戒与管制

根据事故情境,建立应急处置现场警戒区域,实行交通管制,维护现场秩序。

6）疏散与安置

根据事故情境,对事故可能波及范围内的相关人员进行疏散、转移和安置。

7）医疗卫生

根据事故情境,调集医疗卫生专家和卫生应急队伍开展紧急医学救援,并开展卫生监测和防疫工作。

8）现场处置

根据事故情境,按照相关应急预案和现场指挥部要求对事故现场进行控制和处理。

9）社会沟通

根据事故情境,召开新闻发布会或事故情况通报会,通报事故有关情况。

10）后期处置

根据事故情境,应急处置结束后,所开展的事故损失评估、事故原因调查、事故现场清理和相关善后工作。

11）其他

根据相关行业安全生产特点所包含的其他应急功能。

### 3.4.2 综合演练组织与实施

**（1）演练计划**

演练计划应包括演练目的、类型、时间、地点,以及演练主要内容、参加单位和经费预算等。

**（2）演练准备**

1）成立演练组织机构

综合演练通常成立演练领导小组,下设策划组、执行组、保障组及评估组等专业工作组。根据演练规模大小、其组织机构可进行调整。

①领导小组。负责演练活动筹备和实施过程中的组织领导工作,具体负责审定演练工作方案、演练工作经费、演练评估总结以及其他需要决定的重要事项等。

②策划组。负责编制演练工作方案、演练脚本、演练安全保障方案或应急预案、宣

传报道材料、工作总结及改进计划等。

③执行组。负责演练活动筹备及实施过程中与相关单位、工作组的联络和协调、事故情境布置、参演人员调度及演练进程控制等。

④保障组。负责演练活动工作经费和后勤服务保障,确保演练安全保障方案或应急预案落实到位。

⑤评估组。负责审定演练安全保障方案或应急预案,编制演练评估方案并实施,进行演练现场点评和总结评估,撰写演练评估报告。

2)编制演练文件

①演练工作方案。其内容包括:应急演练目的及要求;应急演练事故情境设计;应急演练规模及时间;参演单位和人员主要任务及职责;应急演练筹备工作内容;应急演练主要步骤;应急演练技术支撑及保障条件;应急演练评估与总结。

②演练脚本。根据需要,可编制演练脚本。演练脚本是应急演练工作方案具体操作实施的文件,帮助参演人员全面掌握演练进程和内容。演练脚本多采用表格形式。主要内容包括:演练模拟事故情境;处置行动与执行人员;指令与对白、步骤及时间安排;视频背景与字幕;演练解说词等。

③演练评估方案。

a. 演练信息:应急演练目的和目标、情境描述,应急行动与应对措施简介等。

b. 评估内容:应急演练准备、应急演练组织与实施、应急演练效果等。

c. 评估标准:应急演练各环节应达到的目标评判标准。

d. 评估程序:演练评估工作主要步骤及任务分工。

e. 附件:演练评估所需要用到的相关表格等。

④演练保障方案。针对应急演练活动可能发生的意外情况制定演练保障方案或应急预案,并进行演练,做到相关人员应知应会,熟练掌握。演练保障方案应包括应急演练可能发生的意外情况、应急处置措施及责任部门、应急演练意外情况中止条件与程序等。

⑤演练观摩手册。根据演练规模和观摩需要,可编制演练观摩手册。演练观摩手册通常包括应急演练时间、地点、情境描述、主要环节及演练内容、安全注意事项等。

3)演练工作保障

①人员保障。按照演练方案和有关要求,策划、执行、保障、评估、参演等人员参加演练活动,必要时考虑替补人员。

②经费保障。根据演练工作需要,明确演练工作经费及承担单位。

③物资和器材保障。根据演练工作需要,明确各参演单位所准备的演练物资和器材等。

④场地保障。根据演练方式和内容,选择合适的演练场地。演练场地应满足演练活动需要,避免影响企业和公众正常生产、生活。

⑤安全保障。根据演练需要,采取必要安全防护措施,确保参演、观摩等人员以及生产运行系统安全。

⑥通信保障。根据演练工作需要,采用多种公用或专用通信系统,保证演练通信信

息通畅。

⑦其他保障。根据演练工作需要,提供其他保障措施。

**(3)应急演练的实施**

1)熟悉演练任务和角色

组织各参演单位和参演人员熟悉各自参演任务和角色,并按照演练方案要求组织开展相应的演练准备工作。

2)组织预演

在综合应急演练前,演练组织单位或策划人员可按照演练方案或脚本组织桌面演练或合成预演,熟悉演练实施过程的各个环节。

3)安全检查

确认演练所需的工具、设备、设施、技术资料以及参演人员到位。对应急演练安全保障方案以及设备、设施进行检查确认,确保安全保障方案可行,所有设备、设施完好。

4)应急演练

总指挥下达演练开始指令后,参演单位和人员按照设定的事故情境实施相应的应急响应行动,直至完成全部演练工作。演练过程中出现意外情况,总指挥可决定中止演练。

5)演练记录

演练实施过程中,安排专门人员采用文字、照片和音像等手段记录演练过程。

6)评估准备

演练评估人员根据演练事故情境设计以及具体分工,在演练现场实施过程中展开演练评估工作,记录演练中发现的问题或不足,收集演练评估需要的各种信息和资料。

7)演练结束

演练总指挥宣布演练结束,参演人员按预定方案集中进行现场讲评或者有序疏散。

## 3.4.3 应急演练评估与总结

**(1)应急演练评估**

1)现场点评

应急演练结束后,在演练现场,评估人员或评估组负责人对演练中发现的问题、不足及取得的成效进行口头点评。

2)书面评估

评估人员针对演练中观察、记录以及收集的各种信息资料,依据评估标准对应急演练活动全过程进行科学分析和客观评价,并撰写书面评估报告。评估报告重点对演练活动的组织和实施、演练目标的实现、参演人员的表现以及演练中暴露的问题进行评估。

**(2)应急演练总结**

演练结束后,由演练组织单位根据演练记录、演练评估报告、应急预案现场总结等材料,对演练进行全面总结,并形成演练书面总结报告。报告可对应急演练准备、策划等工作进行简要总结分析。参与单位也可对本单位的演练情况进行总结。内容主要包括:演练基本概要;演练发现的问题,取得的经验和教训;应急管理工作建议。

（3）**演练资料归档与备案**

①应急演练活动结束后,将应急演练工作方案以及应急演练评估、总结报告等文字资料,以及记录演练实施过程的相关图片、视频、音频等多媒体资料归档保存。

②对主管部门要求备案的应急演练资料,演练组织部门应将相关资料报主管部门备案。

（4）**持续改进**

1）应急预案修订完善

根据演练评估报告中对应急预案的改进建议,由编制部门按程序对预案进行修订完善。

2）应急管理工作改进

①应急演练结束后,组织应急演练的部门应根据应急演练评估报告、总结报告提出的问题和建议对应急管理工作进行持续改进。

②组织应急演练的部门应督促相关部门和人员制定整改计划,明确整改目标,落实整改资金,并跟踪督查整改情况。

## 课后习题

1. 矿山应急救援预案有哪几种类型?

2. 综合预案、专项预案和现场预案有哪些不同点与相同点?

3. 事故应急救援预案编写要求有几个? 是什么?

4. 现场处置方案应当明确哪些注意事项?

5. 如何进行事故应急预案的形式评审和要素评审?

6. 简述事故应急救援预案备案的基本要求。

7. 说出几个常用的应急预案评审方法。

8. 简述事故应急救援预案编写步骤。

# 第4章
# 矿山应急救援队伍及技术装备

　　党中央、国务院历来高度重视安全生产工作,非常关注和支持应急救援队伍能力的建设。1949 年以来,我国开始建立专业矿山救援队伍,随着经济社会发展,全国矿山应急救援队伍从无到有、从小到大、从弱到强不断发展壮大,技术装备也从少到多、从单到全、从差到好、从好到精,切实提高技术水平和救援能力。本章主要阐述了矿山救护队的组织、管理、培训及技术训练等,还对矿山应急救援技术装备进行了介绍,让学生熟悉掌握矿山应急救援队伍及装备的特点和作用等。

## 4.1　矿山救护队的组织和管理

### 4.1.1　我国矿山救护队的发展历程

#### (1)煤矿矿山救护队的建立

　　1949 年以前,我国没有矿山救护队组织,矿工遇险后无专业矿山救护队营救,生命安全根本没有保障。1949 年以后,党和政府十分重视矿山救护队的工作,随着党的安全生产方针的贯彻落实,我国军事化矿山救护队的建立从无到有、从小到大、由弱变强,在社会主义建设中不断发展壮大。解放初期,我国煤炭工业根据党和国家的安全生产方针,在改善煤矿生产条件、建立和加强安全机构方面,都取得了明显的成绩。

　　1949 年,抚顺、阜新、辽源 3 个煤矿,在辅助队的基础上,首先建立了专职矿山救护队,共有指战员 66 人。从此,我国的煤炭工业开始有了自己的抢险救灾专业组织矿山救护队。1952 年至 1955 年,为了给组建矿山救护队准备干部,煤炭部组织开办了 8 期矿山救护队长训练班,共培训 400 多名救护工作的骨干。后来,为使矿山救护队的组建和战斗行动有章可循,煤炭工业部颁发了《中国煤矿军事化矿山救护队试行规程》和《煤矿军事化矿山救护队战斗条例》。1953 年至 1957 年,国家拨出专款 714 万元,用以建立矿山救护队,于 1955 年扩建抚顺煤矿安全仪器厂,为矿山救护队生产救护装备和辅助设备。在党和政府的关怀下,矿山救护队得到快速发展,1952 年又有 11 个矿务局(矿)组建了救护队,指战员 293 人,比 1949 年增长 3.4 倍;1957 年,已有 33 个矿务局(矿)组建了救护队,指战员 1 485 人,比 1952 年增长 4 倍。有辅助救护队的矿井 170 个,辅助救护队员 2 985 人,并配备了各种矿山救护车辆、仪器和灭火设备等。矿山救护队组建起来后,各局(矿)狠抓救护队的技术培训、管理、演习训练和各项规章制度的落实等项工作,使矿山救护队的素质逐步得到提高,成为矿山安全生产中一支不可缺少的重要力量,1962 年随着煤矿生产发展的需要,已有 58 个矿务局(矿)建立了救护队,指战员 3 217 人,比 1957 年增长 1.2 倍。1978 年在山东省淄博矿务局召开的全国煤矿救护队长会议,是一次重要的拨乱反正的会议。这次会议批判了"四人帮"对煤矿矿山救护工作的破坏,交流了矿山救护工作经验,确定了一系列拨乱反正的措施,如恢复和发扬军事化矿山救护队的优良传统,制定新的矿山救护法规,进行矿山救护技术、业务培训,建立大区矿山救护协作网,加强矿山救护科技与情报交流工作,并以检查矿山救护队战备和战斗力为主要内容,广泛、深入、持久地开展了创甲级队活动等。1978 年 12 月 2 日,煤炭部颁发了《矿山救护队工作条例》以及《矿山救护队战斗准备标准和检查办法》,使矿山救护队建队有章程、治队有依据、战略有标准,从而结束了"文革"期间矿山救护工作的混乱状态。随着党的正确路线、方针、政策的贯彻执行,淄博会议提出的一系列措施逐步得到落实,为适应煤炭生产建设的需要,我国煤矿矿山救护队又有了进一步的发展,不但统配重点煤矿都建立了矿山救护队,而且地方煤矿、地区工业局和产煤多的县也组建了矿山救护队,全国共有救护大队 40 个,中队 296 个,小队 1 020 个,指战员 11 000 多人。1985 年,矿山救护队又有所增长,大队为 51 个,中队为 373 个,小队为 1 211 个,指战员达到 14 597 人。据不完全统计,辅助救护队人员为 2 985 人,设辅助救护队的矿有 170 多个。到 1993 年,矿山救护队在册人数达到 19 827 人,其中指挥员 1 883 人,战斗员 13 538 人。2006 年,根据全国矿山救援工作的实际需要,依托优势企业,在已经建设的平顶山、芙蓉、开滦、鹤岗、大同、淮南、六枝、兖州、平庄、铜川等地成立 21 个国家级矿山救援基地,将原来的 77 个区域救援骨干队伍增加至 100 个区域骨干救援队伍。直到 2008 年,矿山救护队已遍布全国,共有救护大队 76 支,中队 849 支,小队 2 445 支,救援人员 24 500 人。2010 年,为了建设更加高效的应急救援体系,加快国家安全生产应急救援基地建设,按照《国务院关于进一步加强企业安全生产工作的通知》(国发〔2010〕23 号)要求,在华北、东北、华东、中南、西南、西北六大区域,依托河北开滦(集团)有限责任公司、山西大同煤矿集团有限责任公司、黑龙江龙煤矿业控股集团有限责任公司、中国平煤神马能源化工有限责任公司、安徽淮南矿业(集团)有限责任公司、四川省煤炭产业集团有限责任公司、甘肃靖远煤业集团有限责任公司,分别建设国家矿山应急救援队和区域应急救援队。

国家矿山救援队自 2011 年组建了救护大队 76 支,中队 849 支,小队 24 支,救援人员 24 500 人,10 年来共营救遇险群众 10 600 多人,创造了多个救援奇迹,受到人民群众高度赞誉,到 2022 年全国建有 38 支国家矿山救援队,共有 6 000 多人,截至 2023 年,共有 53 支全国标准化一级矿山救护队。

**(2)新时期我国煤矿矿山救护工作的发展与变化**

以 1978 年淄博会议为标志,以创建甲级队为起点,我国矿山救护工作进入了新的发展时期。这一时期内我国煤矿矿山救护工作出现了前所未有的新局面,各大区救护协作网工作开展得热火朝天,有声有色,对推动救护队的正规化、标准化建设起到了积极的作用。从 1987 年到 2008 年,全国煤炭行业举办了 7 届矿山救护技术大比武,对推动救护队战斗力的提高和救护技术装备的提升起到了较大的促进作用。同时,为使救护工作健康、规范、持续发展,煤炭部先后颁布了《矿山救护规程》《矿山救护队战斗准备标准和检查办法》等一系列法令、法规,使矿山救护队的各项工作纳入正规化的轨道上。为了适应矿山救护队在新形势下的发展需要,1994年9月12日,煤炭部下发了《关于加强煤炭行业矿山救护工作的决定》。此外,我国矿山救护队的装备发生了质的飞跃,从建队开始使用近40年的原AHG-4型氧气呼吸器被AHY-6型和AHG-4A型氧气呼吸器取代,特别是近年来正压型氧气呼吸器的崛起和一系列高科技含量的仪器装备的出现,为矿山救护队防护仪器的更新换代起到积极的推动作用。传统的"身背呼吸器,手拿斧子锯,井下着了火,只会打密闭"的作业方法被逐步淘汰,取而代之的是"装备系列化、技术现代化",如充气密闭、快速密闭、惰气灭火装置、高中倍数泡沫灭火装备等。

**(3)全国煤矿救护技术竞赛对救护工作的推动作用**

矿山救护技术竞赛截至2023年10月20日已成功举办了十二届,通过开展此项活动,可推动矿山救护队的战备训练,提高救护指战员的业务素质、技术素质和身体素质,增强救护队的战斗力。具体的推动作用体现在:

①推动战备训练工作,提高指战员业务技术水平。

②加强军事化管理,促进了救护质量标准化。

③改善救护手段,推广、普及了新技术、新装备。

④引起各级领导重视矿山救护工作,提高矿山救护队知名度。

从国内竞赛和国际竞赛比较看,国内竞赛项目设置较多,项目设置分散,对队员体能和队伍组织形象的要求较高。国际竞赛项目设置集中,把许多小项目集成在一个大项目中,重点突出以人为本的救灾理念。救灾时,在要求队员具备较好的体能的同时,严格按照救灾的规则进行,可以培养队员的组织和协调能力。国内竞赛注重救灾技术运用,实战性较强;国际竞赛重点突出救灾程序,操作动作规范,强调小队独立作战和整体配合能力。无论是国际竞赛还是国内竞赛,竞赛项目的设置和竞赛规则的制定都来源于矿井救灾实践,来源于矿井救灾现场经验,来源于矿井救灾知识的积累。

## 4.1.2 矿山救护队的作用

我国应急管理和应急救援工作实行"统一领导、分级管理、条块结合、属地为主"的原则,形成了"统一指挥、功能齐全、反应灵敏、运转高效"的应急机制,国家矿山应急救援体系框架初步形成。

矿山救护队在矿山抢险救灾、恢复灾区、预防检查、消除事故隐患抗震救灾、地面消防和其他行业各种灾害事故的抢险救灾工作中发挥了重大作用。主要表现在以下3个方面:

①处理矿井灾难事故的主力军。矿井发生灾变事故后,矿山救护队指战员是战斗在抢险救灾第一线的主力军,他们发扬英勇顽强、吃苦耐劳、舍己为公、不怕牺牲的精神,运用灵活机动的战略战术,有效地处理了矿山灾害事故,减少了人员伤亡和国家财产的损失。

②为矿山安全生产保驾护航。矿山救护队除完成处理矿井灾害事故,抢救井下遇

险遇难人员外,还担负着为煤矿安全生产保驾护航的任务。

③为社会上的抢险救灾作出重大贡献。由于矿山救护队配用氧气呼吸器,可以在各种缺氧条件下工作和救灾,是其他任何队伍和工种无法比拟的。他们有着过硬的处理各种灾害的技能,多次奉命走出矿井范围,走向社会,参加抗震救灾、地面消防和其他行业各种灾害的抢险救灾战斗,并作出了重大贡献。矿山救护队在 2008 年"5·12"汶川地震抢险救灾现场中抢救出生还者 1 113 人,转移被困人员 14 860 人。

### 4.1.3　矿山救护队的类型、性质与任务

**(1)矿山救护队的类型**

从我国矿山救护队的现状和发展历史来看,我国矿山救护队的类型如下:

①按照救护队的隶属关系或性质来分:企业矿山救护队和事业单位矿山救护队两种类型。

②按照救护队的管理方式来分:辅助矿山救护队和专业矿山救护队两种类型。

③按照救护队的服务对象来分:煤矿救护队和非煤矿山救护队两种类型。

**(2)矿山救护队的性质**

矿山救护队是一支实行军事化管理,具有高度的政治觉悟、强烈的责任心、健壮的体魄,熟练地掌握救护装备和仪器,具有丰富的救护知识和抢险救灾经验、无私奉献精神的战斗型队伍。

应急救援时矿山救护队所处的环境恶劣、条件艰苦,遇到的困难是常人无法想象的。矿井发生事故,国家财产和煤矿职工的生命受到威胁,在其他人员无法接近或无法处理的情况下,矿山救护指战员责无旁贷,携带救护仪器装备,深入抢险救灾第一线,抢救人员,消灭事故。

**(3)矿山救护队的任务**

矿山救护工作是煤矿安全工作的最后一道防线,当矿井发生事故时,救护队的主要任务如下:

1)专业救护队任务

①抢救井下遇险人员。

②处理井下火灾、瓦斯、煤尘、水和顶板等灾害事故。

③参加危及井下人员安全的地面灭火工作。

④参加排放瓦斯、震动爆破、启封火区、反风演习和其他需要佩戴氧气呼吸器的安全技术工作。

⑤参加审查矿井灾害预防和处理计划,协助矿井搞好安全和消除事故隐患的工作。

⑥负责辅助矿山救护队的培训和业务指导工作。

⑦协助煤矿搞好职工救护知识培训。

2)辅助矿山救护队的任务

①做好矿井事故的预防工作,控制和处理矿井初期事故。

②矿井发生事故时,引导和救助遇险人员脱离灾区,积极抢救遇险人员。

③参加需要佩戴氧气呼吸器的安全技术工作。

④协助矿山救护队完成矿井事故处理工作。

⑤搞好矿井职工自救与互救知识的宣传教育工作。

### 4.1.4 矿山救护队的组织

矿山救护队是处理矿山灾害事故的专业队伍,是一支职业性、技术性的特殊队伍。矿山救护队的职业性反映在矿山救护指战员要以抢险救灾和矿井预防性检查为中心任务,必须时刻保持高度警惕。为了有效发挥这支队伍的作用,应急管理部将其分为国家矿山救援指挥中心、省级矿山救援指挥中心、国家矿山应急救援队、区域矿山救援队、矿山救护大队、矿山救护中队、辅助救护队(也称兼职矿山救护队)。

**(1)国家矿山救援指挥中心**

国家矿山救援指挥中心于2003年2月26日在北京成立,负责组织协调全国矿山救护及其应急救援工作,承担国家矿山应急救援委员会办公室的日常工作,是国家矿山应急救援体系的主要载体。

**(2)省级矿山救援指挥中心**

省级矿山救援指挥中心是各省(自治区、直辖市)煤矿救援工作的领导机关和职能主管部门,对省(自治区、直辖市)范围内的矿山救护队实施统一管理和救灾的调度指挥,同时兼管范围内的(国家级)区域矿山救援队。

**(3)国家矿山应急救援队**

国家矿山应急救援队直接受国家矿山救援指挥中心调遣,实施周边所划服务区域内或跨区域抢险救援工作。

**(4)区域矿山应急救援队**

区域矿山应急救援队业务上受国家矿山救援指挥中心和省级矿山救援指挥中心指导,接受国家矿山救援指挥中心和省级矿山救援指挥中心调遣,实施本区域内服务或跨区域抢险救援工作。

**(5)矿山救护大队**

各省(自治区、直辖市)矿山安全监察局将省(自治区、直辖市)的产煤地区以100 km为服务半径,合理划分为若干区域。在每个区域选择一支交通位置适中、战斗力较强的矿山救护队,作为重点建设的矿山救援队即区域矿山救护大队。

矿山救护大队由2个以上的中队组成,是完备的联合作战单位,是本区域的救护装备和演习训练中心,负责范围内矿井重大灾害事故的救援与调度、指挥,对直属中队实行全面领导,对范围内其他救护队和辅助救护队实行业务指导。

**(6)矿山救护中队**

矿山救护中队是独立作战的基层单位,由3个以上小队组成,直属中队由4个小队组成。矿山救护中队距服务矿井一般不超过10 km或行车时间一般不超过10 min。

矿山救护中队应设中队长1人、副中队长2人(分别为正、副科级)、工程技术人员1人。中队应配备必要的管理人员及汽车司机,以及仪器修理、氧气填充、机电维修等人员。小队是执行作战任务的最小集体,由 9 人以上组成,小队设正、副小队长各 1 人。

**（7）辅助矿山救护队**

辅助矿山救护队是协助专职矿山救护队完成救护任务的队伍,根据矿井的生产规模、自然条件、装备情况确定编制。

辅助矿山救护队由专职队长负责日常工作,并设专职仪器装备维修工。辅助矿山救护队归矿山通风区领导,业务上受所属区域内大队指导。辅助矿山救护队队员由符合矿山救护要求的(兼职)工人、工程技术人员和干部组成。

## 4.1.5　矿山救护队的管理

矿山救护队的管理就是对整个救护工作活动进行预测和计划、组织和指挥、监督和控制、教育和激励、创新和改造。管理的目标就是把救护队建成一支思想革命化、行动军事化、管理科学化、装备系列化、技术现代化的战斗型队伍。矿山救护队按组织机构实行分级管理,工作中要求做到统一指挥、统一行动、令行禁止,健全管理制度,规范日常工作,抓好竞赛评比活动,掌握工作方法。

**（1）矿山救护大、中队制度和管理**

1）矿山救护队的领导制度

国家矿山应急救援指挥中心成立后,着力推进矿山救援体系的改革和建设。

目前,煤炭行业共有救护指战员 2 万余人。而国家矿山应急救援指挥中心则负责全国矿山应急救援的调度指挥工作,成为全国矿山救护队的最高业务领导机构。全国各省(区)基本建立了省级矿山应急救援指挥中心,同时以国家矿山应急救援指挥中心应急平台为中心,以 11 个国家专业应急管理与协调指挥机构、中央企业安全生产应急管理与协调指挥机构、32 个省级安全生产应急救援指挥中心、28 个省级矿山救援指挥中心和 333 个市(地)级安全生产应急管理与协调指挥机构的应急平台为支撑,以 23 个国家级矿山应急救援基地、20 个国家级危险化学品应急救援基地、11 个国家级矿山排水基地、1 个国家级矿山医疗救护中心、18 个国家级矿山医疗救护基地、16 个国家级危险化学品医疗救护基地、各专业部门及中央企业下属的安全生产应急管理与协调指挥机构和救援队伍为终端节点,形成上下贯通、左右衔接、互联互通、信息共享、互有侧重、互为支撑的国家安全生产应急平台体系。

矿山企业根据安全生产需要和国家有关法规成立矿山救护队,矿山救护队由所在企业主要负责人直接领导,并委托副职管理。政府主管部门对矿山救护队实行业务领导。在矿山救护队中,实行大队长(中队长)全面负责,副大队长(副中队长)分类管理的领导制度。

①大队长(中队长):矿山救护队的最高行政长官,对救护队全面工作负领导责任。矿山救护大队长(中队长)的聘任,在我国仍由所在企业主要领导选拔聘用。

②副大队长(副中队长):协助大队长(中队长)分管矿山救护队某方面工作的领导,在完成分管工作任务后,可受大队长(中队长)委托或在大队长(中队长)不能够履行职责时,全面负责救护队的工作。副职的任用一般由正职提名,上报所在企业领导决

定聘用。

③总工程师或主管工程师：在大队长（中队长）领导下，全面负责矿山救护队技术工作的最高领导，总工程师（主管工程师）的任用由救护大队（救护中队）正职提名报所在企业领导决定。

就矿山救护队情况而言，进一步加强救护队的管理是夯实矿山救护工作的基础，全体救护指战员必须严格执行《煤矿安全规程》《煤矿救护规程》，并保证各项任务的顺利完成。

2）矿山救护队的管理要求

①救护大队的管理要求。

区域救护大队（救护大队）与下属各科室、救护中队之间，与国家级救援基地、省级救援指挥中心、国家救援指挥中心之间通过互联网、电话、传真实现快捷通信及数据传输系统的自动化，以便信息共享，协调一致，统一指挥。

区域救护大队（救护大队）、中队指挥员和救护队员（具备条件）要实现通信现代化，以便矿井发生事故时随时调动指挥和救护力量。

救护大队按规定向省级救援指挥中心上报下列材料：年度计划和年度总结；处理事故总结，一般情况下在事故处理结束后 15 天内上报；科研成果，试验成功后上报；开展矿山救援技术比武、质量标准化验收工作。

②救护中队管理要求。

救护中队的管理主要是对救护指战员和后勤人员的管理和对救护车辆、仪器装备的管理来确保救护任务的完成。

对救护指战员和后勤人员的管理，主要运用建立规章制度，制定岗位责任制，改变、制约人员在日常工作中不安全和不规范的行为，并通过考核激励机制，增强救护指战员的训练积极性和工作责任感，达到提高业务技术素质、增强积极性和主动性的目的。对救护车辆、仪器装备的管理，在于建立各项管理制度要通过多督促、勤检查，发现问题立即纠正，及时处理，使救护车辆、仪器装备始终保持完好状态。

③矿山救护小队管理要求。

矿山救护小队是开展救护工作的最小战斗集体。在日常管理工作中，要认真执行月工作图表，有计划、有目标地开展业务技术学习，要求队员熟悉各种仪器装备的构造、原理、检查和使用方法，能正确进行维护保养、操作；掌握风障、板闭、木棚、砖闭、防爆墙的建造技巧，了解各种事故特性、抢险方法等。因此，一支合格的救护小队，加强管理是很重要的。小队长是核心人物，应大胆管理，严格要求，事事起到示范作用。要务实组织队员进行日常的战备训练，在处理问题时应对事不对人，不要激化矛盾。要用制度管人，通过规章制度减少人员的违章违规行为。

**（2）矿山救护的军事化管理**

军事化矿山救护队主要体现出严谨、整齐、统一的精神面貌，饱满的工作热情，有条不紊的工作程序。

1）队旗

矿山救护队队旗是荣誉、勇敢、善战和光荣的象征，救护指战员必须维护它的尊严。

只能在重大节日、技术比武、隆重集会、游行等时使用。

2）队徽、队服

矿山救护队统一配发专职救护人员服装,佩戴矿山救护标志的臂章。

3）队容、风纪、礼节

矿山救护队指战员必须严格遵守队容、风纪、礼节的规定,要有理想、有道德、有文化、守纪律。指战员在演习训练、处理事故时,按规定穿战斗服。

4）日常工作管理

矿山救护队日常管理是对整个工作活动进行预测和计划、组织和指挥、监督和控制、教育和鼓励、创新和改造,目的是把矿山救护队建设成一支思想革命化、行动军事化、管理科学化、装备系列化、技术现代化的特别能战斗的队伍。

**（3）矿山救护队的计划管理**

矿山救护队的各项工作,是按本行业的要求和需要,制定出自己的计划,通过计划的落实来实现本行业发展的目的。

1）计划管理的重要性

计划管理是社会发展的产物,矿山救护队的计划管理是煤炭事业发展的需要,它的重要性将随着救护技术和装备的现代化越来越突出。它要求救护队必须有一个统一的周密的计划来指导各项工作的开展。

矿山救护队要想达到有条不紊地发展,必须有一个合理的计划。没有计划,现代化的救护工作就不能搞好,工作中出现的盲目性、混乱状态,是计划不周或无计划的结果。因此说计划管理是救护工作活动的实质,各项工作的开展必须按照救护队的工作特点有计划组织起来、协调改造,完成救护事业的发展目标。

2）长远规划的内容

①随着我国现代化建设的发展,作为我国主要能源的煤矿工业会得到迅速发展。为确保煤矿安全生产,矿山救护队的建设相应要发展壮大。因此,救护队的长远规划应根据本矿区的发展来制定。

②为提高救护队的战斗力,增强处理事故的能力,需要有技术革新和引进设备的项目。

③为巩固和发展队伍,要把精神文明建设纳入规划。

3）年度计划

年度计划属日常管理计划,它是具体指导工作活动的重要计划形式,是年度工作行动纲领。因此,在制订年度计划时,要慎重细致、全面。

①队伍建设计划。矿山救护队是一支综合队伍,由救护指战员和后勤人员组成。对指战员的具体素质要求很高。每年都有体检计划。为保持这支队伍朝气蓬勃,每年对指战员的年龄、身体状况、技术水平、思想表现进行摸底考核,填写指战员服务卡,并存入档案。根据矿区的发展和救护网点布置的需要增设新中队时,应向有关部门提出申请,计划投资组织培训,购置救护仪器及装备等。

②教育与训练计划。根据矿山救护队的性质,每年应制定出切实可行的教育与训

练计划。要有明确的目的和要求,具体要做到年有计划、季有安排、月有图表,并建立考核检查记录。

③技术装备管理计划:

a.矿山救护队的装备,包括大队、中队和指战员个人装备,每年都要进行定期检查掌握现有装备的数量及完好状况,建立装备使用档案。

b.对现用装备的使用管理,要达到维护标准,对各类装备的合格率要提出明确要求,要制定装备使用管理责任制。

c.技术装备的更新,备品、备件的补充,每年都要有计划,报废的设备要及时提出报告以免延误战机。

d.建立健全技术装备、备品、备件领用制度,库房要干净卫生,设备存放整齐,做到账、卡、物三对照。

④内务管理计划。内务管理的好坏,体现一个救护队的面貌,从一个队的环境布局,队部的管理就能看出一个队的管理水平,如果管理上杂乱无章,这个队很难称得上是较强的战斗单位,所以不重视或忽视内务管理工作都是错误的。

⑤辅助矿山救护队的管理计划。《煤矿救护规程》规定,辅助矿山救护队应根据矿井生产规模、自然条件、灾害情况确定编制,原则上由 3 支以上小队组成。业务上受矿山总工程师(或技术负责人)和矿山救护队领导。辅助矿山救护队是专职矿山救护队的后备力量,是矿井安全的哨兵。

⑥劳动工资及财务计划。矿山救护队的基本工资及附加工资,应根据在职职工人数,做出全年劳动工资计划。

⑦设备维修计划。编制设备维修计划的目的是使所有技术装备处于完好状态,充分发挥设备的效能,保证救护工作的顺利进行。在设备维修计划中,要规定设备维修种类以及备品备件的需要量及修理所需要的资金。

4)季度计划

季度计划是根据年度计划安排的,它比年度计划更具体、更详细。它是指一个季度的工作,也就是说该季度应完成的计划。

5)月计划

月计划就是根据季度计划,做出"工作日程图表"。月计划把救护队日常工作具体到每天所做的工作中,有条不紊地开展下去。"工作日程图表"对季度和年度计划的实施起到保证作用,便于救护工作的组织领导和开展日常工作。

**(4)矿山救护的技术管理**

对技术装备的管理要求:一般性的装备要建卡、立账,对大型装备,要建立技术档案和装备定期检查记录,对装备出厂使用说明书、合格证,要妥善保管。技术管理包括以下几个方面:

①开展救护科学技术的研究,创新改造技术装备,使救护技术、装备更符合救护工作的需要,并发挥积极的作用。

②做好救护技术资料的收集整理工作,建立健全各项技术管理规章制度,对技术性

的文件、图纸、工作总结、处理事故总结等,都要注意收集整理并妥善保管。

③对服务矿井的地质、生产、通风安全及灾害预防措施等基本概况和有关技术资料,要进行收集整理,存档备查。

**(5)矿山救护的装备管理**

1)装备管理的意义

装备是矿山救护队战斗力的重要组成部分。它的管理对保障救护队顺利完成处理事故任务,保证指战员生命安全,及时抢救遇险遇难人员,防止扩大事故都起着重要作用。加强技术装备的管理,能保证救护队正常有序地工作。现代化矿山救护队主要的救护工作是靠指战员操作技术装备,或由技术装备直接完成的。加强技术装备的管理,使技术装备经常处于完好状态,才能保证救护工作的正常进行。救护队在处理事故中所发生的自身伤亡事故,不少是由于技术装备管理不善造成的。因此,管理好技术装备有其重要的意义。

2)装备管理的任务

装备管理的任务就是要保证为救护工作提供完好的技术装备,使救灾工作建立在可靠的物质技术装备的基础上。具体任务如下:

①根据技术先进、经济上合理的原则,正确地选购救护装备仪器。

②保证技术装备始终处于完好的状态。即技术装备投入使用后,在节约维护费用的前提下,保证完好率。

③对先进的技术装备,应尽快掌握操作和维修技术。如氢气发生装置,高倍数泡沫灭火器,爆炸三角形测定仪等。

**(6)矿山救护的后勤管理**

后勤管理是救护管理的一个组成部分,从装备设施购买、配置、使用、维护、保养,训练场地布局,生活服务,卫生环境,特别是在处理事故时的物质保障和生活保障更能体现出后勤管理的重要性。如果管理上杂乱无章,这支救护队就很难成为较强的战斗力量。在条件允许的情况下,给救护指战员创造一个干净卫生、训练竞赛、学习工作、休息娱乐的环境,使大家处于一个良好的环境中。

矿山救护队的管理工作是依靠广大指战员实行民主管理的。根据救护工作特点及规律建立一套科学的、严密的规章制度,使各项工作有章可循、有规可依,充分发挥社会主义制度的优越性,调动广大指挥员的工作积极性,保证救援工作的正常进行。

## 4.2　矿山救护队培训和训练

### 4.2.1　救护队的培训

**(1)矿山救护知识专业培训**

矿山企业负责人和矿山救援管理人员必须经过矿山救护知识的专业培训。矿山救护队及兼职矿山救护队指战员,必须经过救护理论及技术、技能培训,并经考核取得合格证后,方可从事矿山救护工作。承担矿山救护培训的机构,应取得相应的资质。

**(2)矿山救护人员实行分级培训**

①国家级矿山应急救援培训机构,承担矿山救护中队长以上指挥员(含工程技术人员)、矿山救护大队战训科的管理人员和矿山企业救护管理人员的培训、复训工作。

②省级矿山应急救援培训机构,承担本辖区内矿山救护中队副职、正副小队长的培训、复训工作。

③矿山救护大队培训机构,承担本区域内矿山救护队员(含兼职矿山救护队员)的培训、复训工作。

**(3)培训时间**

①矿山救护中队以上指挥员(包括工程技术人员)岗位资格培训时间不少于30 d(144学时);每两年至少复训一次,时间不少于14 d(60学时)。

②矿山救护中队副职、正副小队长岗位资格培训时间不少于45 d(180学时);每两年至少复训一次,时间不少于14 d(60学时)。

③矿山救护队新队员岗位资格培训时间不少于90 d(372学时),再进行90 d的编队实习;每年至少复训一次,学习时间不少于14 d(60学时)。

④兼职矿山救护队员岗位资格培训时间不少于45 d(180学时);每年至少复训一次,时间不少于14 d(60学时)。

**(4)培训内容及要求**

1)岗位资格培训

①矿山救护中队以上的指挥员(含工程技术人员)培训内容。矿山救护相关安全法律法规和技术标准,矿井灾害发生机理、规律及防治技术与方法,矿山自救互救及创伤急救技术,矿山救护队的管理。通过培训,掌握与矿山救护工作有关的管理知识、专业理论知识和救护业务基本知识及新技术、新装备的应用知识;了解国内外有关矿山救护工作的先进技术和管理经验;具备较熟练地制订矿山灾变事故救援方案、救护队行动计划的能力。

②中队副职、正副小队长培训内容。矿山救护相关安全法律法规和技术标准,矿山救护个人防护装备、矿山救护检测仪器的使用与管理、矿山救护技战术、矿井通风技术理论、矿山事故的预防与处理、自救互救与现场急救等。通过培训,掌握与矿山救护工作有关的管理知识、专业理论知识、救护业务基本知识及新技术、新装备的应用知识;具备根据事故救援方案带队独立作战的能力。

③矿山救护队新队员培训内容。矿山救护相关安全法律法规和技术标准,矿井生产技术、矿井通风与灾害防治爆破安全技术,机电运输安全技术,矿山救护技战术理论,矿井灾变事故的处理,矿山救护技术操作,矿山救护装备与仪器的使用和管理,自救互救与现场急救等。通过培训,了解矿山救护队的发展史,矿山救护队的组织、任务、性质和工作特点,队员及各类人员的职责等;熟练掌握矿山井下开拓系统图、井上井下对照图、通风系统图、配电系统图和井下电气设备布置图等基本图纸的知识;掌握救护仪器、装备的操作技能;了解灾变处理的基本知识;掌握一般技术的操作方法;掌握现场急救

的基本常识。

④兼职矿山救护队员培训内容。兼职矿山救护队员参照矿山救护队员培训内容和要求执行。

2）岗位复训内容

①矿山救护中队以上的指挥员（包括工程技术人员）复训内容：有关矿山应急救护的新法律法规、新标准；有关矿山应急救护的新技术、新材料、新工艺、新装备及其安全技术要求，国内外矿山应急救护管理经验，典型矿山应急救护事故案例分析。

②矿山救护中队副职、正副小队长复训内容：有关矿山应急救护的新法律法规、新标准；有关矿山应急救护的新技术、新材料、新工艺、新装备及其安全技术要求，国内外矿山应急救护管理经验分析，典型矿山应急救护事故案例研讨。

③矿山救护队员复训内容：有关矿山应急救护的新法律法规、新标准；有关矿山应急救护的新技术、新材料、新工艺、新装备及其安全技术要求，预防和处理各类矿山事故的新方法，典型矿山应急救护事故案例讨论。

④兼职矿山救护队员参照矿山救护队员复训内容执行。

### 4.2.2　救护队的技术训练

#### （1）军事化训练

矿山救护队是准军事化组织，每个救护指战员都必须进行军事化训练，对中国人民解放军的内务条令和队列训练等基本知识，要有所掌握和了解。军事化训练是矿山救护队的一项重要工作，是培养良好的精神面貌，严整的队容，协调一致的动作，优良的战斗作风，以及提高救护指战员的组织纪律性，增强战斗力的有效方法。

1）军事化训练的基本要求

①救护队全体人员要认真学习教范，积极参加队列训练，提高执行命令的自觉性。

②军事化训练要由简到繁，循序渐进，讲解示范，精讲多练，严格要求，讲究效果。

③在日常生活中，要按规范规定做到教养一致。

2）指挥员在军事化训练中的要求

①姿态端正、精神振奋、动作准确熟练。

②清点人数，检查着装和应该携带的救护设备。

③用口令指挥，用讲解示范方法耐心纠正动作，严格要求，认真维护操场纪律。

④指挥位置应便于指挥和通视全体。通常是：停止间，在队列的中央前；行进间，纵队时在左侧，横队并列纵队时在左侧前，必要时也可以在右侧前。变换指挥位置，通常是跑步到预定的位置后，成立正姿势再下达口令。

⑤口令要准确、清楚、洪亮。预令要稍长，其长短视列队人员多少而定，动令要短促有力。行进间，动令落在左足，向右转走时落在右足。

3）指战员在列队和日常生活中的要求

①坚决执行命令，做到令行禁止。

②着装整齐，姿态端正，精神振作，严肃认真。

③按照规定的位置列队,注意听指挥员的口令,动作要迅速、准确、协调一致。

④奉命出列用正步,入列用跑步或按指挥员指定的步法执行,因故出入队列时要报告。

⑤将学到的队列动作自觉地用于训练,在日常生活中要做到学用一致。

4)训练基本内容

①单人徒手训练:包括有立正、稍息、停止间转法、行进等。

②小队、中队的队列训练:包括小队和中队队形、集合和解散、整齐和报数、行进和停止、队形变换、方向变换等。

③礼节:包括敬礼礼毕、单人敬礼、队列敬礼。

④个人救援准备:包括战斗服着(脱)装、4 h 氧气呼吸器佩戴和脱装等。

**(2)体能训练**

身体是救护指战员工作的本钱,没有强壮的身体,就难以完成各项救护任务。所以体能训练要天天坚持,主要训练的项目有引体向上、举重、跳高、跳远、爬绳、哑铃、负重、蹲起、跑步等,并且要达到验收标准。另外,激烈行动和耐力锻炼要定期进行训练,还要懂得一些运动常识,以便正确地进行训练。

**(3)高温浓烟训练**

矿山救护队在处理火灾及瓦斯爆炸事故时,经常要在高温浓烟中作业。在高温浓烟环境中有害气体浓度、环境温度都较高,对每个参战指挥员都是一项艰难的考验。所以《煤矿安全规程》规定,救护队每季要至少进行一次高温浓烟演习训练。

**(4)一般技术操作训练**

救护小队在平时除要进行以上训练以外,还要进行一般技术操作的训练,以适应实战的需要,操作项目有挂风障、建造木板密闭墙、架木棚、建砖密闭墙、安装局部通风机和接风筒、接水管、安装高倍数泡沫灭火机。

# 4.3 矿山应急救援技术装备

《矿山救护规程》对矿山救护大队、中队、小队及兼职矿山救护小队基本配备标准都有明确的规定。矿山救援装备是矿山救护队搞好矿山安全技术工作、处理灾害事故的武器和工具。配备优良先进的救援装备,提高救援管理水平,对于保证矿山救护队顺利完成救援任务,确保救护指战员生命安全,及时抢救遇险遇难人员,防止在事故抢险中扩大后果,都起着重要的作用。完善制度、强化机制和优化矿山救援装备的管理已经成为矿山救援工作的关键所在,只有做好矿山救援装备的优化,才能最大限度地发挥矿山救援装备的价值,从而提高矿山事故救援的成功率。

## 4.3.1 矿山应急救援技术装备分类

矿山应急救援技术装备按照体积大小、操作人员多少划分为大型救援装备和中小型救援装备,按照用途不同可分为个人防护类、侦检探测类、运输吊装类、应急通信类、各类事故救援类、培训演练类、其他装备工具等。

①个人防护类装备包括工作型呼吸器、备用型呼吸器、氧气补给器、自动救生器、自救器、冰冷防护服等。

②侦检探测类装备包括化验设备、红外线烟雾温度测定仪、便携式爆炸三角形测定仪、氧气呼吸器校验仪、便携式气体检测仪、测风仪表、生命探测仪、蛇眼探测仪等。

③运输吊装类装备包括矿山救护车、应急指挥车、装备车、气体化验车、救援宿营车、移动式排水供电车、多功能集成式救援装备工具车、野外生活保障车、大型载重车、越野吊装车、全路面汽车起重机、移动营房等。

④应急通信类装备包括灾区有线电话、井下灾区视频指挥系统、防爆数码摄像机、防爆数码照相机、应急救援指挥管理信息系统、救援车辆 GPS 卫星定位视频通信指挥系统、程控电话交换机、手持无线对讲机、静中通卫星通信车等。

⑤各类事故救援类装备主要包括火灾、水灾和冒顶事故救援装备。

⑥培训演练类装备包括灾区仿真模拟与演练评价系统、高温浓烟演习训练系统、演习巷道设施与系统、心肺复苏模拟人、多媒体电教设备、多功能体育训练器械、多功能体能测试系统等。

⑦其他装备工具包括氧气充填泵、瓦工工具、电工工具、破拆工具等。

改善矿山救护手段、更新矿山救护装备,是提高救护队战斗力的重要环节,也是建设现代化矿山救护队的主攻方向,而矿山救援的实践证明,先进的救援装备是救灾以及安全抢救遇险人员的关键。

## 4.3.2　个体防护设备

### (1)氧气呼吸器

之前很长一段时间我国矿山一直使用的都是负压式氧气呼吸器,随后我国通过自主研发和与国外厂商合作,开发的正压式氧气呼吸器得到了全面推广和使用,并取得了良好的效果。

1)正负压氧气呼吸器呼吸系统及原理分析

①正负压氧气呼吸器的呼吸循环系统。所谓正压、负压是相对于外界环境大气压而言的,氧气呼吸器的整个闭路循环系统在人员吸气时,其系统内的气体压力大于外界大气时为正压,小于外界大气压时为负压。但无论正压还是负压,其基本原理都大致相同,都有一个供氧系统和一个封闭的呼吸循环系统。氧气呼吸器由高压氧气瓶经减压器减压后,通过定量孔供氧至储气囊,再由吸气软管与人的呼吸系统相连。人体呼出的二氧化碳气体经呼气软管,进入二氧化碳吸收剂容器,过滤二氧化碳后的气体再进入储气囊循环利用。当系统内气体不足,压力降低到一定值时,自动补给阀打开向系统内供氧。紧急情况下,可用手动补给阀向系统供氧,系统内多余的气体则由排气阀排出。

②正负压产生的原理。首先从负压产生的原因分析。负压呼吸器在供氧状态下,气囊在内部气体与外界压力的作用下,处于均衡状态,呼吸器系统内的压力和外界气压一样。由于定量供氧连续均衡地向系统内供氧,而人体呼吸是有频率的、间断的,并且

在不同状态下,消耗的氧气也不相同,人体每次的吸气量必然大于那一时刻的定量供氧量。一旦人员吸气,系统内的气体必然减少,在定量供氧量还未来得及供氧的情况下,系统内的气体压力必然小于外界大气压,即系统处于负压状态。

对于正压氧气呼吸器来说,关键是要始终保持正压。系统内产生正压的原因在于它的呼吸舱膜片(或气囊壁)上有一个加载弹簧,它保证了整个呼吸循环系统呼气、吸气过程中始终保持正压。这是因为,正压呼吸器定量向呼吸舱(或气囊)供氧,呼吸舱膨胀压缩加载弹簧,加载弹簧在呼吸舱上产生反作用力。当呼吸舱处于平衡状态时,系统内的气压就等于弹簧力加上外界大气压,那么系统内的气压必然大于外界大气压。当人员吸气时,呼吸舱内气体减少,弹簧反弹,其压缩量减小,弹力降低,但系统内的气压仍然大于外界大气压。当系统内正压小于某一值时,自动补气阀则打开供气,保持系统内正压始终在某一范围内。在呼气时,人体不消耗氧气,系统内的气压仍大于外界大气压。

2)正压氧气呼吸器主要类别

按照呼吸器储气结构来分,正压氧气呼吸器可以分为呼吸舱式正压氧气呼吸器和气囊式正压氧气呼吸器。

①呼吸舱式正压氧气呼吸器。所谓呼吸舱式正压氧气呼吸器,是指在其呼吸系统中的储气容器为刚性体的正压氧气呼吸器。BIOPAK240 型正压氧气呼吸器是 20 世纪 90 年代我国从美国引进并推广使用的正压氧气呼吸器;其他品牌是国内生产厂家研究,借鉴 BIOPAK240 型正压氧气呼吸器的基础上制造的。下面以 BIOPAK240 型正压氧气呼吸器为例,介绍呼吸舱式正压氧气呼吸器。呼吸舱式正压氧气呼吸器工作原理 BIOPAK240 型正压氧气呼吸器工作原理如图 4-1 所示。

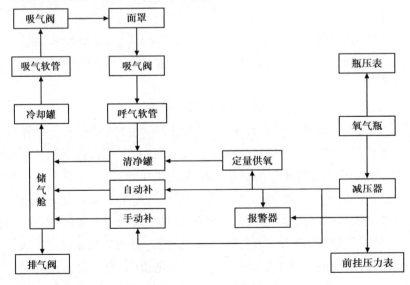

图 4-1　BIOPAK240 型正压氧气呼吸器工作原理图

工作原理:打开氧气瓶,高压氧舱通过减压器将 20 692.03 kPa 的氧气压力减至 1 843.650 kPa,减压后氧气通过供氧管流入流量限制器(定量孔),并以一定流量进入呼吸舱,通过吸收剂盒,再由呼吸舱的边缘进入下呼吸舱,通过连接管流入冷却罐,被冷却后的气体通过吸气软管进入面罩。呼气时,气体通过呼气软管进入呼吸舱,与定量孔供给的氧气混合后经过清净罐除去二氧化碳后,再由呼吸舱边缘进入下呼吸舱,形成封闭式的循环系统。

呼吸舱式正压氧气呼吸器适用条件:

a. 无氧、缺氧及任何有毒气、烟气、蒸气等环境中。

b. 温度−20 ~ + 60 ℃、相对湿度 0% ~100%、大气压 70 ~125 kPa 的大气环境。

呼吸舱式正压氧气呼吸器的特点:

a. 采用正压原理,使呼吸系统(包括面罩)内的压力始终高于外界环境大气压力,可有效阻止外界有毒有害气体进入呼吸系统。

b. 安全保护系数大于 20 000,与负压式(保护系数小于 10 000)呼吸器相比,安全系数高了一倍多,使用时不受环境大气成分限制。

c. 宽视野全面罩,镜片上设有防雾保明装置,使用时不上雾气,面罩内设有发话器、供气报警和余压报警装置。

d. 使用时间长。中等劳动强度下,可维持使用 5.5 h。

e. 二氧化碳吸收效率高,呼吸器内的二氧化碳浓度很小,呼吸的气体纯净。

f. 背带柔软,配重合理,零部件设计结构紧凑,整机重量合理分布在臀、腰、肩三部分,佩戴舒适。

g. 设有冷却剂滤毒罐,采用"蓝冰"作冷却剂,吸气温度不超过 35 ℃。

h. 整机只有一个氧气瓶开关,更换氧气瓶不用扳手。

i. 各接头采用螺扣式或压扣式,连接方便、安全可靠、维修简单、保养方便。

佩戴方法:

a. 将呼吸器面朝下,顶端对着自己放置。

b. 放长肩带,使自由端延伸 50 ~75 mm。

c. 抓住呼吸器壳体中间,把肩带放在手臂外侧。

d. 把呼吸器举过头顶,绕到后背并使肩带滑到肩膀上。

e. 稍向前倾,背好呼吸器,两手向下拉住肩带调整端,身体直立把肩带拉紧。

f. 扣住扣环,并把腰带在臀部调整紧。

g. 松开肩带,让呼吸器的重量落在臀部,而不是肩部。

h. 连接胸带,但不要拉得过紧,以免限制呼吸。

i. 佩戴好面罩后将呼吸软管接上。

j. 面罩佩戴连接好后,逆时针方向迅速打开氧气瓶阀门,并回旋 1/4 圈。当打开氧气瓶时,听到报警器的瞬间鸣叫声,说明瓶阀开启,仪器进入工作状态。

佩戴正压呼吸器注意事项:

a. 呼吸器严禁沾染油脂,呼吸器距暖气设备及热源不得小于 1.5 m,室内空气中不应含有腐蚀性的酸性气体或烟雾。

b. 因压缩氧气危险,氧气瓶始终要轻拿轻放,以防破裂。不允许油、油脂或其他易燃材料同氧气瓶或瓶阀接触。在有明火或火花的地方勿打开瓶阀,以防着火造成人身伤亡。

c. 在明火附近或在辐射热中勿使用呼吸器。

d. 发音膜的使用要注意,说话声音比平时大些,但不要喊叫,讲话要清楚缓慢。

e. 当氧气瓶内的氧气压力剩下 25%[(5±1)MPa]时,报警器以大于 82 dB 的声强鸣响 30~60 s 报警。当报警器鸣响时,佩戴人员应立即撤离工作现场。

f. 在自动补给阀和定量供氧装置出现故障或呼吸舱内的呼吸气体供应不足而呼吸阻力增大时,可按手动补给阀按钮,每次按 2 s,所补给的氧气直接进入呼吸舱。可根据需要增加手动补给次数,以便维持充足的呼吸气体供给。

g. 呼吸器发生故障,如管路堵塞、压力表管路断开时,应撤离灾区,更换呼吸器。

h. 若自动补给阀动作过频,应调整面罩或更换面罩。如果解决不了,应退出灾区,更换呼吸器。

i. 当使用者感到恶心、头晕或有不舒服的感觉、吸气或呼吸感到困难、压力表出现压力急剧下降时,必须立即撤出灾区。

j. 在灾区内如果减压器发生故障,则立即关闭氧气瓶阀门,迅速撤离灾区,然后每呼吸 5 次,要瞬间打开和关闭氧气瓶。

②气囊式正压氧气呼吸器。气囊式正压氧气呼吸器是指在其呼吸系统中的储气容器由可塑性材料制造的正压氧气呼吸器。BG4 型正压氧气呼吸器是 20 世纪 90 年代我国从德国引进并推广使用的正压氧气呼吸器,其他品牌是国内生产厂家在研究、借鉴 BC4 型正压氧气呼吸器的基础上制造的。下面以 BG4 型正压氧气呼吸器为例,介绍气囊式正压氧气呼吸器。

BG4 型正压氧气呼吸器呼吸循环系统结构如图 4-2 所示。打开氧气瓶开关,高压氧

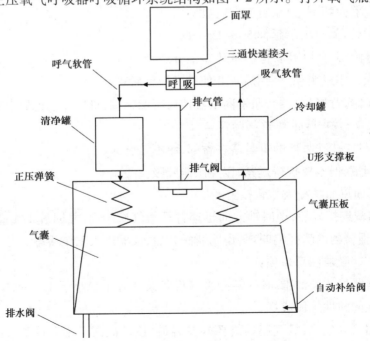

图 4-2　BG4 型正压氧气呼吸循环系统结构示意图

气经减压器后,以稳定流量进入面罩,供佩戴者呼吸使用。佩戴时,通过面罩与头部的呼吸连接而与外界隔绝。呼气时,呼出的气体经呼吸接头内的呼气阀、呼气软管而进入装有二氧化碳吸收剂的清净罐内,呼出气体中的二氧化碳气体被吸收剂吸收后,其余气体进入气囊,气囊内的气体与减压器定量供出的氧气在降温器的出口处混合。呼气时,由于吸气阀关闭,因此呼出的气体只能进入装有二氧化碳吸收剂的清净罐内。吸气时,吸气阀开启,呼气阀关闭,气囊中的气体以及定量供给的氧气经降温器、吸气软管、吸气阀、面罩进入人体肺部,从而完成整个呼吸循环。

BC4 型正压氧气呼吸器适用于环境温度为 $-6 \sim 40$ ℃、大气压力为 $12.5 \sim 90.0$ kPa、相对湿度为 $0\% \sim 100\%$ 的环境中。

BG4 型正压氧气呼吸器主要特点:

a. 仪器使用过程中,整个呼吸系统的压力始终高于外界环境气体压力,能有效地防止外界环境中的有毒有害气体进入呼吸系统,保护佩戴人员的安全。

b. 应用先进技术及新型材料,使整机重量较轻(不大于 12.8 kg)。

c. 按人体工程学原理设计的背壳以及新型舒适的快速着装方式,使得整机重量合理分布在背部,佩戴更为舒适、方便。

d. 配备气体降温器和低阻高效的二氧化碳清净罐,使得呼吸相当舒适。

e. 整机结构简单,不需任何工具就可进行各部件的拆装,便于维护。

f. 采用了世界上先进的"模拟窗"电子报警、测试及压力显示系统,该系统主要功能包括:图示、数字显示及声光报警、高压及膛压气密性检测、定量供氧量检测、气瓶余压报警、缺氧报警。

g. 仪器与环境直接接触的材料均采用高效阻燃材料,能在火灾环境下使用。

h. 仪器在短时处于直立状态下进入 1 m 深的水中,可以正常使用。

BG4 正压氧气呼吸器佩戴:

a. 打开腰带。

b. 将仪器直立放置,并把呼吸软管摆在保护盖一面。

c. 双臂穿过肩带,将仪器提起。

d. 将仪器过头部,并使头处在两根呼吸软管之间,让仪器沿着背部下滑,直到肩带接触到肩部为止。

e. 均匀地拉紧两根肩带,使腰带软垫落在臀部上。合上并调整腰带扣,使其连接可靠。拉动腰带两端,使仪器牢固地落在臀部上。

f. 将腰带两端穿进左右两边的圈内,然后轻微松开肩带。

g. 佩戴连接面罩。

h. 打开瓶阀,注意至少旋转两周。

摘脱仪器:

关闭氧气瓶,摘下面罩,打开腰带,同时按下两侧锁紧爪将腰带扣拉开,将呼吸软管翻过头顶,使其落在身后的仪器盖上。打开两肩带,用大拇指向上扳动锁紧夹,让仪器沿着背部慢慢下滑,并将其直立放置,不能让仪器摔下。

**(2)自救器**

自救器是一种小型的供矿工随身携带的防毒呼吸器具,是矿工在井下遇到灾害事故时进行自救的一种重要装备。矿工在井下遇到瓦斯或煤尘爆炸、火灾和瓦斯突出等灾害时,只要没有受到事故的直接伤害,戴上自救器就可以平安脱险。如遇冒顶、水灾、爆炸等事故,矿工被堵在独头巷道内时,只要没有被埋住,都可以佩戴自救器(隔离式)静坐待救,防止因瓦斯不断逸出,氧气含量降低而窒息。因此,《煤矿安全规程》规定:入井人员必须随身携带自救器。

根据其构造和作用原理,可将自救器分为过滤式和隔离式两类:

过滤式自救器是利用自救器中的化学药品把空气中有毒的一氧化碳转变为无毒的二氧化碳,使佩戴人不受毒害的一种呼吸系统保护装置。其优点是构造简单、体积小、质量轻、携带方便;缺点是使用条件受到限制。

隔离式自救器依靠自身提供的氧气供佩戴人呼吸,并同外界空气完全隔绝。它分化学氧式和压缩氧式两种。化学氧式依靠自救器中化学药剂进行化学反应,产生氧气;压缩氧式由自救器中高压氧气瓶供氧。隔离式自救器的优点是使用范围广,不受外界空气中有毒成分的影响;缺点是构造较复杂,体积和质量都比较大,不便于随身携带。自救器的防护特点见表4-1。

表4-1　自救器的防护特点

| 种　类 | 名　称 | 防护的有害气体 | 防护特点 | 条件限制 |
|---|---|---|---|---|
| 过滤式 | 一氧化碳过滤式自救器 | CO | 人员呼吸时所需的氧气仍是外界空气中的氧气 | 周围空气中氧气浓度[①]不低于18%,CO浓度不大于1.5% |
| 隔离式 | 化学氧自救器 | 不限 | 人员呼吸的氧气由自救器本身供给,与外界空气成分无关 | 不限 |
| | 压缩氧自救器 | | | |

**(1)过滤式自救器**

过滤式自救器受过滤药剂滤毒能力的限制,它只能在空气中一氧化碳浓度不超过1.5%、氧气浓度不低于18%的环境中佩戴使用。隔离式自救器因本身能产生氧气供佩戴人呼吸,所以它就不受外界空气中有毒气体的种类及其浓度和氧气含量的限制。下面以 AZL-60 型过滤式自救器为例进行说明。

AZL-60 型过滤式自救器是用于矿井发生火灾或瓦斯爆炸时防止一氧化碳中毒的呼吸保护装置,它适用于周围空气中氧气浓度不低于18%的条件下。当一氧化碳浓度小于1.5%、环境温度在50 ℃以下时,使用时间可达60 min。

--------

① 本书所指气体浓度为气体体积分数。

1）基本原理

人吸气时,外界含一氧化碳的有毒气体先流经滤尘纱布袋及滤尘垫,滤去粉尘后再流经干燥剂层,去掉水汽后再通过催化剂层,有毒的一氧化碳被催化氧化转化为无毒的二氧化碳,最后经吸气阀、降温阀从口具被吸入口中。呼气时,呼气经口具、降温网、呼吸阀排至外界大气。自救器所用的干燥剂是浸氯化钙和溴化锂的活性炭;所用的催化剂是活性二氧化锰和氧化铜的混合物。

2）佩戴方法

①从腰带上解下自救器,用大拇指扳起开启扳手,撑开锁封带。握住开启扳手,拉开封口带。

②揭开和扔掉上部外壳,抓住口具,从下部外壳中取出过滤器,扔掉下部外壳。

③移开鼻夹,将口具的牙垫用牙咬住,把橡胶片含在牙唇之间。

④拉开鼻夹,夹在鼻子上摘下矿帽,从头顶上把头带戴好。

⑤全部佩戴完毕,戴上矿帽,开始撤离灾区。

撤离时不要跑也不要慌,尽量深呼吸,这样可以使有害气体过滤得更干净些。呼吸时,自救器会产生大量的热,吸入的空气有明显的干热感觉,这是正常现象,在到达安全地点以前,切不可摘下鼻夹和口具。国产过滤式自救器的有效时间有 40 min、60 min、90 min 多种。

**（2）化学氧自救器**

化学氧自救器的工作原理是:佩戴者呼出气体中的水汽和二氧化碳与生氧剂发生化学反应,生成富氧气体供佩戴者往复呼吸使用。

化学反应式:

$$4KO_2+2H_2O \longrightarrow 4KOH+3O_2+Q$$
$$2KOH+CO_2 \longrightarrow K_2CO_3+H_2O+Q$$

其优点是呼吸系统与外界环境空气隔绝,不受外界有毒、有害气体及烟雾的危害,因此适用于各种有毒、有害气体及缺氧环境。缺点是采用闭式循环,加之化学反应过程产生大量热量,因此呼吸感觉不舒服。

1）工作原理

化学氧自救器是利用化学药剂生氧的隔绝式自救器,呼吸气路为循环式闭路呼吸系统,佩戴人员呼出气体中的二氧化碳和水汽与生氧罐中的生氧剂发生化学反应,产生大量氧气进入气囊。吸气时,气囊中的氧气经呼吸软管、口具进入人体,完成整个呼吸循环,实现个人呼吸的自我保护。当气囊中的氧气超过人体需要时,依靠气囊自身压力打开排气阀,自动排出多余气体,使气囊在正常压力下工作,保证呼吸的正常进行。启动装置可以弥补佩戴初期生氧量不足的状况。当佩戴者打开自救器把本体从外壳中取出时,拉动启动绳或顺时针扳动启动阀片,启动装置启动后促使生氧剂加速生氧,在 60 s 内使氧气充满气囊,供佩戴者呼吸需要。如启动装置没有启动或自救器不设启动装置时,可向气囊内猛吹 3～4 口气,生氧剂即可生氧。

2）ZH-15 型自救器佩戴步骤及方法

①打开保护罩:迅速将自救器扭至腹前,左手按住下部外壳,右手拉开保护罩,露出

红色扳手。

②开启封印条:左手按住下部外壳,用右手开启扳手,将封印条扳断并扔掉。

③去掉外壳:左手握住下外壳,右手将上外壳拔下扔掉,然后用右手拉住头带,用左手脱下外壳并扔掉。

④套头带:将有口具的一面贴身,把带套在头上。

⑤整理气囊:将气囊展开。

⑥启动装置:左手握住自救器,右手拇指扳掀启动阀片,按顺时针方向转动启动阀片,启动装置生氧,氧气进入气囊。

⑦戴口具:左手握住呼吸软管,用右手拔掉口具塞,将口具放入口中,口具片应放在唇齿之间,牙齿咬紧牙垫,紧闭嘴唇。

⑧上鼻夹:双手拉开鼻夹弹簧,将鼻夹准确地夹住鼻子,用嘴呼吸,开始撤离灾区。

3)ZH-30 型自救器佩戴步骤及方法

①打开保护罩:迅速将自救器扭至胸前,右手拉开保护罩,露出红色扳手。

②开启封印条:用右手开启扳手,将封印条扳断并扔掉。

③去掉外壳:左手握住下外壳,右手将上外壳拔下扔掉,然后用左手拉住背带,用右手脱下外壳并扔掉。

④套背带:将有口具的一面贴身,把背带套在脖子上。

⑤戴口具:拔掉口具塞后将口具放入口中,口具片应放在唇齿之间,牙齿咬紧牙垫,紧闭嘴唇。

⑥拉动启动装置:拔出口具塞后用拉绳将启动针拉出,启动装置生氧,氧气进入气囊。

⑦上鼻夹:双手拉开鼻夹弹簧,将鼻夹准确地夹住鼻子,用嘴呼吸。

⑧调整挎带:拉动挎带上的调节扣,把挎带长度调整到适宜长度系好,然后开始撤离灾区。

**(3)压缩氧自救器**

压缩氧自救器是为了防止有毒气体对人的侵害,利用压缩氧气供氧的隔离式自救器。它是一种可以反复使用的自救器,每次使用后只需要更换新吸收二氧化碳的氢氧化钙吸收剂和重新充装氧气即可重复使用。该类型自救器可用于有毒有害气体环境或缺氧环境中的作业人员自救逃生或进行必要的工作时使用,还可以作压风自救系统的配套装备。下面以 ZY-45 型压缩氧自救器为例进行说明。

1)自救器特点

采用循环呼吸方式,人呼吸的气体通过二氧化碳吸收剂,把二氧化碳吸收,而余下的气体和减压器输入的氧气进入气囊,通过口具吸入人体。它具有三种供氧方式,即定量供氧、自动补给供氧和手动补给供氧,大大提高了呼吸保护装置的安全可靠性。

2)主要性能

压缩氧自救器是一种隔绝闭路循环式自救器,具有体积小、质量轻、便于携带、佩戴舒适、操作简单、维护量小等优点。

3）产品主要用途及使用范围

ZY-45 型压缩氧自救器主要用于煤矿或环境空气发生有毒气体污染及缺氧窒息性灾害的情况,现场人员迅速佩戴,保护人正常呼吸并逃离灾区。其主要使用范围如下:

①可供煤矿井下作业人员在发生瓦斯突出、火灾、爆炸等灾害性事故时,以及救护人员在呼吸器发生故障时迅速撤离灾区使用。

②可供化工部门在对设备进行简单维护以及有毒有害气体逸出时使用。

③可供石油开采作业时,天然气及其他有毒性气体大量排出时使用。

④可装备在现代化高层建筑中,当发生灾害性火灾时,供遇难人员佩戴逃生和待救时使用。

⑤可供其他部门在有毒有害气体或缺氧环境中使用。

4）主要技术参数

ZY-45 型压缩氧自救器主要技术参数见表 4-2。

表 4-2　ZY-45 型压缩氧自救器主要技术参数

| 有效防护时间/min | 45 |
|---|---|
| 氧气瓶容积/L | >0.2 |
| 气瓶充填压力/MPa | 20 |
| 储氧量/L | >40 |
| 自动排气压力/Pa | 150～300 |
| 质量/kg | 1.5 |
| 外形尺寸/(mm×mm×mm) | 185×177×96 |
| 供氧方式 | 定量供氧:>1.2 L/min;手动补氧:60 L/min;自动补氧:>60 L/min |

5）自救器的结构

自救器主要由高压系统、呼吸系统和二氧化碳过滤系统组成,高压系统包括氧气瓶、氧气瓶开关、减压器、自动手动补给阀和压力表等。呼吸系统由口具、鼻夹、呼吸软管、气囊、排气阀组成。1.2 L/min 的氧气进入气囊。用手指按补气压板,氧气以 60 L/min 的速度进入气囊,手离开补气压板,补氧停止。

自救器还具有自动补氧功能,当呼吸系统为负压时,补气压板向内收缩,压迫补气杆(在气囊内)打开补氧机构,氧气以 60 L/min 充入气囊,当气囊鼓气时,补气压板离开补气杆,补气停止。如果呼吸系统内的气压超过一定值,气体将从排气阀逸出。吸气时,氧气从气囊、呼吸阀、口具进入人体。呼气时,气体经过呼吸阀、呼气软管(气囊内)进入清净罐,人体呼出的二氧化碳被清净罐内装的吸收剂吸收,余下的氧气进入气囊。如此反复完成人的呼吸循环。人体的呼吸与外界大气完全隔绝。氧气瓶内氧气的储气量由压力表显示。

6）使用与操作

①使用前的准备。

a. 在使用本仪器前,应认真阅读说明书,以便在使用时能迅速、准确地完成佩戴动作。

b. 携带自救器下井前,观察氧气瓶压力表的指示值(不得低于 18 MPa)。

c. 检查自救器二氧化碳吸收剂是否在有效期之内。

②使用方法。将佩戴的自救器移至身体的正前面。拉开自救器两侧的塑料挂钩并取下上盖,展开气囊。把口具放入口中,口具片应放在唇和下齿之间,牙齿紧紧咬住牙垫,紧闭嘴唇,使之具有可靠的气密性。逆时针转动氧气瓶开关手轮,打开氧气瓶开关(必须完全打开),然后用手指按动补气压板,使气囊迅速鼓起。把鼻夹弹簧掰开,将鼻垫准确地夹住鼻孔,用嘴呼吸。

使用中,如果看见气囊在呼完气后仍不太鼓或吸气有憋气感时,应及时用手指按动补气压板向气囊补气,直至气囊鼓起;也可用力吸气,气囊吸瘪后,补气压板压迫补气杆,也会自动补气。

③使用中的注意事项。

a. 在使用过程中要养成经常观察压力表的习惯,以掌握耗氧情况和撤离灾区的时间。

b. 不要无故开启、磕碰及按压自救器。

c. 使用时保持沉着,在呼气和吸气时都要慢而深(即深呼吸)。口与自救器的距离不能过近,以免气囊内的呼气软管打折,呼气阻力增加。在使用过程的中后期,清净罐的温度略有上升是正常的,不必紧张。

d. 使用中应特别注意防止利器刺伤、划伤气囊。

e. 在到达安全地点前不要摘下自救器。

f. 在高温下使用自救器应遵守有关规定。

### 4.3.3　灾区通信设备

#### (1)有线通信

1)声能电话机

所谓声能电话机,就是只使用声能而没有电源的一种特殊通信设备。近年来,声能电话机的投入和使用,已成为矿山救护队佩戴负压氧气呼吸器进入灾区工作时专用的通信设备。

①结构。PXS-1 型声能电话机有手握式对手握式和手握式对氧气呼吸器面罩式两种操作方式。手握式电话机由发话器、受话器、发电机组成。氧气呼吸器面罩式的面罩由发话器、受话器组成。通话时,为便于多人收听可配备扩大器,对讲扩大器可分两种安装形式:在抢险救灾时,选用发话器、受话器全部安装在面罩中,扩大器固定在腰间的安装形式;日常工作联络或指挥时,选用手握式电话机的安装形式。

②工作原理。PXS-1 型手握式电话机由发话器、受话器组成,可配备救护仪器面罩、扩大器、对讲扩大器。通话时,发话器中与平衡电枢连接的金属膜片发出振动,产生输出电压,这个信号在接话端的受话器中由模拟转能器转换成音频信号发出,同时音频信号进入扩大器中放大,使周围人员也能听到声音。

③操作程序及注意事项。

操作程序：

a. 该电话机在操作时按以下顺序进行：连接—敷设电话线—通话或发射信号—收线。

b. 按照明确的连接形式进行连接，采用手握式与手握式连接时，通话双方可用手直接持发受话筒，将扩大器固定在腰间。采用手握式对呼吸器面罩式连接时，非呼吸性气体环境中的一方，可将发话器、受话器全部装在面罩中，然后将装有发话器、受话器的面罩戴在头上，并将扩大器固定在腰间，打开扩大器，面罩插件接在输电组一端，面罩另一插件接在扩大器上。

c. 连接完毕后，基地方留在基地，灾区方一人敷设电话线，持话机人负责接听信号，与小队一起向灾区前进。

d. 由持话机人向基地传递侦察小队的情况，并接听基地的指示。

e. 通信结束后，在返回的途中将电话线缠绕在线滚上收回。

注意事项：

a. 扩大器电池只能使用 6F22 型 9 V 方块电池，不得随意更换使用其他型号电池。否则将影响本机寿命和本质安全性能。

b. 在非呼吸性气体或浓烟环境中，必须配用全面罩通信结构进行通话，不得通过口具讲话。

c. 话机引出线必须连接牢固，两线间不得有短路现象。

d. 明确通信目的，确定电话的连接方法。如果通话双方都处于呼吸性气体环境中，可采用手握式对手握式的连接方法；如果通话双方有一方处于非呼吸性气体或烟雾环境中，则必须采用手握式对氧气呼吸器面罩式的连接方法。

e. 有多个工作点时，多台电话机可平行连接在同一线路上与基地通信。

f. 在通话不清或在紧急情况下，可用手握式受话器呼叫对方，用手轻轻转动下部声频发电机，按规定的声响次数进行联络。

g. 当电话机损坏中断一切信号时，可用电话线作为联络绳使用。在返回的同时，也可将电话线作为引路线使用。

h. 妥善保存，防止腐蚀性气体侵蚀。

2）电能救灾电话

所谓电能救灾电话，就是利用蓄电池的电能进行通话联系的防爆灾区电话。它是与正压氧气呼吸器配套使用的通信设备，并适用于所有环境下的通信使用。它能使进入灾区现场抢救的救护小队与新鲜风流基地指挥员直接通话，保证通信畅通无阻。目前有很多种电能救灾电话已投入救护市场，下面以 JZ-I 型救灾电话为例进行介绍。

①系统的组成与特点。JZ-I 型救灾电话由两台或多台救灾电话通信盒（以下简称"通信盒"）、一台或多台绕线架（含 500 m 通信电缆）组成。仪器结构紧凑、使用方便，同时具有防爆功能。

a. 前面板。仪器前面板有 4 个器件，从左到右依次为报警开关、耳麦插座、电源开关、电源指示灯。

b.后面板。仪器后面板共有 5 个部件,从左到右依次为通信 1 插座、充电插座、尾线开关、通信 2 插座、尾线指示灯。

c.绕线架。绕线架由 500 m 通信电缆、绕线盘、采用硅胶密封的电缆插座、开关和支架组成。绕线盘上有 500 m 电缆和两个插座。

②仪器的主要功能。

a.非语言手动报警功能。

b.仪器可以在甲烷和煤尘环境下使用,防爆型式为矿用本质安全型。

c.双站距离延伸功能。

d.多站双站接力、连续通信功能。

e.电池多次充电功能(充电必须在地面安全场所进行)。

f.绕线盘有摇把,具有手动收、放线功能。

③主要操作方法。前一级通信盒的两通信插座通过 500 m 电缆,经过绕线盘上的开关、输出插座、双插座短电缆连到下一级通信盒的 T1 插座。若 500 m 电缆不够,在接第二盘电缆前应将第一盘上的开关打到"关"位置,通话中断,输出插座上不带电。此时,可以将双插座短电缆从第一绕线盘上拔下,将第二盘 500 m 头部插座插入,把刚拔下来的双插座短电缆插到第二盘的输出插座上,打开两台绕线盘上的开关即可进行 500~1 000 m 间的双站通话。重复以上操作。可以完成第三、四绕线架的距离延伸操作,从而延伸双站通话距离。

本系统在收、放线过程中也可以通话、报警,但需采取手动收、放线方式。在允许中断通话的情况下,可以将通信盒从绕线盘输出插座上拔下,采用摇把式收、放线,但在拔、插插座时应将绕线盘的开关打到"关"的位置,以保证在拔、插插座过程中输出插座上不带电。需要指出的是在多站接力通信时每盘线都使用一台通信盒,其尾线开关就可完成以上功能,所以增加绕线盘时不需要以上操作。

④安全注意事项。

a.在有爆炸危险区域内,外壳须套上皮套,以防止静电引起爆炸。

b.通信盒电源必须在地面安全场所进行充电。

c.通信盒通信 1 插座不用时,在易爆环境下不应暴露在外面,应该用非金属帽拧上;通信 2 插座不用时,只要不打开尾线开关就可以了。

d.用户只能在非爆炸环境下给电池充电。

e.定期检查通信电缆外皮、插头、引线的绝缘性能,出现绝缘性能降低或漏电时一定要排除故障后再接入系统工作。

f.充电时,将专用充电器插接上 220 V 交流电源,直流插头插入通信盒充电插座即可,一次一般需要 8~10 h。

**(2)灾区无线通信系统**

该救援通信系统由一个设置在地面指挥部的远程控制装置、一个设置在井下的基站和若干个便携式无线电手机组成,专门用于灾害事故情况下的救灾通信。它可以由一个基站和若干个便携式无线电手机组成井下无线通信系统,帮助基地和进入灾区工作的救护小队建立有效的通信联系;还可以与地面程控交换机相连,构成全矿井的救灾指挥通信系统。

1)系统构造及工作原理

①系统构造及作用。

该系统由一个基站、一个远程控制装置(RCU)、3 个便携式无线电手机和环形天线等组成。当井下发生事故时,基站安装在使用便携式无线电手机地点的就近安全位置。远程控制装置安装在地面的操作室中,并通过一对专用电线与基站连接。建立与地面的连接后,便携式无线电接收器便可以开始移动工作。

②工作原理。

a. 矿用无线电通信系统在需要无线电通信的矿井巷道中使用,通过电缆和管道的感应在低频(340 kHz)段工作。

b. 通过基站的环形天线、手机的子弹带天线与管道和电缆结构的感应,无线电信号可完成手机与基站之间的传递,通信范围为 500~800 m。具备以下条件时,可达到最大通信范围:子弹带天线与管道或电缆平行;靠近管道和电缆;天线平面对着管道或电缆。

c. 在没有管道或电缆的地方,便携式手机之间的通信距离应在 50 m 以内。

2)使用注意事项

①BC2000 铅酸电池充电器不是本质安全型的,应在地面使用。

②生命线由一条阻抗约 1 300 hm 的双芯软电缆组成,电缆的终端接在与便携式无线电手机相连的生命线适配器上,可以使通话效果达到最佳。

③为了测试便携式无线电手机是否能正常使用,可将该手机远离地下铺设结构(天线、生命线、管道、电缆等)与基站进行通信。手机可以同样接收来自其他手机的信号。

④该系统或系统的任何一部分不能正常工作时,应首先检查电池,电池的终端电压应该为 7 V 左右。

⑤如果远程控制装置与基站通信正常,但无法与便携式无线电手机进行通信,应检查音频线路是否断路或短路。另外,检查远程控制装置到基站 PTT 的电压(从 RCU 到 PTT 需要 10 V 的电压)。

**(3)矿山应急救援视频通信系统**

1)应急救援视频通信系统用途和特点

①通过应急救援视频通信系统可进行视频、语音的双向传输,能保证救援现场与后方指挥中心实时地进行音视频交流。

②能够全天候使用,不受地域、自然环境以及灾害影响。

③安装、使用便捷,事故现场人员能够快速建立与外界的通信联系。

④能够方便地与现有视频会议系统进行连接,可以召开多方参与的事故现场会议。

⑤在地面通信网发生灾害故障时,YJ-NET 可以及时替代完成通信工作。

2)应急救援视频通信系统基本组成

应急救援视频通信系统主要由 6 部分组成,如下:

①卫星室外单元。主要设备为卫星天线,该天线为单偏置抛物面天线,其结构特点是:反射面由 6 片组成,采用快速锁扣连接,避免了安装工具的携带及螺钉紧固;馈源支杆轻巧稳定,俯仰、方位均可调整锁定;支腿可灵活展开;整个天线结构设计合理,各部件拆装方便,整体装箱收藏。该天线焦距短、体积小、质量轻、稳定性好,便于携带。

②卫星室内单元。主要设备为 DW7000 小站——宽带卫星路由器。

③音、视频信号处理。主要包括网络视频服务器和网络视频解码器。通过嵌入式解码器无须 PC 平台即可将数字音视频数据从网络接收解码后直接输出到显示器和电视机,同时能与编码器进行语音对讲。

④计算机局域网。

⑤系统外围设备。包括笔记本计算机、摄像机、麦克风、液晶电视、车载电视、八口交换机。

⑥移动机箱。主要用途是把 DW7000 小站、网络视频服务器、网络视频解码器、交换机组合为一体,保护设备的安全且方便携带。

## 4.3.4 灾区主要灭火设备

### (1)高倍数泡沫灭火机

高倍数泡沫灭火机简称发泡机,它以泡沫液和水为原料,在风力的作用下通过发泡设备产生高倍数空气泡沫。

按发泡机的驱动方式不同,大体上可分为五类,分别是电力驱动发泡机、水轮驱动发泡机、内燃机驱动发泡机、水分反冲式发泡机、水力引射式发泡机。

按发泡量不同,可分为大、中、小 3 种类型:

①大型发泡机:发泡量在 $500 \sim 1\ 000\ m^3/min$,适用于快速扑灭大空间火灾。

②中型发泡机:发泡量在 $100\ m^3/min$ 以上,是目前我国煤矿使用最多的类型。

③小型发泡机:发泡量在 $100\ m^3/min$ 以下,适用于小空间灭火。

按使用条件的要求不同,分为防爆型与非防爆型两种。

总之,各种类型的发泡机都有各自的技术特性与使用条件,使用时应根据具体条件和实际情况合理选用,达到安全有效灭火的目的。下面介绍一下 BGP 型发泡机。

BGP 型发泡机属于防爆可移动式的中型发泡机,主要适用于煤矿井下巷道及其他地下或半地下建筑物(油罐)等有限空间的煤炭、木材、油类及织物等明火火灾。可拆卸,抬运、安装方便。BGP 型发泡机工艺流程如图 4-3 所示。

1)工作原理

发泡机将潜水泵排出的泡沫剂溶液(泵吸水口同时吸水和泡沫剂)以一定压力($0.1 \sim 0.14$ MPa)经旋叶式喷嘴,均匀地喷洒在棉线织成的双层发泡网上,借助于风机风流的吹动,连续产生大量的空气泡沫。这种泡沫性能稳定,在 $6\ m^2$ 断面的水平巷道中输送泡沫的距离可达 250 m 以上。

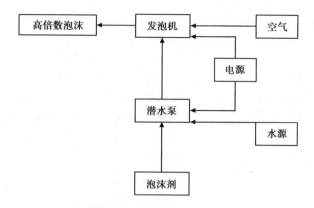

图 4-3　BGP 型发泡机工艺流程

2）构造

发泡机由对旋式轴流风机、泡沫发射器和供液系统三部分组成。

3）操作顺序

发泡机要按先送水后送风的顺序进行开机,关机时顺序相反。

4）注意事项

①发泡机在运输过程中要轻拿轻放,防止碰撞。

②使用后要清洗干净发泡液等杂物,并做好活动部位的涂油防锈工作。

5）使用条件

①要制定好切实可行的、防止发泡中火源附近瓦斯积聚的措施,确保火源附近的瓦斯浓度不超 2％,设备附近的瓦斯浓度不超 0.5％。如果在灭火过程中达不到此条件,则不可用高泡灭火,以免引起瓦斯爆炸。

②要准备好发泡机所需的水源、电源、高泡液等发泡条件。

③做好运送泡沫到达火区和防止泡沫跑漏的工作。

**（2）惰气发生装置**

惰气发生装置利用燃油除氧、喷水冷却产生湿式惰气,即以燃油为原料,在风机供风条件下,通过启动点火,燃油喷嘴的适量喷油,在特制的燃烧室内进行急剧的氧化反应,高温的燃烧产物(即惰气,主要成分是供风中非燃性的 $N_2$、参与氧化反应后的剩余 $O_2$ 和氧化反应产物 $CO_2$ 及 $CO$ 等)经水套及烟道喷水冷却,得到符合灭火要求的湿式惰性气体。

惰气发生装置主要有 DQ-150 型、DQ-400/500 型,另外还有 DQP-200 型惰泡发生装置。

1）DQ-150 型惰气发生装置

①结构。DQ-150 型惰气发生装置(图 4-4)由燃烧室、燃油喷嘴、启动点火器、水套及烟道、风油水供给装置及控制台等组成。

②主要技术性能。

a.产气量:150 $m^3/min$。

b.气体成分:$N_2$ 含量为 52％、$CO_2$ 含量为 6％～7％、$H_2O$ 含量为 40％左右。

c.烟道出口温度:78～85 ℃。

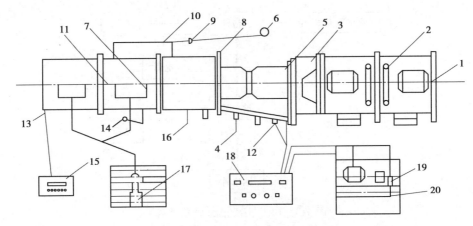

图 4-4  DQ-150 型惰气发生装置示意图

1—调风;2—风机;3—导流段;4—油喷嘴;5—燃烧室;6—排气阀;7—水喷嘴;8—水套;
9—安全阀;10—排水管;11—烟道;12—启动点火器;13—取气管;14—压力表;
15—取气箱;16—支架;17—潜水泵;18—控制台;19—油泵;20—油箱

d. 耗油量:4 kg/min。

e. 耗水量:16 V/h。

f. 尺寸:$\phi$560×6 300 mm。

③安装注意事项。

a. 本装置为非防爆型,安装地点 $CH_4$ 浓度不得超过 0.5% ,安装时在烟道出口端打一道密闭。安装主机的顺序:烟道→水套→燃烧室→导流段→风机。开机时,闭墙内 $CH_4$ 浓度禁止超过 2% 。

b. 装置上各类设备的插件、电源及信号输入、输出等电气部分需按规定极性插接,不得接错,电动机和控制台等必须接地。

c. 供油系统:要求连接严密,不得漏油、漏气,燃油用 80 目铜网过滤。

d. 供水系统:水泵吸口要有滤网,保证供水清洁,安装前检查水喷嘴,使其对正烟道中心。

e. 安装和运转过程中要经常检查工作地点的 $CH_4$ 浓度(浓度不得超过 0.5% ),浓度超限则立即停止工作。

④操作顺序。

a. 开机顺序:开风机(小)、给冷却水(水套出水后),同时点火和供油,开风机(大)。

b. 停机顺序:先关油泵、风机,并堵塞发气装置通气道,以免向火区漏风,冷却水继续供给,最后停水泵。

2)DQ-500 型惰气发生装置

①构造。DQ-500 型惰气发生装置由供风装置、喷油室、风油比自控系统、燃烧室、喷水段、封闭门、烟道、供油系统、控制台及供水系统等组成,如图 4-5 所示。

②技术性能。

a. 产生惰气量:400 $m^3$/min。

b. 耗油量:12 kg/min。

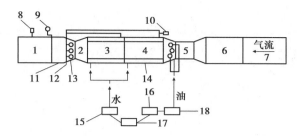

图 4-5　DQ-500 型惰气发生装置结构示意图

1—烟道；2—喷水降温系统；3—燃烧室；4—喷油室；6,7—供风系统；8—温度传感器；

9—封闭门；10—水压传感器；11—放水口；12—集水环；13—喷嘴；

14—水套；15—水泵；16—油泵；17—操作台；18—油门开关

c. 耗水量：15 $m^3/h$。

d. 惰气出口温度：小于 90 ℃。

e. 整机全长：10.5 m。

f. 气体成分：$O_2$ 含量不大于 3%、CO 含量小于 0.4%、$N_2$ 含量大于 50%。

③安装注意事项。惰气发生装置属于非防爆型的灭火装备，因此在井下使用时要安装在入风侧，要有电源、水源，巷道平直段长度不小于 15 m、断面大于 4 $m^3$，巷道风量不小于 800 m/min。密闭内瓦斯浓度不得大于 2%，安装地点的瓦斯浓度不得大于 0.5%。安装时主机应向烟道出口留有一定的出水坡度。

④操作顺序。

a. 整机连接安装好后（在巷道里应采取后退式安装），先检查风机、水泵及油泵的转向，风油比自控信号的基础电压应符合出厂检验标准值。

b. 开机顺序：开水泵，水套出水后开风机（小），同时点火和开油泵，点火燃烧正常后开风机（大）。

c. 停机顺序：先停油泵、风机，延续 2 min 后关水泵，并立即关闭烟道中的封闭门，以防停机后空气进入火区。

3）DQP-200 型气泡发生装置

DQP-200 型惰泡发生装置是继 BGP 系列高泡灭火装置和 DQ 系列惰气发生装置后研制成功的多功能灭火装置，它同时具备 BGP-200 型发泡机和 DQ-500 型惰气发生装置的功能，是扑灭煤矿井下大型火灾、抑制瓦斯爆炸、减少或杜绝残火复燃的技术装备，可广泛用于煤矿或地下商场及隧道等场所的灭火。

①工作原理。DQP-200 型惰泡发生装置以煤油为燃料，在自备风机供风条件下，在特制的燃烧室内适量喷油，通过启动点火引燃喷出的均匀油雾，在有水保护套的燃烧室内进行急剧的氧化反应，经高温燃烧除氧后，经过喷水冷却降温，然后采用耐高温浓烟型高泡药剂，在压力水的作用下，通过喷嘴将泡沫溶液均匀地喷洒到发泡网上，借助惰气流，使每个网孔连续形成包裹着惰性气体的气液结合泡体，从而形成惰气高泡（简称"惰泡"）。

②构造。DQP-200 型惰泡发生装置主要由供风系统、燃烧系统、冷却系统、发泡系统、供油系统、监控台等组成，其实物及示意如图 4-6 所示。

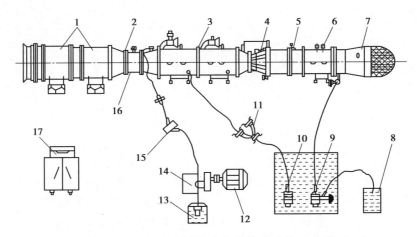

图 4-6　DQP-200 型惰泡发生装置结构示意图

1—供风装置;2—喷油室;3—燃烧室;4—喷水降温段;5—封闭门;6—取气管;7—发泡系统;
8—药箱;9—泡沫泵;10—冷却水泵;11—分水器;12—电动机;13—油箱;
14—油泵;15—油门电动机;16—风油比系统;17—控制台

③技术性能。

a. 产生惰泡量:150 ~ 200 m³/min。

b. 产生惰气量(混合湿惰气):500 m/min(不包括发泡系统)。

c. 产生空气高泡量:200 m³/min(不供油点火)。

d. 耗油量:10 ~ 13 kg/min。

e. 冷却水量:15 m³/h。

f. 发泡水量:90 ~ 160 L/min。

g. 泡沫剂浓度:3% ~ 5%。

h. 惰气成分:$O_2$ 含量小于 5%。

i. 供水压力:大于 0.15 MPa。

④操作顺序。

a. 先开油泵将油路充满后停泵,再将油路接到喷油嘴上,检查油泵转向及有无漏油。

b. 开机点火前严格检查安装质量及电气元件的插接是否正确,并对风机、水泵单独试转向。

c. 检查吸药剂比例,混合器保证不漏气。

d. 打开机体中段封闭门。

e. 开机:先开冷却水泵和发泡水泵,开风机(小),水压升到 0.15 MPa 后同时点火和开油泵,点火燃烧正常后开风机(大)。

f. 停机:先停油泵,停风机(由大到小),停发泡水泵,停冷却水泵,关闭封闭门。

⑤注意事项。在 DQP-200 型惰泡发生装置中,惰气发生装置为非防爆型,因此使用时要将其安装在进风巷道中,安装地点瓦斯浓度不得大于 0.5%,惰泡装置出口以内瓦斯浓度不得超过 2%,以免引起瓦斯爆炸。

## 课后习题

1. 矿山救护队的主要性质特点有哪些？
2. 矿山救护队管理要求、管理内容和责任制度有哪些？
3. 矿山救护队培训相关要求和训练内容有哪些？
4. 正压氧气呼吸器和自救器的使用方法？
5. 灾区有线与无线通信的组成及使用特点是什么？
6. 高倍数泡沫灭火装置、惰性发生装置的使用方法是什么？

# 第5章
# 煤矿、金属非金属矿山事故应急救援处置

矿山现场情况多变,事故发生突然,矿山救援是与生命赛跑、与危险较量的战斗,提前了解矿山事故应急处置程序和事故造成原因,能够极大提升被困人员生还概率。本章主要介绍了矿山事故隐患分类、事故应急处置程序、常见矿山事故发生原因及事故发生前的预兆,使学生掌握事故发生后的响应程序和原则。

## 5.1 矿山事故等级划分及事故处理原则

### 5.1.1 煤矿事故隐患分类

**(1)隐患分级分类**

①按隐患种类可分为"一通三防"、水害、顶板、电气、提升、运输、设备、消防、安全管理和其他隐患。

②按隐患整改难易程度可分为 A 级、B 级、C 级、D 级、E 级隐患。

A 级隐患:整改难度大,矿解决不了,需上报集团公司帮助组织整改;

B 级隐患:整改难度较大,井解决不了,需由矿统一组织整改;

C 级隐患:整改难度一般,区队解决不了,需由生产井统一组织整改;

D 级隐患:整改难度较小,班组解决不了,需由区队组织整改;

E 级隐患:班组能够现场立即整改。

③按隐患的严重程度可分为重大隐患、较大隐患、一般隐患。重大隐患是指严重危及安全性,可能导致人员伤亡或财产损失,危害和整改难度大,应当全部或局部停产停业,需要投入资金、实施工程、更换装备并经过较长时间整改方能治理的隐患,或者因外部因素影响致使生产经营单位自身难以排除的隐患;较大隐患是指危及安全生产、可能导致人员伤亡或财产损失、危害或整改难度较大、需要暂时局部停产停业并经过一定时间整改方能治理的隐患;一般隐患是指已经危及安全生产,任其发展可能导致人员伤亡或财产损失,危害或整改难度较小,发现后能够立即整改的隐患。

**(2)建立安全隐患排查整改治理体系**

隐患排查整改工作实行 5 级管理,即班组、区队、井、矿和集团公司。班组实行班组

排查,主要排查整改生产作业现场隐患;区队实行日排查,主要排查整改本区队作业区域内的隐患;井战线、安全"八条线"实行周排查,主要排查整改分管生产系统、区域的隐患;生产井实行周排查,主要排查整改本单位重大、较大隐患;矿业务保安战线、安全"八条线"实行旬排查,全矿实行月排查,重点排查生产经营单位的重大、较大隐患。

建立健全隐患排查制度。生产井按不同生产性质、工作范围、作业特点、危害因素分别编制各作业岗位隐患排查卡、班组隐患排查卡、区队隐患排查卡、战线隐患排查表和生产经营单位隐患排查表。矿业务保安战线、安全"八条线"编制战线隐患排查表。矿安检科编制全矿隐患排查表。

①岗位人员每班对照岗位隐患排查卡内容要求,进行岗位隐患排查,班组长对本班组隐患排查工作进行监督管理,并持班组隐患排查卡对班组作业范围内隐患进行全面排查,发现隐患立即整改,确认无危险时方准人员作业。当班作业结束,收集整理隐患排查整改情况,形成班组隐患排查台账。

②区队干部每天(跟班干部每班)对照区队隐患排查卡内容要求,对分管区域内的隐患进行全面排查,将排查卡反馈至安全信息中心。同时,由区队值班干部收集整理后,形成区队隐患排查台账,并由专人负责。

③生产井负责人要根据战线隐患排查表,每周至少组织一次分管生产系统和区域的全面隐患排查,战线业务主管部门负责隐患排查资料的收集整理,建立战线隐患排查台账。

④生产井主要负责人、安全负责人要根据生产井隐患排查表,每周组织一次全面隐患排查,由安全检查部门建立生产井隐患排查台账,实行档案化管理,并经生产井主要负责人审核签字后,及时上报矿业务保安部门和安全检查部门。

⑤矿业务保安战线、安全"八条线"负责人要根据战线隐患排查表,每旬至少组织一次分管生产系统和区域的全面隐患排查。战线业务主管部门负责隐患排查资料的收集整理,建立战线隐患排查台账。

⑥矿每月至少组织一次全矿全面隐患排查,由安全检查部门建立全矿隐患排查台账,实行档案化管理,并经矿主要负责人审核签字后,按要求及时上报上级有关部门。

## 5.1.2　矿山救护工作保障

### (1)事故应急救援工作原则

矿山救护队必须贯彻执行国家安全生产方针以及"加强战备、严格训练、主动预防、积极抢救"的工作原则,坚持矿山救护队质量标准化建设,切实做好矿山灾害事故的应急救援和预防性安全检查工作。

### (2)事故应急救援工作保障

矿山救护资金实行国家、地方、矿山企业共同保障体制,矿山救护队实行社会化有偿服务,各级政府有关部门、矿山企业在编制生产建设和安全技术等发展规划时,必须将矿山救护发展规划列为其内容的组成部分。

矿山救护队必须备有所服务矿山的应急预案或灾害预防处理计划、矿井主要系统图纸等有关资料。矿山救护队应根据服务矿山的灾害类型及有关资料,制定预防处理方案,并进行训练演习。矿山救护队所在企事业单位和上级有关部门,应对在矿山抢险救灾中作出重大贡献的救护指战员给予奖励;对在抢救遇险人员生命、国家和集体财产中因公牺牲的救护指战员,应为其申报"革命烈士"称号。

### 5.1.3　灾害事故的处理程序和原则

事故处理是指从事故发生到事故结案,企业负责人和管理人员按照法律法规要求所做的全部工作。事故处理程序,按《生产安全事故报告和调查处理条例》(国务院令493号)要求分为应急处理、抢救处理、调查处理及结案处理4个阶段。

**(1)应急处理**

矿山发生灾害事故后,现场人员必须立即汇报,在确保安全条件下应当积极组织抢救,否则,应当立即撤离至安全地点或妥善避难。企业负责人接到事故报告后,应立即启动应急救援预案,组织抢救。根据《生产安全事故报告和调查处理条例》和《矿山救护规程》规定,按照事故灾难的可控性、严重程度和影响范围,矿山事故应急响应分为一级(特别重大事故)、二级(重大事故)、三级(较大事故)和四级(一般事故)响应,分别由相应的政府部门和各级矿山企业启动。在应急响应过程中,当超出本级应急处置能力时,应当及时报请上一级应急救援机构,启动上一级应急响应实施应急救援,以保证应急救援效果。

**(2)抢救处理**

坚持以人为本、科学救援,为保证矿山企业从业人员生命和财产安全,防止突发重大事故灾难的发生,能够在事故发生后迅速有效地控制处理,把事故损失降低到最低限度。具体目标是保障人的生命安全,最大限度地减少人员伤亡;控制灾情扩大,有效预防次生灾害事故的发生;减少企业和社会的直接和间接经济损失。基本任务是立即组织营救遇险人员;及时查明和控制危险源;尽快消除事故后果;迅速查明事故原因,做好危害评估。

**(3)调查处理**

①特别重大事故由国务院或者国务院授权有关部门组织事故调查组进行调查。重大事故、较大事故、一般事故分别由事故发生地省级人民政府、设区的市级人民政府、县级人民政府负责调查。省级人民政府、设区的市级人民政府、县级人民政府可以直接组织事故调查组进行调查,也可以授权或者委托有关部门组织事故调查组进行调查。对于未造成人员伤亡的一般事故,县级人民政府也可以委托事故发生单位组织事故调查组进行调查。

②上级人民政府认为必要时,可以调查由下级人民政府负责调查的事故。自事故发生之日起30日内,因事故伤亡人数变化导致事故等级发生变化,依照规定应当由上级人民政府负责调查的,上级人民政府可以另行组织事故调查组进行调查。

③特别重大事故以下等级事故,事故发生地与事故发生单位不在同一个县级以上行政区域的,由事故发生地人民政府负责调查,事故发生单位所在地人民政府应当派人参加。

④事故调查组的组成应当遵循精简、效能的原则。根据事故的具体情况,事故调查组由有关人民政府、安全生产监督管理部门、负有安全生产监督管理职责的有关部门、监察机关、公安机关以及工会派人组成,并应当邀请人民检察院派人参加。事故调查组可以聘请有关专家参与调查。事故调查组成员应当具有事故调查所需要的知识和专长,并与所调查的事故没有直接利害关系。事故调查组组长由负责事故调查的人民政府指定,并主持事故调查组的工作。

⑤事故调查组应当履行的职责是查明事故发生的经过、原因、人员伤亡情况及直接经济损失;认定事故的性质和事故责任;提出对事故责任者的处理建议;总结事故教训,提出防范和整改措施;提交事故调查报告。

⑥事故调查组有权向有关单位和个人了解与事故有关的情况,并要求其提供相关文件、资料,有关单位和个人不得拒绝。事故发生单位的负责人和有关人员在事故调查期间不得擅离职守,并应当随时接受事故调查组的询问,如实提供有关情况。事故调查中发现涉嫌犯罪的,事故调查组应当及时将有关材料或者其复印件移交司法机关处理。事故调查中需要进行技术鉴定的,事故调查组应当委托具有国家规定资质的单位进行技术鉴定。必要时,事故调查组可以直接组织专家进行技术鉴定。技术鉴定所需时间不计入事故调查期限。

⑦事故调查组成员在事故调查工作中应当诚信公正、恪尽职守,遵守事故调查组的纪律,保守事故调查的秘密。未经组长允许,事故调查组成员不得擅自发布有关事故的信息。

⑧事故调查组应当自事故发生之日起 60 日内提交事故调查报告;特殊情况下,经负责事故调查的人民政府批准,提交事故调查报告期限可延长,但延长的期限最长不超过 60 日。

⑨事故调查报告的内容有:事故发生单位概况;事故发生经过和事故救援情况;事故造成的人员伤亡和直接经济损失;事故发生的原因和事故性质;事故责任的认定以及对事故责任者的处理建议;事故防范和整改措施。事故调查报告应当附具有关证据材料。事故调查组成员应当在事故调查报告上签名。事故调查报告报送负责事故调查的人民政府后,事故调查工作即告结束。事故调查的有关资料应当归档保存。

**(4)结案处理**

①重大事故、较大事故、一般事故,负责事故调查的人民政府应当自收到事故调查报告之日起 15 日内作出批复;特别重大事故在 30 日内作出批复;特殊情况下,批复时间可以适当延长,但延长的时间最长不超过 30 日。有关机关应当按照人民政府的批复,依照法律、行政法规规定的权限和程序,对事故发生单位和有关人员进行行政处罚,对负有事故责任的国家工作人员进行处分。事故发生单位应当按照负责事故调查的人民政府的批复,对本单位负有事故责任的人员进行处理。负有事故责任的人员涉嫌犯罪的,依法追究刑事责任。

②事故发生单位应当认真吸取事故教训,落实防范和整改措施,防止事故再次发生。防范和整改措施的落实情况应当接受工会和职工监督。安全生产监督管理部门和

负有安全生产监督管理职责的有关部门应当对事故发生单位落实防范和整改措施的情况进行监督检查。

③事故处理的情况由负责事故调查的人民政府或者其授权的有关部门、机构向社会公布,依法应当保密的除外。

### 5.1.4 矿山救护程序

**(1)事故报告**

矿山发生灾害事故后,现场人员必须立即汇报,在安全条件下积极组织抢救,或立即撤离至安全地点或妥善避难。企业负责人接到事故报告后,应立即启动应急救援预案,组织抢救。

**(2)救护队出动**

①救护队接到事故报告后,应在问清和记录事故地点、时间、类别、遇险人数、通知人姓名(联系人电话)及单位后,立即发出警报,并向值班指挥员报告。

②救护队接警后必须在 1 min 内出动,不需乘车出动时,不得超过 2 min;按照事故性质携带所需救护装备迅速赶赴事故现场。当矿山发生火灾、瓦斯或矿尘爆炸,煤与瓦斯突出等事故时,待机小队应随同值班小队出动。

③救护队出动后,应向主管单位及上一级救护管理部门报告出动情况。在途中得知矿山事故已经得到处理,出动救护队仍应到达事故矿井了解实际情况。

④在救援指挥部未成立之前,先期到达的救护队应根据事故现场具体情况和矿山灾害事故应急救援预案,开展先期救护工作。

⑤矿山救护队到达事故矿井后,救护指战员应立即做好战前检查,按事故类别整理好所需装备,做好救护准备;根据抢救指挥部命令组织灾区侦察、制定救护方案、实施救护。

⑥矿山救护队指挥员了解事故情况,接受任务后应立即向矿山救护小队下达任务,并辨明事故情况、完成任务要点、措施及安全注意事项。

**(3)返回驻地**

①参加事故救援的矿山救护队只有在取得救援指挥部同意后,方可返回驻地。

②返回驻地后,矿山救护队指战员应立即对所有救护装备、器材进行认真检查和维护,恢复到值班战备状态。

## 5.2 瓦斯煤尘爆炸事故应急救援

### 5.2.1 瓦斯爆炸

**(1)瓦斯爆炸**

瓦斯爆炸是一定浓度的甲烷和空气中的氧气在高温热源的作用下发生激烈氧化反应的过程。科学研究表明,矿井瓦斯爆炸是一种热-链式连锁反应过程。

（2）瓦斯爆炸的条件

瓦斯爆炸必须同时具备 3 个条件，即一定浓度的瓦斯，一定温度的引燃火源，足够的氧气含量，三者缺一不可。

①瓦斯浓度。瓦斯只在一定的浓度范围内爆炸，这个浓度范围称为瓦斯的爆炸界限。一般为 5% ~ 16%，实践证明，瓦斯的爆炸界限不是固定不变的，它受到许多因素的影响，比如，空气中其他可燃可爆气体的混入，可以降低瓦斯爆炸浓度的下限；浮游在瓦斯混合气体中的具有爆炸危险性的煤尘，不仅能增加爆炸的猛烈程度，还可降低瓦斯的爆炸下限；惰性气体的混入，则爆炸下限会提高，上限会降低，即爆炸浓度范围减小。

②一定温度的引燃火源。正常大气条件下，瓦斯在空气中的着火温度为 650 ~ 750 ℃，瓦斯的最低点燃能量为 0.28 mJ，矿山井下的明火、煤炭自燃、电弧、电火花、炽热的金属表面和撞击或摩擦火花都能点燃瓦斯。

③足够的氧气含量。瓦斯爆炸是一种迅猛的氧化反应，没有足够的氧气含量，就不会发生瓦斯爆炸。氧气浓度低于 12% 时，混合气体失去爆炸性。

## 5.2.2　瓦斯爆炸预防措施

瓦斯爆炸事故是可以预防的。预防瓦斯爆炸就是指消除瓦斯爆炸的条件并限制爆炸火焰向其他区域传播，归纳起来有防止瓦斯积聚、防止瓦斯引爆和防止瓦斯事故扩大三方面。

（1）防止瓦斯积聚

①加强通风。加强通风是防止瓦斯积聚的根本措施。矿井通风必须做到有效、稳定和连续不断，才能将井下涌出的瓦斯及时稀释排出。

②抽采瓦斯"先抽后采、监测监控、以风定产"是我国瓦斯治理的"十二字方针"。先抽后采是预防瓦斯事故的治本措施。对于采用一般通风方法不能解决瓦斯超限的矿井或工作面，可以采用抽采瓦斯的方法将瓦斯抽排至地面。

③及时处理积聚的瓦斯。瓦斯积聚是指局部空间的瓦斯浓度达到 2%，其体积超过 0.5 m³ 的现象。当发生瓦斯积聚时，必须及时处理，防止局部区域达到瓦斯爆炸浓度的下限。

④加强检查和监测瓦斯。井下采掘工作面和其他地点要按要求检查瓦斯浓度。采掘工作面及其作业地点风流中瓦斯浓度达到 1.0% 时，必须停止用电钻打眼；爆破地点附近 20 m 以内风流中瓦斯浓度达到 1.0% 时，严禁装药爆破；采掘工作面及其他作业地点风流中、电动机或其开关安设地点附近 20 m 以内风流中的瓦斯浓度达到 1.5% 时，必须停止工作，切断电源，撤出人员进行处理；采区回风巷、采掘工作面回风巷风流中瓦斯浓度超过 1.0% 或二氧化碳浓度超过 1.5% 时，必须停止工作，撤出人员，采取措施，进行处理；矿井必须装备安全监控系统。对因瓦斯浓度超过规定被切断电源的电气设备，必须在瓦斯浓度降到 1.0% 以下时，方可通电开动。

（2）防止瓦斯引爆

引爆瓦斯的火源主要有明火、爆破火焰、电火花及摩擦火花4种。根据《煤矿安全规程》规定，严禁携带烟草和点火物品下井；井下严禁使用灯泡取暖和使用电炉；井下严格烧焊管理；严格井下火区管理，防止出现爆破火焰；井下不得带电检修、搬迁电气设备；井下防爆电气设备的运行、维护和修理工作，必须符合防爆性能要求。

### （3）防止瓦斯事故扩大

①实行分区通风。每一生产水平和每一采区必须布置独立的回风系统。

②安设隔爆设施。有煤尘、瓦斯爆炸危险的矿井应安设隔爆水槽或岩粉棚，利用它们的降温作用，破坏相邻区域发生继发性煤尘爆炸的条件，防止事故扩大化。

③矿井设置紧急避险系统压风自救系统，保证事故避难需要，减少伤亡损失。

④编制事故应急预案和矿井灾害预防和处理计划，并组织演练，提高逃生能力。

### （4）瓦斯爆炸的应急救援

①处理瓦斯爆炸事故时，救护队的主要任务如下：

a. 灾区侦察。

b. 抢救遇险人员。

c. 抢救人员及时清理灾区堵塞物。

d. 扑灭因爆炸产生的火灾。

e. 恢复通风。

②瓦斯爆炸产生火灾，应同时进行灭火和救人，并应采取防止再次发生瓦斯爆炸的措施。

③井筒、井底车场或石门发生瓦斯爆炸时，在侦察确定没有火源，无瓦斯爆炸危险情况下应派一个矿山救护小队救人，另一个矿山救护小队恢复通风。如果通风设施损坏不能恢复，应全部去救人。

④瓦斯爆炸事故发生在采煤工作面时，派一个矿山救护小队沿回风侧、另一个矿山救护小队沿进风侧进入救人，在此期间必须维持通风系统原状。

⑤井筒、井底车场或石门发生瓦斯爆炸时，为了排除瓦斯爆炸产生的有毒、有害气体，抢救人员应在查清确无火源的基础上，尽快恢复通风。

⑥处理瓦斯爆炸事故，矿山救护小队进入灾区必须遵守以下规定：

a. 进入前，切断灾区电源，并派专人看守。

b. 保持灾区通风现状，检查灾区内各种有害气体的浓度、温度及通风设施的破坏情况。

c. 穿过支架破坏的巷道时，应架好临时支架。

d. 通过支架松动的地点时，队员应保持一定距离按顺序通过，不得推拉支架。

e. 进入灾区行动应防止碰撞摩擦等产生火花。

f. 在灾区巷道较长、有害气体浓度大、支架损坏严重的情况下，如无火源、人员已经牺牲时，必须在恢复通风、维护支架后方可进入，确保救护人员的安全。

## 5.2.3　煤尘爆炸

### (1)煤尘及其危害性

煤尘是采掘过程中产生的以煤炭为主要成分的微细颗粒,是矿尘的一种。通常把沉积于器物表面或井巷四壁之上的称为落尘;悬浮于井巷空间空气中的称为浮尘。落尘与浮尘在不同风流环境下是可以相互转化的。其主要危害表现为引起煤尘爆炸、导致尘肺病、污染井下和地面环境。

### (2)煤尘爆炸条件

①煤尘本身具有爆炸性。煤尘可分为爆炸性煤尘和无爆炸性煤尘。煤尘的挥发分越高,越容易爆炸。煤尘有无爆炸性,要通过煤尘爆炸性鉴定才能确定。

②悬浮在空气中的煤尘达到一定的质量浓度。爆炸性煤尘只有在空气中呈浮游状态并具有一定质量浓度时才会发生爆炸。煤尘爆炸下限为 45 $g/m^3$,上限为 1 500 ~ 2 000 $g/m^3$,爆炸力最强的煤尘质量浓度为 300 ~ 400 $g/m^3$。

③高温热源。能够引燃煤尘爆炸的热源温度变化的范围是比较大的,它与煤尘中挥发分含量有关。煤尘爆炸的引燃温度变化在 610 ~ 1 050 ℃。煤爆炸的最小点火能为 4.5 ~ 40 mJ。

④空气中氧气浓度大于 18%。在含爆炸性煤尘的空气中,氧气浓度低于 18% 时,煤尘就不能爆炸。

### (3)煤尘爆炸的特征

①形成高温、高压、冲击波。煤尘爆炸火焰温度为 1 600 ~ 1 900 ℃,爆源的温度达到 2 000 ℃以上,这是煤尘爆炸得以自动传播的条件之一。在矿井条件下,煤尘爆炸的平均理论压力为 736 kPa,但爆炸压力随着离开爆源距离的延长而跳跃式增大。爆炸过程中如遇障碍物,压力将进一步增加,尤其是连续爆炸时,后一次爆炸的理论压力将是前一次的 5 ~ 7 倍。煤尘爆炸产生的火焰速度可达 1 120 m/s,冲击波速度为 2 340 m/s。

②煤尘爆炸具有连续性。由于煤尘爆炸具有很高冲击波速,能将巷道中落尘扬起,甚至使煤体破碎形成新的煤尘,导致新的爆炸,有时可反复多次,形成连续爆炸,这是煤尘爆炸的重要特征。

③煤尘爆炸的感应期。煤尘爆炸有一个感应期,即煤尘受热分解产生足够数量的可燃气体形成爆炸所需的时间。根据试验,煤尘爆炸的感应期主要取决于煤的挥发分含量,挥发分越高,感应期越短。

④挥发分减少或形成"黏焦"。煤尘爆炸时,参与反应的挥发分占煤尘挥发分含量的 40% ~ 70% 致使煤尘挥发分减少,根据这一特征,可以判断煤尘是否参与了井下的爆炸。对于气煤、肥煤、焦煤等黏结性煤尘,一旦发生爆炸,一部分煤尘会被焦化,黏结在一起,沉积于支架的巷道壁上,形成煤尘爆炸所特有的产物——焦炭皮渣或黏块,统称"黏焦"。"黏焦"也是判断井下发生爆炸事故时是否有煤尘参与的重要标志。

⑤产生大量的一氧化碳。煤尘爆炸时产生的一氧化碳,在灾区气体中浓度可达 2% ~ 3%,甚至高达 8%,爆炸事故中受害者的大多数(70% ~ 80%)是由于一氧化碳中毒造

成的。

## 5.2.4　煤尘爆炸应急救援

①处理煤尘爆炸事故时,救护队的主要任务是:

a. 灾区侦察。

b. 抢救遇险人员。

c. 抢救人员时清理灾区堵塞物。

d. 扑灭因爆炸产生的火灾。

e. 恢复通风。

②煤尘爆炸产生火灾,应同时进行灭火和救人,并采取防止再次发生煤尘爆炸的措施。

③井筒、井底车场或石门发生煤尘爆炸时,在侦察确定没有火源,无爆炸危险的情况下,应派一个小队救人,另一个小队恢复通风。如果通风设施损坏不能恢复,应全部去救人。

④煤尘爆炸事故发生在采煤工作面时,派一个小队沿回风侧、另一个小队沿进风侧进入救人,在此期间必须维持通风系统原状。

⑤井筒、井底车场或石门发生煤尘爆炸时,为了排除爆炸产生的有毒、有害气体,抢救人员应在查清确无火源的基础上,尽快恢复通风。如果有害气体严重威胁回风流方向的人员,为了紧急救人,在进风方向的人员已安全撤退的情况下,可采取区域反风措施。之后,矿山救护队应进入原回风侧引导人员撤离灾区。

## 5.2.5　煤尘爆炸应急救援案例

### (1)特别重大瓦斯爆炸事故

2012年8月29日17时38分,某煤矿发生特别重大瓦斯爆炸事故,当时井下共有165人,经自救和互救,有115人升井,其中3人在送往医院途中死亡,50人被困井下。事故发生后,党中央、国务院高度重视,国家安全生产监督管理总局工作组赴现场指导省、市、区政府全力组织应急救援工作。面对缺乏图纸资料、井下巷道复杂的情况,指挥部成员深入一线、靠前指挥,11支矿山救护队联合作战分工明确、高效运转、协调有序,发扬了特别能战斗的精神。在各方面共同努力下,经过全体救援人员17天的艰苦奋战,成功抢救出遇险人员5名,搜救出遇难人员45名。该事故造成48人死亡、54人受伤,直接经济损失4 980万元。

### (2)矿井概述

矿井采用平硐开拓方式,分为主平硐、辅助平硐和回风井采用压入式通风,进风通过主平硐、运输上下山和平巷进入采掘作业点,回风最后经回风上山进入回风井。矿井为低瓦斯矿井,煤层不易自燃,煤尘无爆炸危险性。发生事故前该矿实际开采两个区域,一个区域为有批复的正常设计及验收的合法开采区域,另一个区域为非法违法开采区域。在非法违法开采区域,共布置41个非法采掘作业点,没有绘制图纸,4个采煤队在该区域内采用非正规采煤方法,以掘代采、乱采滥挖。采掘作业点采用局部通风机供风,无独立的通风系统,煤层之间、采掘作业点之间多次串联通风,部分作业点无风、微风作业。遇到政府及有关部门的监管检查时,临时突击封闭巷道隐瞒开采区域。

**(3)事故直接原因**

该矿非法违法开采区域的 10 号煤层提升下山采掘作业点和+1 220 m 平巷下部 8 号、9 号煤层部分采掘作业点无风微风作业,瓦斯积聚达到爆炸浓度;10 号煤层下山采掘作业点的提升绞车信号装置失爆,操作时产生电火花引爆瓦斯;在爆炸冲击波高温作用下,+1 220 m 平巷下部 8 号和 9 号煤层部分采掘作业点积聚的瓦斯发生二次爆炸,造成事故扩大。

**(4)应急处置和抢险救援**

1)企业先期处置

事故发生后,在主要通风机附近的机电副矿长听到主要通风机声音异常,判定井下发生了事故,随即打电话通知了技术副矿长,并与安全副矿长组织人员入井施救并查看情况。18 时 11 分,向有关部门进行报告,并召集救护消防大队救援。

2)各级党委、政府应急响应

当地人民政府第一时间启动煤矿生产安全事故应急预案。8 月 29 日 19 时 23 分,成立了现场救援临时指挥部。8 月 30 日 10 时,成立了由省安全生产监督管理局副局长、省矿山救护总队长任指挥长的现场救援指挥部,分管副省长任指挥长。国家安全生产监督管理总局和国家煤矿安全监察局主要领导率领工作组连夜赶赴事故现场,传达中央领导同志重要指示批示精神,协助并指导事故抢险救援工作。

3)救援力量组织调遣

救护消防大队接警后,18 时 12 分出动,18 时 35 分到达某煤矿主平硐口并做好战斗准备。救援指挥部先后调集了诸多救护大队火速赶赴事故现场。省内外共有 11 支矿山救护队、33 个作战小队、341 名指战员联合开展事故抢险救援工作。

**(5)应急处置救援总结分析**

1)救援经验

各级党委、政府高度重视、组织有力、靠前指挥,为抢险救援提供有力保障。党中央、国务院的高度重视和指示要求为抢险救援提供了极大的精神动力。国家安全生产监督管理总局、国家煤矿安全监察局主要领导率工作组赴现场进行指导,当地政府主要领导及时赶到事故现场指挥事故抢险救援及善后工作,政府全力组织抢险救援。现场的各级领导及救援指挥部的同志,经常深入井下一线,靠前指挥,不断完善救援方案,组织力量协调有序开展科学施救。省、市政府及有关部门协调开通救援绿色通道,积极组织调动武警、公安、卫生、民政等多部门参加救援工作。全体救援人员坚守岗位,专业救援力量认真履职,相关部门保障有力。在历时 17 天的救灾中,无一人受伤,实现了科学救援、安全救援。

2)救援方案

救援方案科学合理,现场指挥措施得当。矿方管理混乱,无法提供真实的井下情况,各级领导及现场救援指挥部的同志深入井下一线,靠前指挥、蹲点指挥,多次反复询问矿方人员,逐一核对井下每一个工作区域的巷道和人员分布情况,结合井下侦察信息,不断完善救灾图纸,为制定科学的救灾方案打下了基础。及时召开救灾会商会,调整救灾方案。建立矿井上下基地和作业现场的通信联系,制定通风调整方案,为后期的施救工作创造了条件;对全矿井进行全面搜救后,制定局部通风机通风、巷道维修、遇难人员搬运等方案和安全措施。在清理巷道垮塌冒落物期间,数十人次深入井下现场察看、分析、研究并及时调整方案。在每批救援人员入井前,讲清任务、讲明安全注意事项,做到了任务明确、措施贯彻到位。

　　3) 存在问题

　　①矿井非法违法开采、管理混乱,给救援工作带来极大的困难。事故发生后,矿方不能及时提供矿井基本情况,直到事故发生后一天多时间还不能查清当班井下人员数量和分布地点,救护队入井侦察救人的目标不明确,带有极大的盲目性。矿井无真实的图纸资料,图上的巷道数量远远少于井下实际存在的数量。面对迷宫般的巷道,救护队全靠平时积累的知识和经验分析判断巷道间的大致关系,侦察和搜救想快而快不起来,严重影响救灾进度和效率。

　　②应急救援队伍体系建设工作有待加强。在矿方组织的先期应急处置过程中,矿上的兼职矿山救护队处理事故的经验不足。在专职救护队救灾侦察过程中,个别救护队不注重工作细节,对走过的巷道和发现的遇难者没有及时做明显的标记,导致一些巷道被反复侦察,一些遇难者被反复认为是新发现,影响了救灾进程和指挥部对灾区的灾情判断。

　　③救援装备水平有待进一步提高。参加救援的 11 支矿山救护队,均未配备宿营车、野营帐篷等后勤保障装备,队伍待命时没有较好的休息条件,不能保证指战员快速恢复体力和保持良好的战斗能力。救护车动力小、制动系统不好,且救护装备和人员混装,无法快速前进,途中耽误时间长。缺乏可靠的井下灾区视频通信系统,缺乏搜寻遇难者的探测设备等先进救援装备。液压剪扩钳、起重气垫等成套快速破拆支护装备配备不足。

## 5.3　火灾事故应急救援

### 5.3.1　煤矿事故隐患分类

　　矿井火灾是指发生在矿井井下或地面井口附近、威胁矿井安全生产、形成灾害的一切非控制性燃烧。矿井火灾能够烧毁生产设备、设施,损失资源,产生大量高温烟雾及一氧化碳等有害气体,致使人员大量伤亡。同时,火灾烟气顺风蔓延,当热烟气流经倾斜或垂直井巷时,可产生局部火风压,使相关井巷中风量变化,甚至发生风流停滞或反向,常导致火灾影响范围扩大,有时还能引起瓦斯或煤尘爆炸。火风压是指井下发生火灾时,高温烟流流经有高差的井巷所产生的附加风压。

**（1）根据引起火灾的热源不同分类**

1）外因火灾

外因火灾也称外源火灾，是指由于外来热源如瓦斯煤尘爆炸、爆破作业、机械摩擦、电气设备运转不良、电源短路以及其他明火、吸烟、烧焊等引起的火灾。其特点是突然发生、来势迅猛，如果不能及时发现和控制，往往会酿成重大事故。据统计，国内外重大恶性火灾事故，90%以上为外因火灾。它多发生在井口楼、井筒、机电硐室、火药库以及安装有机电设备的巷道或工作面内。

2）内因火灾

内因火灾是指煤炭及其他易燃物在一定条件下，自身发生物理化学变化、吸氧、氧化、发热、热量聚积导致燃烧而形成的火灾。内因火灾的发生，往往伴有一个孕育的过程，根据预兆能够在早期发现。但内因火灾火源隐蔽，经常发生在人们难以进入的采空区或煤柱内，要想准确地找到火源比较困难；同时，燃烧范围逐渐蔓延扩大，烧毁大量煤炭，冻结大量资源。

**（2）根据引起火灾的燃烧和蔓延形式分类**

矿井火灾由于受到井下特殊环境的限制，其火灾的燃烧和蔓延形式分为富氧燃烧和富燃料燃烧两种。

1）富氧燃烧

富氧燃烧也称为非受限燃烧，是指供氧充分燃烧。它的特点是耗氧量少、火源范围小、火势强度小和蔓延速度低。

2）富燃料燃烧

富燃料燃烧也称受限燃烧或通风控制型燃烧，是指供氧不充分的燃烧。它的特点是耗氧量多、火源范围大、火势强度大、蔓延速度快，可产生近1 000 ℃的高温，分解出大量挥发性气体，生成可燃性高温烟流，并预热相邻地区可燃物，使其温度超过燃点，生成大量炽热的挥发性气体。炽热含挥发性气体的烟流与相接巷道新鲜风流交汇后燃烧，使其火源下风侧可能出现若干再生火源，也就是燃烧蔓延的"跳蛙"现象，遇到新鲜空气供给，会产生爆炸事故。

## 5.3.2　矿井火灾事故救援

**（1）处理矿井火灾前应了解的情况**

①发火时间、火源位置、火势大小、涉及范围、遇险人员分布情况。

②灾区瓦斯情况、通风系统状态、风流方向、煤尘爆炸性。

③巷道围岩支护状况。

④灾区供电状况。

⑤灾区供水管路、消防器材供应的实际状况及数量。

⑥矿井的火灾预防处理计划及其实施状况。

**（2）处理井下火灾应遵循的原则**

①控制烟雾的蔓延，防止火灾扩散。

②防止引起瓦斯或煤尘爆炸,防止因火风压引起风流逆转。

③有利于人员撤离和保护救护人员安全。

④创造有利的灭火条件。

**(3)合理选择灭火方法**

指挥员应根据火区的实际情况选择灭火方法。在条件具备时,应采用直接灭火的方法。采用直接灭火法时,须随时注意风量、风流方向及气体浓度的变化,并及时采取控风措施,尽量避免风流逆转、逆退,保护直接灭火人员的安全。

①在下列情况下,采用隔绝方法或综合方法灭火:

a.缺乏灭火器材或人员时。

b.火源点不明确,火区范围大、难以接近火源时。

c.用直接灭火的方法无效或直接灭火法对人员有危险时。

d.采用直接灭火不经济时。

②井下发生火灾时,根据灾情可实施局部或全矿井反风或风流短路措施。反风前,应将原进风侧的人员撤出,并注意瓦斯变化;采取风流短路措施时,必须将受影响区域内的人员全部撤离。

③灭火中只有在不使瓦斯快速积聚到爆炸危险浓度并且能使人员迅速撤出危险区时才能采用停止通风或减小风量的方法。

④用水灭火时,必须具备以下条件:

a.火源明确。

b.水源、人力、物力充足。

c.有畅通的回风道。

d.瓦斯浓度不超过2%。

⑤用水或注浆的方法灭火时,应将回风侧人员撤出,同时在进风侧有防止溃水的措施。严禁靠近火源地点作业。用水快速淹没火区时,密闭附近不得有人。

⑥灭火应从进风侧进行。为控制火势可采取设置水幕、拆除木支架(不致引起冒顶时)。拆掉一定区段巷道中的木背板等措施防止火势蔓延。

⑦用水灭火时,水流不得对准火焰中心,随着燃烧物温度的降低,逐步向火源中心靠近。灭火时应有足够的风量,使水蒸气直接排入回风道。

⑧扑灭电气火灾,必须首先切断电源。电源无法切断时,严禁使用非绝缘灭火器材灭火。

⑨进风下山巷道着火时,应采取防止火风压造成风流紊乱和风流逆转的措施。

⑩扑灭瓦斯燃烧引起的火灾时不得使用振动性的灭火手段,防止扩大事故。

**(4)处理火灾事故**

处理火灾事故过程中,应保持通风系统的稳定,指定专人检查瓦斯和煤尘,观测灾区气体和风流变化。当瓦斯浓度超过2%并继续上升时,必须立即将全体人员撤到安全地点,采取措施排除爆炸危险。

（5）检查灾区气体

检查灾区气体时，应注意全断面检查瓦斯、氧气浓度，并注意氧气浓度低等因素会导致 $CH_4$、CO 气体浓度检测出现误差。在检测气体时，应同时采集灾区气样。对采集的气样应及时化验分析，校对检测误差。

（6）封闭火区风墙

封闭火区风墙时，应做到以下方面：

①多条巷道需要进行封闭时，应先封闭支巷，后封闭主巷。

②火区主要进风巷和回风巷中的风墙应开有通风孔，其他一些风墙可以不开通风孔。

③选择进风巷和回风巷风墙同时封闭时，必须在建造两个风墙时预留通风孔。封堵通风孔必须统一指挥，密切配合，以最快速度同时封堵。在建造沙袋抗爆墙时，必须遵守该规定。

（7）建造火区风墙

建造火区风墙时，应做到以下方面：

①进风巷道和回风巷道中的风墙应同时建造。

②风墙的位置应选择在围岩稳定、无破碎带、无裂隙巷道断面小的地点，距巷道交叉口不小于 10 m。

③拆掉压缩空气管路、电缆、水管及轨道。

④在风墙中应留设注入惰性气体、灌浆（水）和采集气样测量温度用的管孔，并装上有阀门的放水管。

⑤保证风墙的建筑质量。

⑥设专人随时监测瓦斯浓度的变化。

## 5.3.3　高温下的救护工作

①井下巷道内温度超过 30 ℃时，即为高温，应限制使用氧气呼吸器的连续作业时间。巷道内温度超过 40 ℃时，禁止使用氧气呼吸器工作，但在抢救遇险人员或作业地点靠近新鲜风流时例外；否则，必须采取降温措施。

②为保证在高温区工作的安全，应采取降温措施，改善工作环境。

③在高温作业巷道内空气升温梯度达到 0.5～1 ℃/min 时，矿山救护小队应返回基地，并及时报告井下基地指挥员。

④在高温区工作的指挥员必须做到以下方面：

a. 向出发的矿山救护小队布置任务，并提出安全措施。

b. 在进入高温巷道时，要随时进行温度测定。测定结果和时间应做好记录，有可能时写在巷道帮上。如果巷道内温度超过 40 ℃，小队应退出高温区，并将情况报告救护指挥部。

c. 救人时，救护人员进入高温灾区的最长时间不得超过表 5-1 中的规定。

表 5-1　救护人员进行高温灾区的最长时间值

| 巷道中温度/℃ | 40 | 45 | 50 | 55 | 60 |
|---|---|---|---|---|---|
| 进入时间/min | 25 | 20 | 15 | 10 | 5 |

d. 与井下基地保持不间断的联系,报告温度变化、工作完成情况及队员的身体状况。

e. 发现指战员身体有异常现象时,必须率领小队返回基地,并通知待机矿山救护小队。

f. 返回时,不得快速行走,并应采取一些改善其感觉的安全措施,如手动补给供氧用水冷却头、面部等。

g. 在高温条件下,使用氧气呼吸器工作后,休息的时间应比正常温度条件下工作后的休息时间增加 1 倍。

h. 在高温条件下使用氧气呼吸器工作后,不应喝冷水。井下基地应备有含 0.75% 食盐的温开水和其他饮料。

## 5.3.4　扑灭不同地点火灾的方法

①扑灭进风井口建筑物发生火灾的方法:进风井口建筑物发生火灾时,应采取防止火灾气体及火焰侵入井下的措施。

a. 立即反风或关闭井口防火门;如不能反风,应根据实际情况决定是否停止主要通风机。

b. 迅速灭火。

②回风井筒发生火灾时,风流方向不应改变。为了防止火势增大,应适当减小风量。

③竖井井筒发生火灾时,不管风流方向如何,应用喷水器自上而下地喷洒。只有在确保救护人员生命安全时,才允许派遣救护队进入井间灭火。灭火时,应由上往下进行。

④扑灭井底车场的火灾时,应坚持的原则如下:

a. 当进风井井底车场和毗连硐室发生火灾时,应进行反风、停止主要通风机运转或使风流短路,不使火灾气体侵入工作区。

b. 回风井井底发生火灾时,应保持正常风向,可适当减小风量。

c. 救护队要用最大的人力、物力直接灭火和阻止火灾蔓延。

d. 为防止混凝土支架和砌碹巷道上面木垛燃烧,可在上打眼或破碹,安设水幕。

e. 如果火灾的扩展危及井筒、火药库、变电所、水泵房等关键地点,则主要的人力、物力应用于保护这些地点。

⑤扑灭井下硐室中的火灾时,应坚持的原则如下:

a. 着火硐室位于矿井总进风道时,应反风或使风流短路。

　　b.着火硐室位于矿井一翼或采区总进风流所经两巷道的连接处时,应在可能的情况下采取短路通风,条件具备时也可采用区域反风。

　　c.爆炸材料库着火,有条件时应首先将雷管、导爆索运出,然后将其他爆炸材料运出;否则关闭防火门,救护队撤往安全地点。

　　d.绞车房着火时,应将相连的矿车固定,防止烧断钢丝绳,造成跑车伤人。

　　e.蓄电池机车库着火时,为防止氢气爆炸,应切断电源,停止充电,加强通风并及时把蓄电池运出硐室。

　　f.硐室发生火灾,并且硐室无防火门时,应采取挂风障控制入风,积极灭火。

　　⑥火源在倾斜巷道中时,应利用联络巷等通道接近火源进行灭火。不能接近火源时,可利用矿车、箕斗将喷水器送到巷道中灭火,或发射高倍数泡沫、惰气进行远距离灭火。需要从下方向上灭火时,应采取措施防止落石和燃烧物掉落伤人。

　　⑦采煤工作面发生火灾时,应做到以下方面:

　　a.从进风侧利用各种手段进行灭火。

　　b.在进风侧灭火难以取得效果时,可采取区域反风,从回风侧灭火,但进风侧要设置水幕,并将人员撤出。

　　c.采煤工作面回风巷着火时,应防止采空区瓦斯涌出和积聚造成危害。

　　d.急倾斜煤层采煤工作面着火时,不准在火源上方灭火,防止水蒸气伤人;也不准在火源下方灭火,防止火区塌落物伤人;而要从侧面利用保护台板和保护盖接近火源灭火。用上述方法灭火无效时,应采取隔绝方法和综合方法灭火。

　　e.处理采空区或巷道冒落带火灾时,必须保持通风系统的稳定可靠,检查与之相连的通道,防止瓦斯涌入火区。

## 5.3.5　启封火区

### (1)火区熄灭条件

《煤矿安全规程》第301条规定,封闭的火区,只有经取样化验证实火已熄灭后,方可启封或注销。火区同时具备下列条件时,方可认为火已熄灭。

　　①火区内的空气温度下降到30 ℃以下,或与火灾发生前该区的日常空气温度相同。

　　②火区内空气中的氧气浓度降到5.0%以下。

　　③火区内空气中不含有乙烯、乙炔,一氧化碳浓度在封闭期间内逐渐下降,并稳定在0.001%以下。

　　④火区的出水温度低于25 ℃,或与火灾发生前该区的日常出水温度相同。

　　⑤上述4项指标持续稳定一个月以上。

### (2)火区启封的安全要求

　　①贯彻火区启封措施,逐项检查落实,制定救护队行动安全措施。

　　②启封前,应检查火区的温度、各种气体浓度及密闭前巷道支护等情况;切断回风电源,撤出回风侧人员;在通往回风道交叉口处设栅栏、警示标志,做好重新封闭的准备

工作。

③启封时,必须在使用氧气呼吸器后采取锁风措施,逐段检查各种气体和温度,逐段恢复通风。有复燃征兆时,必须立即重新封闭火区;火区进风端密闭启封时,应注意防止二氧化碳等有害气体溢出。

④启封后 3 d 内,每班必须由救护队检查通风状况,测定水温空气温度和空气成分,并取气样进行分析,只有确认火区完全熄灭时,方可结束启封工作。

### 5.3.6 矿井火灾事故应急救援案例

#### (1)重大火灾事故案例

2012 年 9 月 22 日 4 时 15 分左右,某煤矿十井主井二段 -140 m 运输平巷靠近三段绞车道处顶板冒落,砸破电缆导致电缆短路着火,引发火灾,造成 12 名矿工被困。事故发生后,国家安全生产监督管理总局派出工作组指导应急救援工作。当地各级党委、政府高度重视,有关负责同志赶到事故现场组织指挥抢险救援。调集一支专业救援队伍 275 人,深入井下抢险救援共 39 队次、532 人次,救援方案几经调整,在直接处理灾区冒顶灭火、施工救援通道、打均压气室等多个方案均不可行的情况下,最终采用构筑密闭墙,注液氮、液态二氧化碳灭火降温的方案,经过全体参战人员 18 个昼夜的连续奋战,于 10 月 9 日 23 时搜救出 12 名遇险矿工并运送升井。

#### (2)矿井概述

该矿设计生产能力为 $6×10^5$ t/a,2007 年核定生产能力为 $5×10^5$ t/a,批准开采 11、12、13 号 3 个煤层,开采深度由 +135 m 至 +85 m 标高,现开采 11、12 号煤层,煤层不易自燃,煤尘具有爆炸性,属瓦斯矿井。该矿深部井界标高批准为 +85 m,但矿方私自违法进行主井下延(在 +112 m 标高处打设密闭逃避监管人员检查)至 -12 m 标高处,越界开掘左四片车场,通过石门联通已报废的五采区,非法盗采 4、5、6、7、8 号煤层。该区域采用 11 kW 局部通风机正压供风,由采空区回风至 -75 m 标高处。越界开掘右七片车场,非法盗采 13、14、15 号煤层。该区域通过邻近的某煤矿采空区通风,由本矿采空区回风。事故发生时,越界区域当班七片有两个作业地点生产,四片有三个作业地点生产,事故发生在右七片 15 号煤层 -140 m 运输平巷石门处,波及 15 号煤层 -140 m 运输平巷以下区域。

#### (3)事故直接原因

15 号煤层 -140 m 运输平巷石门口处变压器至馈电开关之间低压橡套电缆被冒落的岩石砸伤,绝缘损坏,造成相间短路,电缆着火,引燃周边可燃物及煤壁,导致火灾事故发生、人员中毒窒息死亡。

#### (4)应急处置和抢险救援

1)企业先期处置

9 月 22 日 5 时 30 分左右,矿长接到当班工人报告后,立即组织人员进行救援,6 时 20 分左右,先后组织 3 批 20 多人带着自救器、灭火器到达着火地点,参与灭火救援。由于火势较大,用灭火器没能扑灭石门联络巷处的明火。通风矿长指挥救援人员接水管从 6 片水仓取水进行灭火。11 时左右,由于着火处顶板冒落片帮,堵塞通往三段的通道,救援人员采取边清理冒落岩石边打支护的办法进行救援,但三段上部车场运输平巷靠三段一侧火仍未扑灭。事故发生后,该矿未按规定向有关部门报告。

2)各级党委、政府应急响应

当地煤炭生产安全管理局接到群众举报后,经核实确认事故并逐级进行了报告。当地市委、市政府主要领导带领市、县相关部门立即赶赴事故现场,成立了抢险救援指挥部,启动了事故抢险应急预案,紧急调动抢险救援设备设施,迅速组织人员开展抢险救援工作。有关部门负责人相继赶到事故现场,对抢险救援等工作做出安排和部署。国家安全生产监督管理总局派出工作组赶到事故现场,指导抢险救援工作。救援指挥部调集 5 支专业救援队伍 275 人,以及液氮和液态二氧化碳等灭火装备材料,并聘请省内外有关专家组成专家组现场指导。

3)救援力量组织调遣

救援指挥部在国家安全生产监督管理总局工作组和省政府领导的指导下,坚持"多管齐下、多措并举、科学施救、同时展开"的原则,认真研究并先后制定了救援方案,包括 5 个措施:一是直接处理火区;二是在火区上方煤柱里施工第二条生命通道;三是向灾区输入足够的新鲜风流;四是在二段绞车道中部施工全煤下山与三段绞车房对透,打通新的生命通道;五是地面打钻给氧。

**(5)应急处置救援总结分析**

1)救援经验

①国家安全生产监督管理总局工作组现场指导,省市主要领导亲临现场指挥救灾工作,聘请省内外专家准确判断、科学决策,及时控制了灾情及火势,为被困人员的成功救出争取了宝贵的时间。

②指挥部制定的方案科学合理,针对现场灾情变化,及时调整救援方案果断采用构筑密闭墙,注液氮、液态二氧化碳及干冰灭火降温的方案,确保救援成功。

③全省各救护大队接到灾情命令后,出动迅速、抢险积极、配合密切、不畏艰险、全力施救,是完成救援任务的关键。

2)存在问题及建议

①救援过程中,违反《矿山救护规程》的规定,使用混合救护小队。在现场条件没有发生变化的情况下,安排救护队重复探查,增加了救护队员的劳动强度和危险。在今后的事故救援时,应严禁使用混合救护小队。

②救援技术装备落后。救灾过程中,有的救护人员没有佩戴全面罩氧气呼吸器,造成指战员眼睛受到高浓度二氧化碳强烈刺激,影响了战斗力。建议所有救护指战员均应配备全面罩氧气呼吸器,提高防护装备的安全性、可靠性。

③矿井生产技术管理薄弱,图纸资料不全、不真实、不准确,影响了指挥部救援方案的制订和救援进度。

④矿井巷道布置不符合《煤矿安全规程》有关规定,没有设置 2 个以上通达地面的安全出口,事故发生后,仅有的一条通道被堵塞,造成遇险人员无法逃生。

⑤多支矿山救护队联合救援时,应成立联合救援指挥部,由事故矿井所在区域的矿山救护队指挥员统一指挥协调各矿山救护队的救援行动,并作为指挥部成员,参与指挥部救援方案的制订。

## 5.4 矿井水灾事故应急救援

### 5.4.1 矿井水灾原因及其预兆

**(1)矿井水灾**

矿井在建设和生产过程中,地面水和地下水通过各种通道涌入矿井,当矿井涌水超过正常排水能力时,就造成矿井水灾。矿井充水水源主要有大气降水、地表水、含水层水、断层水和旧巷或采空区积水等。

**(2)矿井水灾的原因**

矿井水灾事故可以造成矿井生产停滞、人员伤亡、财产损失。造成矿井水灾事故的原因有水文地质条件没有探明、防治水措施不力、违规冒险作业、违规开采防水煤柱等。

**(3)矿井水灾的预兆**

采掘工作面发生透水事故是有规律的。采掘工作面或者其他地点发生透水前,一般都有煤层变湿、挂红、挂汗、空气变冷、出现雾气、水叫、顶板来压、片帮、淋水加大、底板鼓起或产生裂隙、出现渗水、钻孔喷水、底板涌水、煤壁溃水、水色发浑、有臭味等预兆。当采掘工作面出现透水征兆时,应当立即停止作业,报告矿调度室,并发出警报,撤出所有受水威胁地点的人员。在原因未查清、隐患未排除之前,不得进行任何采掘活动。

### 5.4.2 矿井水灾防治原则及综合措施

**(1)防治水十六字原则**

矿井防治水工作应当坚持"预测预报、有疑必探、先探后掘、先治后采"的原则,采取"防堵、疏、排、截"的综合治理措施。防治水十六字原则科学地概括了水害防治工作的基本程序。

①预测预报,是水害防治的基础,是指在查清矿井水文地质条件基础上,运用先进的水害预测预报理论和方法,对矿井水害作出科学的分析判断和评价。

②有疑必探,是根据水害预测预报评价结论,对可能构成水害威胁的区域,采用物探、化探和钻探等综合探测技术手段,查明或排除水害。

③先探后掘,是指先综合探查,确定巷道掘进没有水害威胁后再掘进施工。

④先治后采,是指根据查明的水害情况,采取有针对性的治理措施排除水害威胁隐患后,再安排采掘工程。

**(2)井下防治水综合措施**

①井下防水。合理进行矿井开拓与开采布置,减少涌入矿井的涌水量,为煤层开采

创造安全有利的条件。按规程规定预留一定宽度的防水煤柱,使采掘工作面与地下水源或通道保持一定距离,以防止地下水涌入采掘工作面。

②井下疏干排水。利用钻孔疏排地下水,有计划、有步骤地降低含水层的水位和水压,使地下水局部疏干,为煤层开采创造必要的安全条件。利用巷道和排水系统排水,将地下水汇集到井下水仓中,由此集中排出井外。

③井下探放水。"预测预报、有疑必探、先探后掘、先治后采"是防治矿井水灾的基本原则。矿井采掘工作面探放水应当采用钻探方法,由专业人员和专职探放水队伍使用专用探放水钻机进行施工,严禁使用煤电钻等非专用探放水设备进行探放水。采掘工作面接近水淹或可能积水的井巷、老空或相邻矿山、接近含水层、导水断层、溶洞和导水陷落柱时,必须确定探水线进行探水,经探水确认无突水危险后,方可前进。

④井下截水与堵水。井下截水主要措施有修筑水闸墙和水闸门。水闸门设置在发生涌水时需要截水而平时仍需运输、行人的井下巷道内,它是矿井的重要截水工程。堵水是指将水泥浆或化学浆通过专门钻孔注入岩层空隙,浆液在裂隙中扩散时胶结硬化,起到加固煤系地层和堵隔水源的作用。

**(3)矿井水灾事故救援**

①矿山发生水灾事故时,救护队的任务是抢救受淹和被困人员,恢复井巷通风。

②救护队到达事故矿井后,应了解灾区情况、水源、事故前人员分布、矿井有生存条件的地点及进入该地点的通道等,并分析计算被堵人员所在空间体积,$O_2$、$CO_2$、$CH_4$ 浓度,计算出遇险人员最短生存时间。根据水害受灾面积、水量和涌水速度,提出及时增大排水设备能力、抢救被困人员的有关建议。

③救护队在侦察中,应探查遇险人员位置,涌水通道、水量、水的流动线路,巷道及水泵设施受淹程度,巷道冲坏和堵塞情况,有害气体($CH_4$、$CO_2$、$H_2S$ 等)浓度及在巷道中的分布和通风状况等。

④采掘工作面发生水灾时,救护队应首先进入下部水平救人,再进入上部水平救人。

⑤救助时,被困灾区人员,其所在地点高于透水后水位时,可利用打钻、掘小巷等方法供给新鲜空气、饮料及食物,建立通信联系;如果其所在地点低于透水后水位时,则禁止打钻,防止泄压扩大灾情。

⑥矿井涌水量超过排水能力,全矿和水平有被淹危险时,在下部水平人员撤出后,可向下部水平或采空区放水;如果下部水平人员尚未撤出,主要排水设备受到被淹威胁时,可用装有黏土、沙子的麻袋构筑临时防水墙,堵住泵房口和通往下部水平的巷道。

## 5.4.3　矿井水灾事故应急救援案例

### (1)重大透水事故

2010 年 3 月 28 日 13 时 12 分,某矿在基建施工中发生透水事故,当班井下共有作业人员 261 人,其中 108 人脱险升井,153 人被困井下。事故发生后,党中央、国务院高度重视,作出一系列重要指示批示,指挥部署救援工作。国家安全生产监督管理总局、国家煤矿安全监察局主要领导带领工作组迅速赶到事故现场指导协助抢险救援。当地省委、省政府主要领导带领有关部门和企业负责人及时组织开展抢险救援。各有关方面认真落实党中央、国务院的决策部署,按照"排水救人、通风救人、科学救人"的救援方针和方案,不抛弃、不放弃,周密组织、排除困难、全力施救。经全体救援人员历时 8 天 8 夜的艰苦奋战,4 月 5 日,115 名被困矿工成功获救。至 4 月 25 日,38 名遇难人员全部找到,井下抢险救援工作结束。

**(2)矿井概述**

矿井设计生产能力 6 Mt/a,采用平硐和斜井开拓方式布置,设计分 2 个水平开采,按高瓦斯矿井设计,先期开采 2 个工作面。矿井于 2007 年 1 月 16 日开工建设,计划于 2010 年 10 月投产。该矿区范围内小窑开采历史悠久,事故发生前该矿井田内及相邻范围内共有小煤矿 18 个。

发生事故的煤矿 20101 首采工作面回风巷于 2009 年 11 月 10 日开工,截至事故发生时已掘进 797.8 m。采用直流电法、瑞利波物探方法进行井下超前探水。

**(3)事故直接原因**

该矿 20101 回风巷掘进工作面附近小煤窑老空区积水情况未探明,且在发现透水征兆后未及时采取撤出井下作业人员等果断措施,掘进作业导致老空区积水透出,造成透水事故。

**(4)应急处置和抢险救援**

1)企业先期处置

3 月 28 日 14 时 5 分,项目部经理向矿区建设指挥部进行了汇报,矿区建设指挥部立即向当地煤矿安全监察局进行了汇报。随后,逐级向上级有关部门报告。

收到透水事故报告后,有关部门立即启动应急救援预案,成立了抢险救援指挥部,就近调集 200 名职工驰援。同时,开启了井下所有通风和压风系统,并安排专人看护,保证系统正常运转。

接到事故报告后,各公司主要负责人立即带领有关人员赶到现场,及时调集救援队伍携带物资、设备迅速赶往事故现场,实施抢险救援。

2)各级党委、政府应急响应

党中央、国务院高度重视。要采取有力措施,千方百计抢救井下人员,严防发生次生事故。当务之急是全力以赴救人,要尽快摸清井下情况,加大排水力度。要组织协调各方面力量,采取一切措施,抢时间、争速度,全力以赴救人。

紧急赶赴事故现场,指导事故抢险救援工作。国家安全生产监督管理总局局长,国家煤矿安全监察局局长、副局长立即率领工作组于 3 月 28 日 22 时 20 分赶到事故现场,指导事故抢险救灾工作。

3)救援力量组织调遣

各级政府及相关部门立即启动应急救援预案。救援、医疗队伍迅速赶赴事故现场投入抢险救灾。各煤业集团公司主要负责人带领专业施工队伍,组成抢险救援突击队分系统开展施工救援。3 月 28 日 14 时 55 分至 29 日 3 时,各救援大队集结专业救援队伍共 300 余名救援人员相继赶到事故现场投入抢险救灾。

由医护人员、救护车组成的医疗队,以及当地驻军、武警官兵、公安干警组成的维护矿区秩序稳定和后勤保障队伍迅速向事故现场集结。参加此次抢险救援的人员达 5 500 人,仅事故现场就有 3 600 人,分别承担安装管道、水泵以及供电、排水、井下安全监护、探查搜救、医疗救治、后勤保障等任务。各方面救援力量各负其责,密切配合,形成了强大的抢险救援合力,确保了抢险救援工作顺利进行。

**(4)应急处置救援总结分析**

1)救援经验

科学施救是成功救援的重要前提。抽水救人是救人的最佳途径和最有效的办法。以最快的速度、最短的时间抽出积水成为救人的关键。指挥部紧紧抓住这一关键环节,短时间内调动、安装了大量排水设备并组织了强有力的安装队伍,为成功救援奠定了坚实基础。通风救人——为被困人员提供足够的氧气,保障生存条件。指挥部采取措施开启 7 台压风机向井下巷道供压风,为被困人员输送氧气。同时,向可能有人员生存的巷道打通地面垂直钻孔,形成了抢险救援的信息孔、通风孔、生命孔,为抢险救援赢得了宝贵时间,创造了有利条件。科学救人——科学施救是成功救援的重要保障。大型水泵排水、多台小型水泵并联排水、临时水仓倒水、打钻孔放水,压风供氧、打钻通风、恢复通信、提供营养液、潜水员入井侦察、皮划艇入井救援、设立井下指挥部、领导干部亲自带队施工安装、一人一救护等一系列有效措施无不体现出科学决策的重要性和正确性。

2)救援方案

被困矿工积极组织自救,为成功获救创造了机会。被困矿工集中智慧商讨决定打开封闭的联络巷道,将辅助运输大巷与运输大巷联通,使被困人员会合在一起,进入更高、更安全的地点。安排专人不间断检查瓦斯,掌握气体情况。轮流开启矿灯,延长照明时间。将井下水沉淀后饮用。在 2 号钻孔与井下打通后,通过敲击钻杆、捆绑铁丝向地面传递生命信息。躲在顶梁上的矿工为防止睡着了掉入水中,用裤带或撕碎的衣服把自己吊在巷道横梁上。大家通过各种自救、互救方式,为最终获救创造了机会。

3)存在问题及整改措施

①该矿施工安全措施不落实,应急管理不到位,工作面出现透水征兆后,没有按照规定采取停止作业、立即撤人等果断有效的应急措施。

②安全和应急知识培训不到位,未对职工进行全员安全培训,新到职工未培训就安排上岗作业。

③矿山企业应建立完善安全生产动态监控及预警预报体系,强化应急物资和紧急运输能力储备,提高应急处置效率。

④进一步加强应急救援知识培训和开展应急救援预案演练,赋予企业生产现场带班人员和调度人员在遇到险情时有权立即组织停产撤人,最大限度地防止人员伤亡。

## 5.5 煤与瓦斯突出事故应急救援

煤与瓦斯突出事故发生后,会产生大量的有害气体并喷出大量的煤矸石,有害气体由突出点向回风和进风巷道蔓延,喷出的煤矸石会堵塞巷道,瞬间涌出大量瓦斯形成冲击气浪破坏通风系统,改变风流方向,并使井下巷道空气中的含氧量急剧下降。在通风不正常的情况下,可使受影响区的工作人员因缺氧而窒息,甚至可能造成大量人员死亡。在突出点附近的人员,由于突出大量的煤矸石,可能会被煤流卷走埋住。当发生大型高强度的突出事故时,高浓度的瓦斯常常冲出井口,若井口有火源,则可能引起大型瓦斯燃烧事故,对矿井安全产生很大威胁。

### 5.5.1 煤矿事故隐患分类

**(1)隐患分级分类**

1)瓦斯喷出

瓦斯喷出是指大量瓦斯从煤体或岩体裂隙、孔洞或炮眼中异常涌出的现象。

2)瓦斯喷出分类

瓦斯喷出是高压瓦斯引起的动力现象。根据喷出瓦斯裂缝呈现原因不同,可将瓦斯喷出分为地质来源的瓦斯喷出和采掘卸压形成的瓦斯喷出两类。

3)瓦斯喷出的特点

当煤层或者岩层中存在着大量的高压游离瓦斯时,采掘工作面接近或者沟通这些区域时高压瓦斯就会像喷泉一样沿裂隙或者裂缝中喷出。瓦斯喷出能够使工作面或井巷充满瓦斯造成瓦斯窒息与爆炸条件;能够破坏通风系统,造成风流紊乱,甚至风流逆转。瓦斯喷出前常有预兆,如风流中的瓦斯浓度增加,或忽大忽小,"咝咝"地喷出声,顶底板来压的轰鸣声,煤层变湿、变软等。

4)瓦斯喷出的预防与处理

要根据瓦斯喷出量的大小和瓦斯压力高低来确定。通过分析总结,可以归纳为"探、抽、引、堵"4类方法。"探"就是探明地质构造与瓦斯情况;"抽"就是抽采或排放瓦斯;"引"就是把瓦斯引至总回风巷道内或工作面后方20 m以外的区域;"堵"就是将裂隙、裂缝等瓦斯喷出通道堵住,不让瓦斯继续喷出。

**(2)煤与瓦斯突出**

1)煤与瓦斯突出

煤(岩)与瓦斯(二氧化碳)突出是指在地应力和瓦斯(二氧化碳)气体压力的共同作用下,破碎的煤和瓦斯(二氧化碳)瞬间由煤体(岩体)内突然喷出到采掘空间的现象。突出是指煤与瓦斯突出、煤的突然倾出、煤的突然压出、岩石与瓦斯突出的总称。

2)按煤与瓦斯突出强度分类

①按照突出强度可以将煤与瓦斯突出强度分为小型突出、中型突出、次大型突出、大型突出、特大型突出5类。

②小型突出:突出煤(岩)量小于50 t。

③中型突出:突出煤(岩)量在50(含50)~100 t。

④次大型突出:突出煤(岩)量在100(含100)~500 t。

⑤大型突出:突出煤(岩)量在500(含500)~1 000 t。

⑥特大型突出:突出煤(岩)量大于或等于1 000 t。

3)煤与瓦斯突出的危害

煤与瓦斯突出是一种破坏性极强的动力现象,常发展成较大型事故。由于强大的能量释放,能摧毁井巷设施,破坏通风系统,造成人员窒息甚至引发火灾和瓦斯、煤尘爆炸等二次事故,产生严重后果。

4)煤与瓦斯突出的预兆

①有声预兆。煤层在变形过程中发出劈裂声、爆竹声、闷雷声,间隔时间不一,在突出瞬间常伴有巨雷般的响声;支架受力发出嘎嘎声音甚至折裂声音。

②无声预兆。煤结构变化,层理紊乱、煤体松软、强度降低、暗淡无光泽、厚度变化、倾角变陡、出现挤压褶曲、煤体断裂等;瓦斯涌出异常,忽大忽小、煤尘增大、气温异常、气味异常,打钻喷瓦斯、喷煤粉并伴有哨声、蜂鸣声等;地压显现,岩煤开裂掉渣、底鼓、岩煤自行剥落、煤壁颤动、钻孔变形等。

5)煤与瓦斯突出规律

①突出发生在一定的采掘深度以后。

②突出受地质构造影响,呈明显的分区分带性。

③突出受巷道布置、开采集中应力影响。

④突出主要发生在各类巷道掘进过程中。

⑤突出煤层大都具有较高的瓦斯压力和瓦斯含量。

⑥突出煤层原生结构破坏、强度低、软硬相间,瓦斯放散速度高。

⑦大多数突出发生在爆破和破煤工序时。

⑧突出前常有预兆发生,包括有声和无声预兆。

⑨清理瓦斯突出孔洞及回拆支架又会导致再次发生煤与瓦斯突出。

6)综合防突措施

突出矿井应当根据实际状况和条件,制定区域综合防突措施和局部综合防突措施。

①区域防突措施。区域防突措施是指在突出煤层进行采掘前,对突出煤层较大范围采取的防突措施。主要包括开采保护层和预抽煤层瓦斯两类。开采保护层是预防突出最可靠、最有效、最经济的措施。预抽煤层瓦斯防突的实质是通过一定时间的预先抽采瓦斯,降低突出危险煤层的瓦斯压力和瓦斯含量,并由此引起煤层收缩变形、地应力下降、煤层透气系数增加和煤的强度提高等效应,使被抽采瓦斯的煤体丧失或减弱突出危险性。

开采保护层分为上保护层和下保护层两种方式。预抽煤层瓦斯可采用的方式有地面预抽煤层瓦斯以及井下穿层钻孔或顺层钻孔预抽煤层瓦斯等。

②局部防突措施。局部防突措施是指在突出煤层进行采掘前,对突出煤层较小范围采取的可使局部区域消除突出危险性的措施。主要包括远距离爆破、水力冲孔、金属骨架、煤体固化、注水湿润煤体或其他经试验证实有效的防突措施。

### 5.5.2 煤与瓦斯突出事故救援

**（1）救护队任务**

处理突出事故时，矿山救护队的主要任务是抢救人员、恢复通风以及扑灭突出引起的火灾。

**（2）侦察任务**

①查清遇险人员数量及分布情况。

②查清通风系统和通风设施破坏情况。

③查清突出的位置、突出堆积物状态、巷道堵塞情况、瓦斯及氧气浓度、突出波及范围。

④发现火源后立即扑灭。

⑤发现遇险人员应及时抢救，为其佩戴自救器或 2 h 氧气呼吸器，引导出灾区。

⑥对于被突出的煤困在里面的人员，应先利用压风管路、打钻等输送新鲜空气，并组织力量清除阻塞物救人。如不易清除，可绕道开掘或打大钻孔，将人救出。

**（3）处理突出事故时的注意事项**

①检查全小队的矿灯是否合格，进入灾区后不要随便扭动矿灯开关或灯盖。

②不间断地检查瓦斯浓度，及时向指挥部报告。

③设立安全岗哨，禁止不佩戴氧气呼吸器的人员进入灾区。

④发现突出点情况异常可能二次突出时，立即将人员撤出。

**（4）处理突出事故的方法**

一般小突出瓦斯涌出量不大，也未引起火灾，除局部灾区由救护队处理外，在通风正常区内矿井通风安全人员可参与抢救工作。但大型、特大型突出（或涌出量大）、灾区范围广（或发生火灾）时，还应通知附近局、矿救护队迅速赶赴现场，协助抢救工作。

①救护队接到通知后，应以最快速度赶到事故地点，以最短路线进入灾区抢救遇险人员。回采工作面突出应由两个小队分别从进、回风巷道进入灾区。灾区进、出口应设岗哨，禁止未佩戴氧气呼吸器的人员进入。

②救护队进入灾区应保持原有通风状况，不得停风或反风。回风堵塞引起瓦斯逆流时，应尽快疏通并恢复正常通风。如反向风门受损，大量瓦斯仍侵入进风时，应迅速堵好，缩小灾区范围。

③进入灾区前，是否停电应根据井下实际情况而定。如进入灾区发现电源未切断不得在瓦斯超限的地方切断电源，应在远离灾区的安全地点切断电源。如瓦斯涌出量大，少量瓦斯已侵入主要水泵房，切断电源会使主要水泵房断电，断电会引起淹井危险时应加强通风，使电气设备附近不产生瓦斯积聚，并做到通风设备不停电、停电设备不送电，直到迅速恢复正常通风后，电气设备才能正常运转。

④处理煤与瓦斯突出事故时，矿山救护队必须携带瓦斯检定器，严密监视瓦斯的变化。为了及时抢救遇险人员，应准备一定数量的化学氧自救器、压缩氧自救器或 2 h 氧气呼吸器。发现遇险人员立即抢救，能行动的佩戴自救器引出灾区，不能行动的则救出

灾区,不能自主呼吸的应迅速救出或创造供风条件就地苏醒。如遇险人员过多,一时无法救出,则就近用风障隔成临时避灾区,用压风管通风或拆开风筒供风,在避灾区进行苏醒,再分批转运到安全地点。

⑤救护队进入灾区,应特别观察有无火源,发现火源应立即组织灭火。灭火时必须严格掌握通风与瓦斯变化情况,防止瓦斯接近爆炸范围引起爆炸。火灾严重时,应用综合灭火法或惰气灭火。

⑥灾区中发现突出煤矸堵塞巷道,使被堵塞区内人员安全受到威胁时,应采用一切办法扒开堵塞物,或用插板法架设一条小断面通道,救出被困人员。在未挖通前,应利用压风管路、其他管道或打钻孔向堵塞区内供风。

⑦清理时,对埋入突出物中的人员,应分析其可能避险的位置,并尽快找出。如堆积物过多,应根据具体情况恢复通风,由救护队监护,采掘人员清理,并在清理接近突出点时,制定防止再次突出的措施,遇异常情况立即撤人。

⑧在灾区或接近突出区工作时,瓦斯变化异常,应严加监视。矿灯必须完好、工具均应防爆,在摩擦撞击下不会产生火花。严禁敲打矿灯,用防爆工具扒矸石,用防爆锤钉打等。在清理中还应注意雷管、炸药,防止爆炸。

⑨煤层有自燃发火危险时,发生突出后要及时清理。清理时要防止煤尘飞扬,防止清理时出现火源,并要防止再次突出。对突出洞应充填,空洞过大不能充填或注浆的应密闭后注浆,隔绝供氧。空间过大的孔洞,不应从洞内大量放出松散煤体,以免孔壁垮塌再次诱发突出。

⑩恢复突出区通风时,应以最短的路线将瓦斯引入回风巷,回风井口 50 m 范围内不得有火源,并设专人监视。

## 5.5.3　煤与瓦斯突出事故应急救援案例

### (1)重大煤与瓦斯突出事故

2010 年 3 月 31 日 19 时 20 分左右,某煤业公司二煤 1102 上副巷掘进工作面发生煤与瓦斯突出,由于专用回风巷堵塞,导致突出的高压高浓度瓦斯无法从回风系统排出,持续涌出经副斜井井口到达地面遇明火发生爆炸和大火,造成 44 人遇难(其中:井下 39 人,地面 5 人),6 人下落不明,31 人遇险。事故发生后,党中央、国务院高度重视,作出重要指示批示;国家安全生产监督管理总局、国家煤矿安全监察局有关负责人带领工作组赶赴事故现场,指导协助抢险救援等工作;当地省委、省政府及时成立了抢险救援指挥部,组织协调有关方面全力开展事故抢救、伤员救治、被困人员核查等工作。共调集 6 个地区、4 个县市的救护大队 6 支,独立救护中队 4 支,救护小队 29 支,救护人员325 人。救援人员在矿井图纸资料不全、被困人员不清的情况下,快速清理出生命通道,扑灭了副井明火,恢复了部分巷道通风,恢复巷道 3 970 m,清理巷道突出物 1 100 多 t,施工密闭 4 道,历时 12 天,成功救援遇险人员 31 名、井下遇难人员 39 名。

### (2)矿井概述

该煤业公司属技术改造矿井,民营企业。事故发生时,该矿设计方案尚未批复,没有取得安全生产许可证和煤炭生产许可证。该矿设计生产能力 $1.5×10^5$ t/a，为煤与瓦斯突出矿井。矿井采用斜井开拓，单一水平开采有三条井筒，中央并列式通风，通风方法为抽出式，主、副斜井进风，回风井回风。同时开采二2煤和一7煤，为方便开采两层煤就近布置巷道。

**(3) 事故直接原因**

该矿违法在二煤1102工作面回风巷工作面掘进，由于区域和局部综合防突措施不落实，在施工瓦斯排放钻孔时诱发煤与瓦斯突出；突出的瓦斯逆流至副斜井井口，遇明火发生爆炸，并引起瓦斯燃烧。

**(4) 应急处理和抢险救援**

1) 企业先期处置

当地煤炭生产安全管理局接到事故报告后，立即召请矿山救护队（该矿救护服务协议签订单位）迅速出动3个小队28人于3月31日22:00到达该矿副斜井。国家煤矿安全监察局接到事故报告后，立即命令局救援指挥中心启动应急救援预案，就近调动登封、新安救护队先期赶赴事故矿井，同时电话通知救援中心、召请一支救护队为待机队，随时做好出动准备。

有关人员赶赴事故现场全力组织抢险救援工作，同时开展伤员救治、人数核查和善后工作，部署缉拿逃逸矿主并启动了行政问责机制。现场成立了有关部门主要负责人为成员的事故抢险指挥部，下设现场抢险组、事故调查组、善后处理组、医疗救护组、对外宣传组、现场保卫组、后勤保障组7个工作组，立即开展各项工作。

2) 各级党委、政府应急响应

党中央、国务院高度重视，要求千方百计抢救遇险被困人员，迅速查明事故原因，切实做好善后工作，依法依规严肃处理责任人。国家安全生产监督管理总局副局长和国家煤矿安全监察局局长、副局长赶赴事故现场，指导协助地方政府进行抢险救援等工作。

3) 救援力量组织调遣

2010年4月1日，指挥部调集矿山救援中心52人以及各救护大队200多名指战员、300多名矿工以及驻地解放军、武警部队、公安干警、消防队员投入抢险救灾工作。为加强现场抢险救援力量，调集国有大矿救护队，全力以赴抢险救援；组织得力医护力量，认真做好受伤人员的医疗救治和升井人员的康复检查，全力保障矿工身心健康；组织专门工作小组，对伤亡人员家属实行一对一的衔接，切实做好安抚和善后处理工作，确保矿区和社会稳定；统一信息汇总发布渠道，及时准确、公开透明地向媒体公布事故救援进展情况。组成6人专家组，强化对事故抢险救援的技术支撑。

**(5) 应急处置救援总结分析**

1) 救援经验

①侦察到位，情况准确。接到侦察任务后，各救护队精心组织，严格按照指挥部的要求，认真组织侦察，准确提供了第一手资料，为指挥部制定正确施救方案提供了科学依据。

②方案正确,措施得力。本次事故处理中,指挥部制定了正确的方案和安全技术措施,为安全救援提供了可靠保证。

③抢救快速,科学施救。31 名遇险人员的生还,一是得益于组织有序的救援,二是得益于井下主要作业地点通信线路的畅通,三是得益于压风管路的畅通。

④高泡灭火,抑制火灾。副斜井瓦斯燃烧烧断串车钢丝绳形成跑车碰撞巷道造成多处冒顶。副斜井巷道坡度在 28°～32° 之间,串车造成的冒顶比较严重,有的冒顶高达 2～3 m,救护队员使用呼吸器处理冒顶比较困难。通过发射高倍数泡沫灭火,虽不能完全把冒顶中间火灾扑灭,但可降低巷道温度,稀释排放巷道中有害气体浓度,为尽快进入副斜井侦察抢救创造了条件,并成功从副斜井上部抢救出了 10 名遇难人员,提高了救援科学性,加快了救援进度。

⑤利用生命探测仪寻找遇险人员。救护队用生命探测仪对遇险人员进行搜寻,没有发现生命迹象。结合检测气体情况,判断不具备人员生存的条件,指挥部因此将抢救的重点转移到主斜井,为成功救援赢得了宝贵的时间。

2)存在问题

①矿方安全管理混乱。矿方不能提供详细的巷道分布情况,数据不准,直接影响处理方案及安全措施的制订。矿难发生后,由于矿长和县政府派驻的驻矿安监员逃逸,地面存放有关入井人员资料的矿灯房被完全损毁,加之企业用工混乱,入井人数由包工头确定,企业没有统一的人员调度安排,没有花名册、工资册、职工档案、劳动合同等,严重影响了人员核查工作进度。

②现场秩序混乱,救援环境差。事故处理过程中经常出现群众过激行为,影响事故应急处置和救援进程。

③指挥程序有待进一步理顺和规范。救护队是一支处理事故的专业型救援队伍,按照《煤矿安全规程》和《矿山救护规程》规定,救护队一切行动应统一指挥,其他机构和个人不得随意指挥,这样才能确保救援行动科学安全、高效。

## 5.6　中毒与窒息事故应急救援

### 5.6.1　煤矿事故隐患分类

**(1)中毒与窒息**

矿山作业主要存在氮氧化物、二氧化碳、一氧化碳、硫化氢、氨甲烷等有害气体。

**(2)中毒**

人体过量或大量接触化学毒物,引发组织结构和功能损害、代谢障碍而发生疾病或死亡者,称为中毒。

**(3)窒息**

因外界氧气不足或其他气体过多或者呼吸系统发生障碍而呼吸困难甚至呼吸停止,称为窒息。

**(4)窒息性气体**

窒息性气体是指经吸入使人体产生缺氧而直接引起窒息作用的气体。主要致病环节都是引起人体缺氧。依其作用机理可分为以下两大类：

①单纯窒息性气体。其本身毒性很低或属惰性气体，如氮气、甲烷、二氧化碳、水蒸气等。

②化学窒息性气体。吸入能与血液或组织产生特殊的化学作用，使血液运送氧的能力或组织利用氧的能力发生障碍引起组织缺氧或细胞内"窒息"的气体。

化学窒息性气体依据中毒机制的不同分为以下两类：

a. 血液窒息性气体。如一氧化碳等，这类气体可阻碍血红蛋白与氧的结合，影响血液氧的运输，从而导致人体缺氧，发生窒息。

b. 细胞窒息性气体。如硫化氢等，这类气体主要是抑制细胞内的呼吸酶，从而阻碍细胞对氧的利用，使人体发生细胞内"窒息"。

## 5.6.2 氮氧化物

氮氧化物包括一氧化二氮（$N_2O$）、一氧化氮（NO）、二氧化氮（$NO_2$）、三氧化二氮（$N_2O_3$）、四氧化二氮（$N_2O_4$）和五氧化二氮（$N_2O_5$）等多种化合物。除二氧化氮以外，其他氮氧化物均极不稳定，遇光、湿或热变成二氧化氮及一氧化氮，一氧化氮又变为二氧化氮。氮氧化物是矿山生产中最常见的刺激性气体之一，在生产中接触并引起职业中毒的常是混合物，主要是一氧化氮和二氧化氮，以二氧化氮为主。

**(1)主要来源**

矿山作业场所氮氧化物的来源主要有以下 3 个方面：

①井下采掘爆破作业产生的烟气中含有大量的氮氧化物。

②矿山井下意外事故，如发生火灾时可能产生氮氧化物。

③矿山开采、掘进、运输等柴油机械设备工作尾气排放氮氧化物。

**(2)急性中毒**

吸入氮氧化物气体当时可无明显症状或有眼及上呼吸道刺激症状，如咽部不适、干咳等。常经 6~7 h 潜伏期后出现迟发性肺水肿、急性呼吸窘迫综合征。可并发气胸及纵隔气肿。肺水肿消退后两周左右出现迟发性阻塞性细支气管炎而发生咳嗽、进行性胸闷、呼吸窘迫及发绀。少数患者在吸入气体后无明显中毒症状而在两周后发生以上病变，血气分析显示动脉血氧分压降低，胸部 X 线片呈肺水肿的表现或两肺满布粟粒状阴影。氧气中如一氧化氮浓度高可致高铁血红蛋白症。二氧化氮中毒症状与浓度的关系见表 5-2。

表 5-2 二氧化氮中毒症状与浓度的关系表

| 二氧化氮浓度（体积）/% | 主要症状 |
|---|---|
| 0.004 | 2~4 h 内出现咳嗽症状 |
| 0.006 | 短时间内感到喉咙刺激、咳嗽、胸痛 |
| 0.01 | 短时间内出现中毒症状、神经麻痹、严重咳嗽、恶心、呕吐 |
| 0.025 | 短时间内可能出现死亡 |

（3）应急处置

①处理氮氧化物急性中毒事故时，救护队的主要任务是救助遇险人员，加强通风，监测有毒、有害气体。

②对独头巷道、独头采区或采空区发生的氮氧化物急性中毒事故，在救护过程中，应分析并确认没有气体爆炸危险情况下，采用局部通风的方式，稀释该区域的氮氧化物浓度。

③救护小队进入炮烟事故区域，应不间断地与救护基地保持通信联系。如果救护小队有一人出现体力不支或者呼吸器氧气压力不足时，全小队应立即撤出事故区域，返回基地。

④氮氧化物急性中毒后应迅速脱离现场至空气新鲜处立即吸氧。对密切接触者观察 24 ~ 72 h。

⑤及时观察胸部 X 线变化及血气分析对症支持治疗。

⑥积极防治肺水肿，给予合理氧疗。

⑦保持呼吸道通畅，应用支气管解痉剂，肺水肿发生时给去泡沫剂，必要时作气管切开机械通气等。

⑧早期、适量、短程应用糖皮质激素，短期内限制液体输入量。

⑨合理应用抗生素。脱水剂及吗啡应慎用，强心剂应减量应用。

⑩出现高铁血红蛋白症时可用 1% 亚甲蓝 5 ~ 10 mL 缓慢静注，对症处理。

（4）预防措施

①加强矿井通风，保证通风系统畅通，将氮氧化物浓度稀释到 0.000 25% 以下。

②掘进工作面使用的局部通风机必须配备同等能力备用风机，并能自动切换。

③井下掘进工作面实施爆破作业，局部通风机风筒出风口距工作面的距离不得大于 5 m，风筒末端出口风量不得小于 40 $m^3$/min。

④爆破前，班组长必须亲自布置专人在警戒线和可能进入爆破地点的所有通路上担任警戒工作。警戒人员必须在安全地点警戒。警戒线处应设置警戒牌、栏杆或拉绳。

⑤爆破时，所有作业人员必须撤到新鲜风流中，并在回风侧挂警戒牌。

⑥爆破后，所有人员应至少等待 30 min，待工作面炮烟被吹散以后，方可进行复工检查。

⑦爆破前后必须对爆破地点 20 m 范围内进行洒水。

⑧加强个体防护，佩戴合格的个体防护用品。

## 5.6.3　一氧化碳

一氧化碳，分子式 CO，是无色、无臭、无味、无刺激性、含剧毒的无机化合物气体。标准状况下气体密度为 1.25 g/L，比空气略轻。难溶于水，但易溶于氨水。熔点 -207 ℃，沸点 -191.5 ℃。空气混合爆炸极限为 12.5% ~ 74%。一氧化碳是含碳物质不完全燃烧的产物。

**（1）主要来源**

在矿山生产中一氧化碳主要产生于采掘工作面爆破作业、矿井火灾煤层自燃、瓦斯爆炸事故、煤尘爆炸事故等。

**（2）主要危害**

人体吸入一氧化碳后会结合血红蛋白生成碳氧血红蛋白，碳氧血红蛋白不能提供氧气给身体组织，这种情况称为血缺氧。质量浓度低至 $6.67 \times 10^{-4}$ mg/m³ 可能会导致高达 50% 人体的血红蛋白转换为氧合血红蛋白，可能会导致昏迷和死亡。

**（3）中毒症状**

常见的一氧化碳中毒症状有头痛、恶心、呕吐、头晕、疲劳、虚弱感觉、视网膜出血，出现异常的樱桃色血液。同时，长时间暴露在一氧化碳中可能严重损害心脏和中枢神经系统，留下后遗症。一氧化碳中毒症状表现在以下 3 个方面：

1）轻度中毒

中毒人员可出现头痛、头晕、失眠、视物模糊、耳鸣、恶心、呕吐、全身乏力、心动过速、短暂昏厥。血中碳氧血红蛋白含量达 10%～20%。

2）中度中毒

除上述症状加重外，口唇、指甲、皮肤黏膜出现樱桃红色，多汗，血压先升高后降低，心率加速，心律失常，烦躁，一时性感觉和运动分离。症状继续加重，出现嗜睡、昏迷。血中碳氧血红蛋白在 30%～40%，经及时抢救，可较快清醒，一般无并发症和后遗症。

3）重度中毒

中毒人员迅速进入昏迷状态。初期四肢肌张力增加或有阵发性强直性痉挛；晚期肌张力显著降低，中毒人员面色苍白或青紫，血压下降，瞳孔散大，最后因呼吸麻痹而死亡。经抢救存活者可有严重并发症及后遗症。中、重度中毒人员有神经衰弱、震颤麻痹、偏瘫、偏盲、失语、吞咽困难、智力障碍、中毒性精神病或去大脑强直。部分患者可发生继发性脑病。一氧化碳中毒症状与浓度的关系见表 5-3。

表 5-3 一氧化碳中毒症状与浓度的关系表

| 一氧化碳浓度（体积）/% | 主要症状 |
|---|---|
| 0.005 | 健康成年人可以承受 8 h |
| 0.02 | 健康成年人 2～3 h 后，轻微头痛、乏力 |
| 0.04 | 健康成年人 1～2 h 内前额痛，3 h 后威胁生命 |
| 0.08 | 健康成年人 45 min 内，眼花、恶心等，2 h 内失去知觉，2～3 h 内死亡 |
| 0.16 | 健康成年人 20 min 内头疼、眼花、恶心，1 h 内死亡 |
| 0.32 | 健康成年人 5～10 min 内头疼、眼花、恶心，25～30 min 内死亡 |
| 0.64 | 健康成年人 1～2 min 内头疼、眼花、恶心，10～15 min 内死亡 |
| 1.28 | 健康成年人 1～3 min 内死亡 |

**（4）紧急处理步骤**

①将中毒人员移到新鲜通风处，并松开衣服，保持仰卧姿势。

②将中毒人员头部后仰,使气道畅通。

③中毒人员如有呼吸,要以毛毯或衣物保温,迅速就医。

④中毒人员如无呼吸,要施行人工呼吸,同时呼叫救护车。

（5）应急处置

①迅速脱离现场至空气新鲜处。

②保持呼吸道通畅。如呼吸困难,给予输氧。

③呼吸、心跳停止时,立即进行人工呼吸和胸外心脏按压术,并迅速送医院救治。

④呼吸系统防护:空气中浓度超标时,佩戴自吸过滤式防毒面具(半面罩)。紧急事态抢救或撤离时,建议佩戴空气呼吸器、一氧化碳过滤式自救器。

⑤眼睛防护:一般不需特殊防护,高浓度接触时可戴安全防护眼镜。

⑥身体防护:穿防静电工作服。

⑦手防护:戴一般作业防护手套。

（6）低浓度一氧化碳对人体的影响

经医学研究证明,长期接触低浓度一氧化碳可能对人体健康造成两个方面的影响:

①神经系统。长期接触低浓度一氧化碳的人员多出现头晕、头痛、耳鸣、乏力、睡眠障碍、记忆力减退等脑衰弱综合征的症状,神经行为学测试可发现异常。

②心血管系统。心电图可出现心律失常、右束支传导阻滞等异常。在低浓度一氧化碳的长期作用下,心血管系统有可能受到不利影响。其与血红蛋白结合能力为氧气的 200 倍。

（7）防治措施

①加强机械通风。通过机械通风措施将一氧化碳浓度稀释到 0.002 4% 以下。

②加强检查。应用各种仪器或矿井安全监控系统监控井下一氧化碳的动态,以便及时采取相应的措施。

③设立警示标识。密不通风的旧巷口要设置栅栏,并悬挂"禁止入内"的警示牌,若要进入这些旧巷道,必须先进行检查,当确认对人体无害时方能进入。

④喷雾洒水。当工作面有二氧化碳释放时,可使用喷雾洒水的方法使其溶于水中。

⑤加强个体防护。进入高浓度一氧化碳的工作环境时,需要佩戴特制的防毒面具,两人同时工作,以便监护和互助。

## 5.6.4　二氧化碳

二氧化碳是空气中常见的化合物,由碳与氧反应生成。分子式为 $CO_2$,分子量为 44.01,密度为 $1.8 \ kg/m^3$,常温下为一种无色无味气体,密度比空气大,能溶于水,与水反应生成碳酸。固态二氧化碳压缩后称为干冰。二氧化碳比空气重,在低洼处的浓度较高。

（1）主要来源

在矿山生产中二氧化碳主要产生于煤和有机物的氧化、人员呼吸、碳酸性岩石分解、采掘工作面爆破作业、煤层自燃、瓦斯爆炸事故、煤尘爆炸事故、岩石与二氧化碳突出等。

## (2)主要危害

当二氧化碳浓度达1%时,人会感到气闷、头昏、心悸;当超过3%时,开始出现呼吸困难;达到4%~5%时,人会感到气喘、头痛、眩晕;达到6%时,就会出现重度中毒;达到10%时,会使人体机能严重混乱,使人丧失知觉、神志不清、呼吸停止而死亡。低浓度的二氧化碳可以兴奋呼吸中枢,使呼吸加深加快;高浓度二氧化碳可以抑制和麻痹呼吸中枢。由于二氧化碳的弥散能力比氧强25倍,它很容易从肺泡弥散到血液造成呼吸性酸中毒。矿山企业很少发现单纯的二氧化碳中毒,由于空气中二氧化碳增多,常伴随氧浓度降低。医学研究证明,氧充足的空气中二氧化碳浓度为5%时对人无害;氧浓度为17%以下的空气中含4%二氧化碳,可使人中毒。缺氧可造成肺水肿、脑水肿、代谢性酸中毒、电解质紊乱、休克缺氧性脑病等。

## (3)中毒症状

二氧化碳吸入人体以后,会引起头痛、头晕、耳鸣、气急、胸闷、乏力、心跳加快,面颊发热、烦躁、郁安、呼吸困难;情况严重者会出现嗜睡、表情淡漠、昏迷、反射消失、瞳孔散大、大小便失禁、血压下降甚至死亡。二氧化碳中毒症状与浓度的关系见表5-4。

表5-4　二氧化碳中毒症状与浓度的关系表

| 二氧化碳浓度(体积)/% | 主要症状 |
| --- | --- |
| 1 | 呼吸加深,但对工作效率无明显影响 |
| 3 | 呼吸急促、心跳加快、头痛,人体很快疲劳 |
| 5 | 呼吸困难、头痛、恶心、呕吐、耳鸣 |
| 6 | 严重喘息,极度虚弱无力 |
| 7~9 | 动作不协调,十几分钟可发生昏迷 |
| 9~11 | 几分钟内导致死亡 |

## (4)应急处置

①将中毒人员救出后,在空气新鲜处进行人工呼吸,心脏按压,吸氧,以至采用高压氧治疗。

②吸入兴奋剂:多种兴奋剂交替、联合使用,如洛贝林、山梗菜碱等。

③防止脑和肺水肿:应用脱水剂、激素,限制液量和速度,吸入钠的分量也应限制。

④对症治疗:给予多种维生素、细胞色素C、能量合剂、高渗糖,以防感染。

⑤抢救时要留意有没有一氧化碳等其他有毒气体存在,以便采取针对性措施。

## (5)防治措施

①加强机械通风。通过机械通风措施将二氧化碳浓度稀释到0.5%以下。

②加强检查。应用光学瓦斯监测仪或矿山安全监控系统监测井下二氧化碳的动态,以便及时采取相应的措施。

③设立警示标识。井下通风不良或不通风的巷道内,往往聚集大量的有害气体,尤其是二氧化碳。因此,在不通风的旧巷口要设置栅栏,并悬挂"禁止入内"的警示牌,若要进入这些旧巷道,必须先进行检查,当确认对人体无害时方能进入。

④喷雾洒水。当工作面有二氧化碳涌出时,可使用喷雾洒水的方法使其溶于水中。

⑤加强个体防护。进入高浓度二氧化碳的工作环境时,要佩戴特制的防毒面具,要两人同时工作,以便监护和互助。

## 5.6.5　硫化氢

硫化氢,分子式 $H_2S$,分子量 34.076,无色气体,有臭鸡蛋的味道,它是一种急性剧毒物质,吸入少量高浓度硫化氢可于短时间内致命。硫化氢密度 1.539 g/L,相对密度 1.19,熔点为 -85.5 ℃,沸点为 -60.4 ℃。硫化氢能溶于水、乙醇及甘油中,溶于水生成氢硫酸。其化学性质不稳定,在空气中容易燃烧,与许多金属离子作用,生成不溶于水或酸的硫化物沉淀。它存在于地势低的地方。

### (1) 主要来源

在矿山生产中硫化氢主要产生于井下有机物的分解、含硫矿物的水解、含硫矿物的采掘作业、井下旧巷和老空区积水、矿井水灾事故等。硫化氢气体主要滞留在矿山巷道底部。

### (2) 主要危害

硫化氢是一种具有刺激性和窒息性的气体,也是强烈的神经毒素,对黏膜有强烈刺激作用。主要经呼吸道吸收,人吸入(70~150 mg/m³)/(1~2 h),出现呼吸道及眼刺激症状,可以麻痹嗅觉神经,吸入 2~5 min 后不再闻到臭气。吸入(300 mg/m³)/1 h,6~8 min 出现眼急性刺激症状,稍长时间接触引起肺水肿。吸入硫化氢能引起中枢神经系统的抑制,导致呼吸的麻痹,最终死亡。在高浓度硫化氢中几秒内就会发生虚脱、休克,能导致呼吸道发炎、肺水肿,并伴有头痛、胸部痛及呼吸困难。

### (3) 中毒症状

硫化氢通过呼吸道进入机体,与呼吸道内水分接触后很快溶解,并与钠离子结合成硫化钠,对眼和呼吸道黏膜产生强烈的刺激作用。硫化氢吸收后主要与呼吸链中细胞色素氧化酶及二硫键作用,影响细胞氧化过程,造成组织缺氧。轻者主要是刺激症状,表现为流泪、眼刺痛、流涕、咽喉部灼热感,或伴有头痛、头晕、乏力、恶心等症状。中度中毒者黏膜刺激症状加重,出现咳嗽、胸闷、视物模糊、眼结膜水肿及角膜溃疡;有明显头痛、头晕等症状,并出现轻度意识障碍,肺部闻及干性或湿性啰音。重度中毒出现昏迷、肺水肿、呼吸循环衰竭,吸入极高质量浓度(1 000 mg/m³ 以上)时,可出现"闪电型死亡"。严重中毒可留有神经、精神后遗症。硫化氢中毒症状与浓度的关系见表 5-5。

表 5-5　硫化氢中毒症状与浓度的关系表

| 硫化氢浓度(体积)/% | 主要症状 |
| --- | --- |
| 0.002 5~0.003 | 有强烈的臭鸡蛋味 |
| 0.005~0.01 | 1~2 h 内出现眼及呼吸道刺激症状,臭味"减弱"或"消失" |
| 0.015~0.02 | 出现恶心、呕吐、头晕、四肢无力、反应迟钝,眼及呼吸道有强烈刺激症状 |
| 0.035~0.045 | 0.5~1 h 内出现严重中毒,可发生肺炎、支气管炎及肺水肿,有死亡危险 |
| 0.06~0.07 | 很快昏迷,短时间内死亡 |

**（4）应急处置**

①发现硫化氢中毒人员，应立即使其脱离事故现场至空气新鲜处。

②有条件时立即给予硫化氢中毒人员吸氧。

③现场抢救人员应有自救互救知识，以防抢救者进入现场后自身中毒。

④对呼吸或心脏骤停的硫化氢中毒人员应立即施行心肺脑复苏术。

⑤在实施口对口人工呼吸时，救援人员应防止吸入中毒人员的呼出气体或衣服内逸出的硫化氢，以免发生二次中毒。

⑥硫化氢中毒昏迷人员应尽快给予高压氧治疗，同时配合综合治疗。

⑦对中毒症状明显的中毒人员需早期、足量、短程给予肾上腺糖皮质激素，有利于防治脑水肿、肺水肿和心肌损害。

⑧较重患者需进行心电监护及心肌酶谱测定，以便及时发现病情变化，及时处理。

⑨对有眼刺激症状者，立即用清水冲洗，对症处理。

**（5）防治措施**

①加强机械通风。通过加强机械通风确保井下空气中硫化氢气体的浓度不超过 0.000 66% 。尤其是在排除井下积水时，一定要进行强制通风。

②加强生产环境中硫化氢浓度的监测，发现硫化氢浓度超标应及时采取处理措施。

③设立警示标识。井下通风不良或不通风的巷道内，往往聚集大量的有害气体，其中包括硫化氢气体。因此，在井下停止作业地点和危险区域应悬挂警告牌或封闭。

④患有肝炎、肾病、气管炎的人员不得从事接触硫化氢的作业。

⑤加强对作业人员专业知识的培训，增强自我防护意识。

⑥加强个体防护。作业人员应佩戴防毒口罩、安全护目镜、防毒面具和空气呼吸器，佩戴硫化氢报警设备。

## 5.6.6 氨

氨，分子式 $NH_3$，分子量 17.03，是一种无色、有强烈刺激味的气体，可作化肥用。氨在常温下加压可以液化，形成液态氨。氨极易溶于水，在常温、常压下 1 体积水能溶解约 700 体积的氨，溶于水后形成氨水。标准状况下，密度为 0.771 g/L，爆炸极限 15.8% ~ 28% 。对人体的眼、鼻、喉等有刺激作用，吸入大量氨气能造成短时间鼻塞，并造成窒息感，眼部接触造成流泪。氨是具有腐蚀性的危险物质。

**（1）主要来源**

在矿山生产中氨主要产生于井下爆破作业、用水灭火过程中，少数岩层也会有氨涌出。

**（2）主要危害**

氨在人体组织内遇水生成氨水，可以溶解组织蛋白质，与脂肪起皂化作用。氨水能破坏体内多种酶的活性，影响组织代谢。氨对中枢神经系统具有强烈刺激作用。氨具有强烈的刺激性，吸入高浓度氨气，可以兴奋中枢神经系统，引起惊厥、抽搐、嗜睡和昏迷。吸入极高浓度的氨可以反射性引起心搏骤停、呼吸停止。氨系碱性物质,氨水具有极强的腐蚀作用,皮肤被氨水烧伤后创面深、易感染、难愈合。氨气吸入呼吸道内遇水生成氨水。氨水会透过黏膜、肺泡上皮侵入黏膜下、肺间质和毛细血管,引起声带痉挛、喉头水肿、组织坏死。坏死物脱落可引起窒息。损伤的黏膜易继发感染:气管、支气管黏膜损伤、水肿、出血、痉挛等。影响支气管的通气功能:肺泡上皮细胞、肺间质、肺毛细血管内皮细胞受损坏,通透性增强,肺间质水肿。氨刺激交感神经兴奋,使淋巴总管痉挛,淋巴回流受阻,肺毛细血管压力增加。氨破坏肺泡表面活性物质,导致肺水肿:黏膜水肿、炎症分泌增多。肺水肿,肺泡表面活性物质减少,气管及支气管管腔狭窄等因素严重影响肺的通气、换气功能,造成全身缺氧。

**(3) 中毒症状**

1)氨气刺激反应

仅有一次性的眼和上呼吸道刺激症状,肺部无明显阳性体征。

2)轻度中毒

①流泪、咽痛、声音嘶哑、咳嗽、咳痰并伴有轻度头晕、头痛、乏力等;眼结膜、咽部充血、水肿、肺部干性啰音。

②胸部 X 线征象,肺纹理增强或伴边缘模糊符合支气管炎或支气管周围炎的表现。

③血气分析:在呼吸空气时,动脉血氧分压低于预计值 $1.33 \sim 2.66$ Pa。

3)中度中毒

①声音嘶哑、剧咳、有时伴血丝痰、胸闷,呼吸困难,常有头晕、头痛、恶心、呕吐、乏力等;轻度紫癜,肺部有干湿啰音。

②胸部 X 线征象:肺纹理增强,边缘模糊或呈网状阴影,或肺叶透亮度降低,或有边缘模糊的散在性或斑片状阴影,符合肺炎或间质性肺炎的表现。

③血气分析,在吸低浓度氧时,能维持动脉血氧分压大于 8 kPa。

4)重度中毒

具有下列①、②、③或④条者,可诊断为重度中毒。

①剧烈咳嗽,吐大量粉红色泡沫痰,气急胸闷、心悸等,并常有烦躁、恶心、呕吐或昏迷等;呼吸窘迫,明显发绀、双肺布满干湿啰音。

②胸部 X 线征象:两肺叶有密度较淡边缘模糊的斑片状、云絮状阴影,可相互融合成大片或呈蝶状阴影,符合严重肺炎或水肿。

③血气分析,在吸入高浓度氧情况下,动脉血氧分压仍低于 8 kPa。

④呼吸系统损害程度符合中度中毒,而伴有严重喉头水肿或支气管黏膜坏死脱落所致窒息;或较重的气胸或纵隔气肿;或较明显的心肝或肾等脏器损害。氨中毒症状与质量浓度的关系见表5-6。

表 5-6　氨中毒症状与浓度的关系表

| 质量浓度/(mg·m$^{-3}$) | 接触时间/min | 危害程度 | 危害分级 |
|---|---|---|---|
| 0.7 | | 感觉到气味 | 对人体无害 |
| 9.8 | | 无刺激作用 | |
| 67.2 | 45 | 鼻、咽部位有刺激感,眼有灼痛感 | |
| 70 | 30 | 呼吸变慢 | 轻微危害 |
| 140 | 30 | 鼻和上呼吸道不适、恶心、头痛 | |
| 140～210 | 20 | 身体有明显不适但尚能工作 | 中等危害 |
| 175～350 | 20 | 鼻眼刺激,呼吸和脉搏加速 | |
| 553 | 30 | 强刺激感,可耐受 125 min | 重度危害 |
| 700 | 30 | 立即咳嗽 | |
| 1 750～3 500 | 30 | 危及生命 | |
| 3 500～7 000 | 30 | 即可死亡 | |

**(4)应急处置**

①迅速脱离中毒现场,呼吸新鲜空气或氧气。

②呼吸浅、慢时可酌情使用呼吸兴奋剂。

③呼吸、心跳停止者应立即进行心肺复苏,不应轻易放弃。喉头痉挛、声带水肿应迅速作气管插管或气管切开。

④脱去衣服,用清水或 1%～3% 硼酸水彻底清洗接触氨的皮肤。

⑤用 1%～3% 硼酸水冲洗眼睛,然后点抗生素及可的松眼药水。

⑥静滴 10% 葡萄糖溶液、葡萄糖酸钙、肾上腺皮质激素、抗生素预防感染及喉头水肿。

⑦雾化吸入氟美松、抗生素溶液。

⑧昏迷病人使用 20% 甘露醇 250 mL 静注,每 6～8 h 一次,降低内压力。

**(5)防治措施**

①加强机械通风。通过加强机械通风确保井下空气中氨浓度不超过 0.004%。

②加强生产环境中氨浓度的监测,发现氨浓度超标及时采取处理措施。

③设立警示标识。井下通风不良或不通风的巷道内,往往聚集大量的有害气体,其中包括氨气。因此,在井下停止作业地点和危险区域应悬挂警告牌或封闭。

④加强对作业人员专业知识的培训,增强自我防护意识。

⑤加强个体防护。作业人员应佩戴防毒口罩、安全护目镜、防毒面具和空气呼吸器,佩戴氨气报警设备。

## 5.6.7　二氧化硫

二氧化硫,化学式 $SO_2$,分子量为 64.06,无色,是有强烈刺激性气味的有毒气体,大气中主要污染物之一。密度 2.55 g/L,熔点 -72.4 ℃,沸点 -10 ℃,易液化,易溶于水。

它溶于水中,会形成亚硫酸。通常在催化剂作用下,它会进一步氧化生成硫酸。

**(1)主要来源**

在矿山生产中,二氧化硫主要产生于含硫矿物的氧化与自燃、含硫矿物的爆破作业、含硫矿层涌出等。

**(2)主要危害**

二氧化硫是一种有毒和强刺激性气体,对黏膜有强烈刺激作用,主要经呼吸道吸收。它具有酸性,可与空气中的其他物质反应,生成微小的亚硫酸盐和硫酸盐颗粒。当这些颗粒被吸入人体时,它们将聚集于肺部,是呼吸系统症状和疾病、呼吸困难、过早死亡的一个原因。如果与水混合,再与皮肤接触,便有可能发生冻伤。与眼睛接触时,会造成红肿和疼痛。它还可被人体吸收进入血液,对全身产生毒性作用,破坏酶的活力,影响人体新陈代谢,对肝脏造成一定的损害。同时,它还具有促癌性。它也是大气中的主要污染物之一。

**(3)中毒症状**

二氧化硫轻度中毒时,发生流泪、畏光、咳嗽,咽、喉灼痛等;严重中毒可在数小时内发生肺水肿;极高浓度吸入可引起反射性声门痉挛而致窒息。皮肤或眼接触发生炎症或灼伤。慢性影响:长期低浓度接触,可有头痛、头昏、乏力等全身症状,以及慢性鼻炎、咽喉炎、支气管炎、嗅觉及味觉减退等。少数人有牙齿酸蚀症。二氧化硫中毒症状与浓度的关系见表5-7。

表 5-7　二氧化硫中毒症状与浓度的关系表

| 二氧化硫浓度(体积)/% | 主要症状 |
| --- | --- |
| 0.001 ~ 0.001 5 | 呼吸道纤毛运动和黏膜的分泌功能均受到抑制 |
| 0.002 | 引起咳嗽并刺激眼睛 |
| 0.01 | 8 h 内支气管和肺部出现明显的刺激症状,使肺组织受损 |
| 0.04 | 产生呼吸困难,长时间有死亡危险 |

**(4)应急处置**

①发现二氧化硫中毒人员,应立即使其脱离事故现场至空气新鲜处。

②有条件时立即给予二氧化硫中毒人员吸氧。

③现场抢救人员应有自救互救知识,以防抢救者进入现场后自身中毒。

④当二氧化硫中毒人员呼吸停止时,应立即进行人工呼吸。

⑤在实施口对口人工呼吸时,救援人员应防止吸入中毒人员呼出的气体或衣服内逸出的二氧化硫,以免发生二次中毒。

⑥提起中毒人员眼睑,用流动清水或生理盐水冲洗。

**(5)防治措施**

①加强机械通风。通过加强机械通风确保井下空气中二氧化硫气体的浓度不超过0.000 5%。

②加强生产环境中二氧化硫浓度的监测,发现二氧化硫浓度超标及时采取处理措施。

③设立警示标志。井下通风不良或不通风的巷道内,往往聚集大量的有害气体,其中包括二氧化硫气体。因此,在井下停止作业地点和危险区域应悬挂警告牌或封闭。

④加强对作业人员专业知识的培训,增强自我防护意识。

⑤加强个体防护。作业人员应佩戴防毒口罩、安全护目镜、防毒面具和空气呼吸器,佩戴二氧化硫报警设备。

### 5.6.8 煤矿矿井中毒与窒息事故应急救援案例

#### (1)中毒窒息事故

2011年4月27日,某锌矿护矿队3人巡查井下过程中,自行摘掉呼吸器入井巡查,造成一氧化碳中毒窒息。事故发生后,矿方贸然施救,造成二次事故,共8人遇难。救援人员多次入井,并采用边通风边接风筒的方式进行救援,最终将全部遇难人员抬出。

#### (2)矿井概述

该矿属于金属矿石开采矿井。事故矿洞为废弃井筒,矿方在井口设置了警标,并由该矿护矿队正常开展日常检查,防止非法盗采。该矿洞为平硐开拓方式,采用局部通风机通风,运输系统基本被破坏,巷道内湿滑,无台阶、无轨道。

#### (3)事故直接原因

井下缺氧且存在高浓度一氧化碳气体,护矿队3人安全意识淡薄,入井后自行摘掉呼吸器,贸然进入矿洞造成中毒。矿方未第一时间请求支援,盲目施救导致事故扩大。

#### (4)应急处置和抢险救援

事故发生后,地方政府有关部门赶赴事故现场,成立了救援指挥部,并召集了矿山救护大队。4月28日2时,救护大队到达事故矿井,立即向矿方了解事故情况。2时50分,值班小队入井进行初次侦察及人员搜救。侦察小队在井口处测得氧气浓度为12%,一氧化碳质量分数为$200\times10^{-6}$,温度为17℃,其他气体正常;在井口内4 m处发现空气呼吸器3台、矿灯2盏、探照灯1盏;在巷道中部测得氧气浓度为8%,一氧化碳质量分数为$500\times10^{-6}$,温度为18℃。3时20分,在平巷与斜巷变坡点以下约100 m处发现1号遇险者,现场抢救后于4时搬运升井。

4时15分,待机队入井,分别在斜巷150 m、200 m、220 m、270 m处发现2至5号遇险者,并进行了现场抢救。在5号遇险者向下约30 m处测得瓦斯浓度为1.8%,二氧化碳浓度为1.8%,一氧化碳质量分数为$12\,400\times10^{-6}$,氧气浓度为5%,温度为18℃。4时50分将2号遇险者搬运升井,并将侦察情况及时向指挥部报告。

5时25分,经指挥部指示对3号、4号、5号遇险者进行搬运。因搬运距离较远,调值班小队增援,6时20分3号遇险者升井。救援人员对氧气呼吸器等仪器装备进行换药、充氧、维护保养和人员简单休整后,第四次入井并于10时45分将4号、5号遇险者搬运升井,仍有3人下落不明。

指挥部充分考虑灾区距离较长、巷道断面小、一氧化碳浓度高、氧气含量低、救援人员长时间佩戴氧气呼吸器体能消耗较大等因素,决定采取先恢复通风后侦察、先扩充井口断面后搜救人员的方案。11 时在井口外约 10 m 处安装局部通风机向井下供风,12 时 15 分派待机小队入井开始安装风筒。同时再安排一个小队对平巷左侧的南平巷进行侦察,未发现遇险人员。14 时风筒安装至斜巷以下 190 m,并开启风机进行通风,一边通风一边延伸风筒。之后,救护队陆续在约 342 m 处发现 6 号遇险者,在斜巷下口变坡点发现 7 号遇险者,在平巷内发现 8 号遇险者,随即组织人员对 6 号、7 号遇险者进行抢救、搬运,于 20 时 52 分升井。为营救 8 号遇险者,所有救援人员对呼吸器等仪器装备再次进行充氧、换药、全面检修、保养,人员进行休整。22 时 40 分起,分别派 3 个小队以接力的方式入井对 8 号遇险者进行抢救。29 日 0 时 20 分,8 号遇险者成功升井。救援小队对灾区进行了全面侦察,未发现其他遇险人员,救援工作结束。

**(5)应急处置救援总结分析**

1)救援经验

详细成功的侦察是救援的基础。在事故矿井技术资料不详的情况下,救援人员对矿井进行全面侦察后,调整了救援方案,及时采取了边通风边安装风筒、恢复通风系统等措施,避免了救护队员因从事大量体力劳动导致氧气呼吸器供气不足的问题,减少了故障可能性,确保了救援人员的安全和快速施救。

2)存在问题

①在不清楚井下气体的情况下,严禁不佩戴呼吸器入井侦察或救援。

②救护队平时训练必须从难从严要求,练就过硬的救护技术和身体素质,才能更好地适应灾区救援工作。

③应当进一步加强应急管理和培训教育等工作。普及矿井自救、互救知识,确保突发事故后的应急救援措施科学有序,经常进行应急预案演练。

# 5.7　尾矿库事故应急救援

## 5.7.1　我国尾矿库现状及特点

**(1)我国尾矿库现状**

我国是矿业大国,冶金、有色、化工、核工业、建材和轻工业等行业的矿山都有尾矿库。据生态环境部统计,2015 年以来受国内铁矿尾矿产量下滑的影响,国内尾矿产量呈下降态势,2022 年国内尾矿产量回升至 13.57 亿 t 左右,同比增长 3.75%。尾矿已经严重束缚了矿产行业的绿色发展和可持续发展,同时也成了破坏环境、危害安全的重要影响因素,因此加强对尾矿的治理和综合利用是十分必要的。据统计,我国尾矿综合利用量从 2015 年的 3.51 亿 t 增长至 2022 年的 4.47 亿 t,综合利用率也从 21.1% 提升至32.9%。

**（2）我国尾矿库特点**

**1）坝的分等标准高**

我国尾矿库从设计规范上规定，坝高低于 30 m 的为五等库，即最小的一类库，低于 60 m 的为四等库，低于 100 m 的为三等库，高于 100 m 的为二等库。而俄罗斯的尾矿库的标准是坝高低于 25 m 的为小型库，低于 50 m 的为中型库，高于 50 m 的为大型库。在南非，坝高小于 12 m 的为小型库，小于 30 m 的为中型库，高于 30 m 的为大型库。由于我国土地资源紧张，征地很困难，20 世纪 60 年代以来建造的尾矿库大都已处于中后期，在没有新的接替尾矿库情况下，老坝加高改造已是一种迫不得已的措施。

**2）采用上游法堆坝**

上游法堆坝多在尾矿坝的堆筑方法中，上游法动力稳定性相对较差，国外多发展下游法和中线法筑坝，较高的坝一般是用下游法和中线法筑坝。由于上游法工艺简单，便于管理，适用性强的特点，我国 90% 以上的尾矿坝都是用上游法堆筑。

**3）筑坝尾矿粒度细**

为了充分利用矿产资源，对品位低的矿体也进行了开采，由于矿石品位较低，在选矿时磨得很细，尾矿产出量不仅多，而且粒度细。其尾矿强度低，透水性差，不易固结，筑坝速度和坝高受到限制。尽管如此，有些矿山企业还要最大限度地挖掘矿产资源，对较粗一些的尾砂加以综合利用。这样能用于堆坝的尾矿粒度就更细，筑坝更加困难。

**4）尾矿坝坝坡稳定性安全系数标准低**

我国尾矿坝坝坡稳定安全系数规定得比国外标准低，如果提高安全系数，坝体的造价就要提高很多，对绝大多数矿山是难以承受的。我国设计标准规定，用瑞典圆弧法计算时，4 级、5 级尾矿坝在正常运行条件下的稳定安全系数是 1.15；而美国的标准规定用毕肖普法计算时的安全系数为 1.5。

**5）尾矿库位置很难避开居民区**

尾矿库本应选在偏僻的地方，这一点在人口少、地域辽阔的国外容易做到，而在我国则很难做到。人口密集、可利用土地少是我国的特点，如本钢南芬铁矿位于沈丹铁路和公路交通要道，坝下城镇居民稠密。

## 5.7.2 尾矿库安全生产标准化评分办法

矿库安全生产标准化系统由安全生产组织保障（分值 600），风险管理（分值 300），安全教育培训（分值 160），尾矿库建设（分值 200），尾矿库运行（分值 570），检查（分值 500），应急管理（分值 280），事故、事件报告、调查与分析（分值 230），绩效测量与评价（分值 160）9 个元素组，总分为 3 000 分，最终标准化得分换算成百分制。每个元素划分为若干子元素，每一子元素包含若干个问题。评分办法对子元素赋予不同的分值，子元素分值之和为元素分值。子元素分为策划、执行、符合、绩效 4 个部分，每个部分权重分别为 10%、20%、30%、40%。尾矿库安全生产标准化的评审工作每 3 年至少进行一次。标准化等级分为一级、二级、三级。尾矿库安全生产标准化得分>90 的为一级；尾矿库安全生产标准化得分≥75 的为二级；尾矿库安全生产标准化得分≥60 的为三级。

### 5.7.3　尾矿库事故类型

**（1）尾矿库类型**

①山谷型尾矿库是在山谷谷口处筑坝形成的尾矿库。它的特点是初期坝相对较短,坝体工程量较小,后期尾矿堆坝相对较易管理维护,当堆坝较高时,可获得较大的库容;库区纵深较长,尾矿水澄清距离及干滩长度易满足设计要求;但汇水面积较大时,排洪设施工程量相对较大。我国现有的大中型尾矿库大多属于这种类型。

②傍山型尾矿库是在山坡脚下依山筑坝所围成的尾矿库。它的特点是初期坝相对较长,初期坝和后期尾矿堆坝工程量较大,由于库区纵深较短。尾矿水澄清距离及淤滩长度受到限制,后期坝堆的高度一般不太高,故库容较小;汇水面积虽小,但调洪能力较低,排洪设施的进水构筑物较大,由于尾矿水的澄清条件和防洪控制条件较差,管理、维护相对比较复杂。国内低山丘陵地区中小矿山常选用这种类型尾矿库。

③平地型尾矿库。平地型尾矿库是在平缓地形周边筑坝围成的尾矿库。其特点是初期坝和后期尾矿堆坝工程量大,维护管理比较麻烦,由于周边堆坝,库区面积越来越小,尾矿沉积滩坡度越来越缓,因而澄清距离、干滩长度以及调洪能力都随之减少,堆坝高度受到限制,一般不高;但汇水面积小,排水构筑物相对较小;国内平原或沙漠戈壁地区常采用这类尾矿库。如金川、包钢和山东省一些金矿的尾矿库。

④截河型尾矿库。截河型尾矿库是截取一段河床在其上、下游两端分别筑坝形成的尾矿库。有的在宽浅式河床上留出一定的流水宽度,三面筑坝围成尾矿库也属此类。它的特点是不占农田,库区汇水面积不太大,但尾矿库上游的汇水面积通常很大,库内和库上游都要设置排水系统,配置较复杂,规模庞大。这种类型的尾矿库维护管理比较复杂,国内采用得不多。

**（2）尾矿库事故类型**

尾矿库由尾矿输送系统、尾矿堆存系统、尾矿库排洪系统、尾矿库监测系统、尾矿排渗系统、尾矿回水系统和尾矿净化系统等几部分组成。

根据尾矿库事故发生的位置,将尾矿库事故分为 5 类,分别是尾矿库地质及周边环境事故、尾矿堆存系统事故、尾矿库排洪系统事故、尾矿输送系统事故、尾矿回水及尾矿净化系统事故。

1）尾矿库地质及周边环境事故

尾矿库工程地质与水文地质勘查不符合有关国家及行业标准要求,未查明影响尾矿库及各构筑物安全性的不利因素,尾矿库库址选择错误、尾矿坝稳定性计算错误、尾矿库洪水计算错误、尾矿库安全设施施工质量低劣等因素都可能造成尾矿库地质及周边环境事故。

2）尾矿堆存系统事故

尾矿堆存系统包括坝上放矿管道、尾矿初期坝、尾矿后期坝、浸润线观测、位移观测、排渗设施和监测系统等。尾矿堆存系统主要危险有害因素有渗漏、管涌及流土、沉陷、裂缝、滑坡、溃坝等;常见的渗漏有坝基渗漏、坝体两端与山坡及涵管等构筑物之间产生渗漏、绕坝渗漏等。管涌是指在渗透水流作用下,土中细颗粒在粗颗粒所形成的孔隙通道中移动,流失土的孔隙不断扩大,渗流量也随之加大,最终导致土体内形成贯通的渗流通道,土体发生破坏的现象。沉陷指的是路基压实度不够或构造物地基材质不良,在水、荷载等因素作用下产生的不均匀的竖向变形。裂缝是尾矿坝常见的一种病患,裂缝按照裂缝方向分为横向裂缝、纵向裂缝和龟裂缝;按照产生的原因分为沉陷裂缝、滑坡裂缝和干缩裂缝;按照部位分为表面裂缝和内部裂缝。滑坡是指斜坡上的土体或者岩体受河流冲刷、地下水活动、雨水浸泡、地震及人工切坡等因素影响,在重力作用下,沿着一定的软弱面或者软弱带,整体地或者分散地顺坡向下滑动的自然现象。滑坡按照体积划分为巨型坡(体积>1 000 万 m³)、大型滑坡(体积 100 万 ~ 1 000 万 m³)、中型滑坡(体积 10 万 ~ 100 万 m³)、小型坡(体积<10 万 m³)。滑坡按滑动速度划分为蠕动型滑坡、慢速滑坡、中速滑坡、高速滑坡。滑坡按滑坡体的主要物质组成和滑坡与地质构造关系划分为覆盖层滑坡、基岩滑坡、特殊滑坡。滑坡按滑坡体的厚度划分为浅层滑坡、中层滑坡、深层滑坡、超深层滑坡。滑坡按滑坡结构划分为层状结构滑坡、块状结构滑坡、块裂状结构滑坡。尾矿库溃坝是尾矿库堆存系统最主要的风险因素,导致尾矿库溃坝的因素有排渗系统失效、地震破坏、坝体堆积及结构因素。

3)尾矿库排洪系统事故

尾矿库排洪系统包括截洪沟、溢洪道、排水井、排水管、排水隧洞等构筑物。尾矿库排洪系统常见的危险有害因素有排水管断裂、漏水、漏沙,排水管消能设施破坏与气蚀。

4)尾矿输送系统事故

尾矿输送系统包括尾矿浓缩池、砂浆泵、输送管道和放矿管道等。尾矿输送系统事故主要是尾矿浆在输送过程中发生的跑、冒、漏事故以及尾矿输送系统设备事故。

5)尾矿回水及尾矿净化系统事故

尾矿回水系统大多利用库内排洪井、管将澄清水引入下游回水泵站,再扬至高位水池。也有在库内水面边缘设置活动泵站直接抽取澄清水,扬至高位水池。尾矿回水及尾矿净化系统常见的事故有水污染、土壤污染、空气污染、放射性污染和生态破坏等。

## 5.7.4 尾矿库事故原因分析

尾矿库从工程勘察、设计、施工到使用的全过程中,任何一个环节出现问题都有可能导致尾矿库不能正常使用。其中,由于生产管理不善、操作不当或外界环境干扰所造成的事故隐患比较容易发现,而工程勘察、设计、施工或其他原因造成的事故隐患,在使用初期不易显现出来,常常被人忽视,最终成为很难补救和治理的病害。

**(1)勘察因素造成的隐患**

①尾矿库库区及排洪管线等处的不良工程地质条件未能查明。

②尾矿堆坝坝体及沉积滩的勘察质量低劣。

**(2)设计因素造成的隐患**

①采用的基础资料不准确。

②设计方案及技术论证方法不当。

③不遵守《尾矿库安全技术规程》（AQ 2006—2005），对库区水位及浸润线深度控制要求不明确。

**（3）施工因素造成的隐患**

①初期坝施工清基不彻底、坝体密实度不均、坝料不符合要求、反滤层铺设不当等。

②排洪构筑物有蜂窝、麻面或强度不达标等。

**（4）操作管理不当造成的隐患**

①放矿支管开启太少，造成沉积滩坡度变缓，导致调洪库容不足。

②未能均匀放矿，沉积滩起伏较大，造成局部坝段干滩过短。

③长期独头放矿，严重影响坝体稳定。

④长期不调换放矿地点，造成个别放矿点矿浆外溢，冲刷坝体。

⑤长期对排洪构筑物不检查维修，巡查不及时。

⑥不及时采取措施消除事故隐患。

⑦不按照设计指导生产或擅自修改设计。

**（5）其他因素造成的隐患**

①暴雨、地震可能对尾矿坝体排洪构筑物造成危害。

②由于矿石性质或选矿工艺流程变更，引起尾矿性质改变，对坝体稳定和排洪不利。

③在库区上游甚至在库区内乱采滥挖。

## 5.7.5　尾矿库应急管理

尾矿库应急管理是预防尾矿库事故以及降低尾矿库事故造成危害的有效应对措施，主要是根据尾矿库的安全度来采取相应的处置方法。

尾矿库安全度主要根据尾矿库防洪能力和尾矿坝坝体稳定性确定，分为危库、险库、病库及正常库 4 级。

**（1）危库**

危库指安全没有保障，随时可能发生垮坝事故的尾矿库。危库必须停止生产并采取应急措施。尾矿库有下列工况之一的为危库：

①尾矿库调洪库容严重不足，在设计洪水位时，安全超高和最小干滩长度都不满足设计要求，将可能出现洪水漫顶。

②排洪系统严重堵塞或坍塌，不能排水或排水能力急剧降低。

③排水井显著倾斜，有倒塌的迹象。

④坝体出现贯穿性横向裂缝，并且出现较大范围管涌、流土变形，坝体出现深层滑动迹象。

⑤经验算，坝体抗滑稳定最小安全系数小于表 5-8 规定值的 0.95，现行标准规定尾矿坝坝坡抗滑稳定最小安全系数不得小于表 5-8 所列数值。

表 5-8　尾矿坝坝坡抗滑稳定最小安全系数值

| 运行情况 | 坝的类别 | | | |
|---|---|---|---|---|
| | 1 | 2 | 3 | 4 |
| 正常运行 | 1.30 | 1.25 | 1.20 | 1.15 |
| 洪水运行 | 1.20 | 1.15 | 1.10 | 1.05 |
| 特殊运行 | 1.10 | 1.05 | 1.05 | 1.00 |

⑥其他严重危及尾矿库安全运行的情况。

**(2)险库**

险库指安全设施存在严重隐患,若不及时处理将会导致垮坝事故的尾矿库。险库必须立即停产,排除险情。尾矿库有下列工况之一的为险库:

①尾矿库调洪库容不足,在设计洪水位时安全超高和最小干滩长度均不能满足设计要求。滩长是指由滩顶至库内水边线的水平距离;最小干滩长度是指设计洪水位时的干滩长度。

②排洪系统部分堵塞或坍塌,排水能力有所降低,达不到设计要求。

③排水井有所倾斜。

④坝体出现浅层滑动迹象。

⑤经验算坝体抗滑稳定最小安全系数小于表 5-8 规定值的 0.986。

⑥坝体出现大面积纵向裂缝,并且出现较大范围渗透水高位溢出,出现大面积沼泽化。

⑦其他危及尾矿库安全运行的情况。

**(3)病库**

病库指安全设施不完全符合设计规定,但满足基本安全生产条件的尾矿库。病库应限期整改。尾矿库有下列工况之一的为病库:

①尾矿库调洪库容不足,在设计洪水位时不能同时满足设计规定的安全超高和最小干滩长度的要求。

②排洪设施出现不影响安全使用的裂缝、腐蚀或磨损。

③经验算,坝体抗滑稳定最小安全系数满足表 5-8 规定值,但部分高程上堆积边坡过陡可能出现局部失稳。

④浸润线位置局部较高,有渗透水溢出,坝面局部出现沼泽化。

⑤坝面局部出现纵向或横向裂缝。

⑥坝面未按设计设置排水沟,冲蚀严重,形成较多或较大的冲沟。

⑦坝端无截水沟,山坡雨水冲刷坝肩。

⑧堆积坝外坡未按设计覆土、植被。

⑨其他不影响尾矿库基本安全生产条件的非正常情况。

**(4)正常库**

尾矿库同时满足下列工况的为正常库:

①尾矿库在设计洪水位时能同时满足设计规定的安全超高和最小干滩长度的要求。

②排水系统各构筑物符合设计要求，工况正常。

③尾矿坝的轮廓尺寸符合设计要求，稳定安全系数满足设计要求。

④坝体渗流控制满足要求，运行工况正常。

## 5.7.6　尾矿库事故预防措施

**（1）实施尾矿库系统监测**

尾矿库监测系统的设置是预防尾矿库灾害，确定治理方案的重要组成部分。

1）尾矿库监测原则

根据《尾矿库安全监测技术规范》（AQ 2030—2010）规定，尾矿库监测原则如下：

①尾矿库安全监测应遵循科学可靠、布置合理、全面系统、经济适用的原则。

②监测仪器、设备、设施的选择，应先进和便于实现在线监测。

③监测布置应根据尾矿库的实际情况，突出重点、兼顾全面、统筹安排、合理布置。

④监测仪器设备、设施的安装、埋设和运行管理，应确保施工质量和运行可靠。

⑤监测周期应满足尾矿库日常管理的要求，相关的监测项目应在同一时段进行。

⑥实施监测的尾矿库等别根据尾矿库设计等别确定，监测系统的总体设计应根据总坝高进行一次性设计，分步实施。

2）尾矿库监测内容

尾矿库的安全监测，必须根据尾矿库设计等级、筑坝方式、地形和地质条件、地理环境等因素，设置必要的监测项目及相应设施，定期进行监测。一等、二等、三等、四等尾矿库应监测位移、浸润线、干滩、库水位、降水量，必要时还应监测孔隙水压力、渗透水量、浑浊度。五等尾矿库应监测位移、浸润线、干滩、库水位。一等、二等、三等尾矿库应安装在线监测系统，四等尾矿库宜安装在线监测系统。尾矿库安全监测应与人工巡查和尾矿库安全检查相结合。

位移监测包括坝体和岸坡的表面位移、内部位移。坝体表面位移包括水平位移和竖向位移。内部位移包括内部水平位移、内部竖向位移。尾矿坝渗流监测包括渗流压力、绕坝渗流和渗流量等监测。干滩监测内容包括滩顶高程干滩长度和干滩坡度。

3）尾矿库在线监测系统

在线监测系统应包含数据自动采集、传输、存储、处理分析及综合预警等部分，并具备在各种气候条件下实现实时监测的能力。在线监测系统应具备数据自动采集功能、现场网络数据通信和远程通信功能、数据存储及处理分析功能、综合预警功能、防雷及抗干扰功能以及其他辅助功能。

**（2）编制事故应急救援预案**

根据《尾矿库安全技术规程》（AQ 2006—2005）规定，尾矿库企业应编制应急救援预案并组织演练。应急救援预案种类有：尾矿坝垮坝；洪水漫顶；水位超警戒线；排洪设施损毁、排洪系统堵塞；坝坡深层滑动；防震抗震；其他。应急救援预案内容有：应急机构的组成和职责;应急通信保障;抢险救援的人员、资金、物资准备;应急行动;其他。

**（3）地质及周边环境灾害预防**

①全面掌握尾矿库库区地质和周边环境资料,避免在采空区上方建立尾矿库。

②加强与气象部门合作,及时预报大气降水,组织设置应急排洪设施。

③监测和治理库区危岩体,预防滚石、滑坡。

④加强监测和预防库区泥石流灾害,并在易发地质灾害处设置警示标志。

⑤组织应急救援演练,完善应急救援机制。

**（4）尾矿库堆存系统灾害预防**

①采取上堵、下排柔性封堵措施,预防尾矿库坝基和坝体出现渗漏。

②预防管涌及流土。主要是查清不良工程地质条件;采取工程防漏措施;对防排渗设施进行保养维修。

③预防沉陷。主要是尾矿库修筑时做好清基工作;加强施工质量管理。

④预防坝体裂缝。主要是严格安全巡查,发现险情及时进行处理。

⑤预防滑坡。主要是做好防止和减轻外界因素对坝坡稳定性的影响;发现滑坡征兆及时进行抢护,防止险情恶化。

⑥预防溃坝。尾矿排放与筑坝,包括岸坡清理、尾矿排放、坝体堆筑、坝面维护和质量检测等环节,必须严格按设计要求和作业计划及《尾矿库安全技术规程》精心施工,并做好记录;尾矿坝滩顶高程必须满足生产、防汛、冬季冰下放矿和回水要求。尾矿坝堆积坡比不得陡于设计规定;每期子坝堆筑前必须进行岸坡处理,将树木、树根、草皮、废石、坟墓及其他有害构筑物全部清除。若遇泉眼、水井、地道或洞穴等,应做妥善处理。清除杂物不得就地堆积,应运到库外;上游式筑坝法应于坝前均匀放矿,维持坝体均匀上升,不得任意在库后或一侧岸坡放矿;坝体较长时应采用分段交替作业,使坝体均匀上升,应避免滩面出现侧坡、扇形坡或细粒尾矿大量集中沉积于某端或某侧;放矿口的间距、位置、同时开放的数量、放矿时间以及水力旋流器使用台数、移动周期与距离,应按设计要求和作业计划进行操作。

**（5）防洪安全检查**

①检查尾矿库设计的防洪标准是否符合《尾矿库安全技术规程》规定。当设计的防洪标准高于或等于《尾矿库安全技术规程》规定时,可按原设计的洪水参数进行检查;当设计的防洪标准低于《尾矿库安全技术规程》规定时,应重新进行洪水计算及调洪演算。

②尾矿库水位监测,其测量误差应小于 20 mm。

③尾矿库滩顶高程的检测,应沿坝（滩）顶方向布置测点进行实测,其测量误差应小于 20 mm。当滩顶一端高一端低时,应在低标高段选较低处检测 1~3 个点;当滩顶高低相同时,应选较低处检测不少于 3 个点;其他情况,每 100 m 选较低处检测 1~2 个点,但总数不少于 3 个点。各测点中最低点作为尾矿库滩顶标高。

④尾矿库干滩长度的测定,视坝长及水边线弯曲情况,选干滩长度较短处布置 1~3 个断面。

⑤检查尾矿库沉积滩干滩的平均坡度时,应视沉积干滩的平整情况,每 100 m 坝长

布置不少于 1 ~ 3 个断面。测量断面应垂直于坝轴线布置,测点应尽量在各变坡点处进行布置,并且测点间距不大于 10 ~ 20 m,测点高程测量误差应小于 5 mm。尾矿库沉积干滩平均坡度,应按各测量断面的尾矿沉积干滩加权平均坡度平均计算。

⑥根据尾矿库实际的地形、水位和尾矿沉积滩面,对尾矿库防洪能力进行复核,确定尾矿坝安全超高和最小干滩长度满足设计要求。

⑦排洪构筑物安全检查内容:构筑物有无变形、位移、损毁、淤堵,排水能力是否满足要求等。

⑧排水井检查内容:井的内径、窗口尺寸及位置,井壁剥蚀、脱落、渗漏、最大裂缝开展宽度,井身倾斜度和变位,井、管连接部位,进水口水面漂浮物,停用井封盖方法等。

⑨排水斜槽检查内容:断面尺寸、槽身变形、损坏或塌盖板放置、断裂最大裂缝开展宽度,盖板之间以及盖板与槽壁之间的防漏充填物、漏沙、斜槽内淤堵等。

⑩排水涵管检查内容:断面尺寸,变形、破损、断裂和磨蚀,最大裂缝开展宽度,管间止水及充填物,涵管内淤堵等。

**(6)尾矿坝安全检查**

①尾矿坝安全检查内容:坝的轮廓尺寸、变形、裂缝、滑坡和渗漏、坝面保护等。尾矿坝的位移监测可采用视准线法和前方交会法;尾矿坝的位移监测每年不少于 4 次,位移异常变化时应增加监测次数;尾矿坝的水位监测包括库水位监测和浸润线监测。水位监测每月不少于一次,暴雨期间和水位异常波动时应增加监测次数。

②检测坝的外坡坡比。每 100 m 不少于两处,应选在最大坝高断面和坝坡较陡断面,水平距离和标高的测量误差不大于 1 mm。尾矿坝实际坡陡于设计坡比时,应进行稳定性复核,若稳定性不足,则应采取措施。

③检查坝体位移。要求坝的位移量变化均衡,无突变现象,并且应逐年减小。当位移量变化出现突变或有增大趋势时,应查明原因,妥善处理。

④检查坝体有无纵、横向裂缝。坝体出现裂缝时,应查明裂缝的长度、宽度、深度、走向、形态和成因,判定危害程度,妥善处理。

⑤检查坝体滑坡。坝体出现滑坡时,应查明滑坡位置、范围和形态以及滑坡的动态趋势。

⑥检查坝体浸润线的位置。应查明坝面浸润线出溢点位置、范围和形态。

⑦检查坝体排渗设施。应查明排渗设施是否完好、排渗效果及排水水质。

⑧检查坝体渗漏。应查明有无渗漏出溢点,出溢点的位置、形态、流量及含沙量等。

⑨检查坝面保护设施。检查坝肩截水沟和坝坡排水沟断面尺寸,沿线山坡稳定性,护砌变形、破损、断裂和磨蚀、沟内淤堵等,检查坝坡土石覆盖保护层实施情况。

**(7)尾矿库库区安全检查**

①尾矿库库区安全检查主要内容:周边山体稳定性,违章建筑、违章施工和违章采选作业等情况。

②检查周边山体滑坡、塌方和泥石流等情况时,应详细观察周边山体有无异常和急变,并根据工程地质勘察报告,分析周边山体发生滑坡可能性。

③检查库区范围内危及尾矿库安全的主要内容:违章爆破采石和建筑,违章进行尾矿回采、取水,外来尾矿、废石、废水和废弃物排入,放牧和开垦等。

### 5.7.7　尾矿库事故应急救援

**(1)尾矿库事故响应分级**

针对尾矿库事故的危害程度、影响范围和企业控制事态的能力,将尾矿库事故分为不同等级。按照分级负责原则,明确应急响应级别。尾矿库事故分为三级响应。

1)启动二级(车间级)响应的条件

当尾矿库被定为病库时启动二级(车间级)响应。

2)启动一级(矿级)响应的条件

当尾矿库被定为危库、险库时启动一级(矿级)响应。

3)启动外部响应的条件

当矿内力量不足以控制事故的发展或发生溃坝现象时,应当立即启动外部响应,请求当地政府和社会力量支援。

**(2)尾矿库事故应急要点**

①尾矿库事故救护时,应通过查阅资料和现场调查了解以下情况:

a.尾矿库事故前实际坝高、库容、尾矿物质组成坝体结构、坝外坡坡比。

b.尾矿库溃坝发生时间、溃坝规模、破坏特征。

c.溃坝后库内水体情况、坝坡稳定情况。

d.遇险人员数量、可能的被困位置。

e.下游人员分布现状及村庄、重要设施、交通干线等。

②尾矿库事故救护时,救护队员应戴安全帽、穿救生服装、系安全联络绳,首先抢救被困人员,将被困人员转移到安全地点救护。

③对坍塌、溃堤的尾矿坝进行加固处理,用抛填块石、打木桩、沙袋堵塞等方法堵塞决堤口。在挖掘抢救被掩埋人员过程中,要采用合理的挖掘方法,加强观察,不得伤害被埋困人员。

④如果不能保证救护人员安全,应首先对尾矿库堤坝进行加固和水沙分流,保证救护人员和被困人员安全。

⑤尾矿泥沙仍处于持续流动状态,对下游村庄、重要工矿企业、交通干线形成威胁时,应采取拦截、疏导、改变尾矿泥沙流向等办法,避免事故损失扩大。

⑥在夜间实施尾矿坝事故救护时,救护现场充足的照明条件应得到保证。

**(3)尾矿坝裂缝的处理**

发现裂缝后必须采取临时防护措施,以防止雨水或冰冻加剧裂缝的开展,对于滑动性裂缝,应结合坝坡稳定性分析统一考虑。对于非滑动性裂缝,采用开挖回填是处理裂缝比较彻底的方法,适用于不太深的表层裂缝及防渗部位的裂缝;对于坝内裂缝、非滑动性很深的表面裂缝,由于开挖回填处理工程量过大,可采取灌浆处理。一般采用重力灌浆或压力灌浆方法,灌浆的浆液通常为黏土泥浆;在浸润线以下部位,可掺入一部分水泥,制成黏土水泥浆以促其硬化。对于中等深度的裂缝,因库水位较高,不宜全部采用开挖回填办法处理的部位或开挖困难的部位,可采用开挖回填与灌浆相结合的方法进行处理。

裂缝的上部采用开挖回填法,下部采用灌浆法处理。先沿裂缝开挖至一定深度(一般为2 m)后进行回填,在回填时按上述布孔原则,预埋灌浆管,然后对下部裂缝进行灌浆处理。

### (4)尾矿坝滑坡的处理

滑坡抢护的基本原则是:上部减载,下部压重。即在主裂缝部位进行削坡,而在坝脚部位进行压坡。尽可能降低库水位,沿滑动体和附近的坡面上开沟导渗,使渗透水很快排出。若滑动裂缝达到坡脚,应该首先采取压重固脚的措施。因土坝渗漏而引起的背水坡滑坡,应同时在迎水坡进行抛土防渗。因坝身填土碾压不实、浸润线过高而造成的背水坡滑坡,一般应以上游防渗为主,辅以下游压坡、导渗和放缓坝坡,以达到稳定坝坡的目的。对于滑坡体上部已松动的土体,应彻底挖除。然后按坝坡线分层回填夯实,并做好护坡。坝体有软弱夹层或抗剪强度较低且背水坡较陡而造成的滑坡,首先应降低库水位。清除夹层有困难时,则以放缓坝坡为主,辅以在坝脚排水压重的方法处理。地基存在淤泥层、湿陷性黄土层或液化等不良地质条件,施工时又没有清除或清除不彻底而引起的滑坡,处理的重点是清除不良的地质条件,并进行固脚防滑。因排水设施堵塞而引起的背水坡滑坡,主要是恢复排水设施效能,筑压重台固脚滑坡处理前应严格防止雨水渗入裂缝内。可用塑料薄膜、沥青油毡或油布等加以覆盖,同时还应在裂缝上方修截水沟,以拦截和引走坝面的积水。

## 5.8 排土场事故应急救援

### 5.8.1 排土场及事故类型

#### (1)排土场

排土场又称废石场,是指矿山剥离和掘进排弃物集中排放的场所。排弃物包括腐殖表土风化岩土、坚硬岩石以及混合岩土,有时也包括可能回收的表外矿、贫矿等。排土场是一种巨型人工松散堆垫体,其场地基础、排土台阶高度、松散堆积物块分布和物理力学性质,决定了排土场的稳定性。我国现有一定规模的排土场200座以上,每年剥离排放岩土量超过6亿t,排土场的安全问题日趋严重。排场失稳将导致矿山土场灾害和重大工程事故,不仅影响矿山的正常生产,给矿山企业带来巨大的经济损失,而且还会对矿区周边交通和居民区构成严重危害,预测难度大。

#### (2)排土场事故类型

1)排土场滑坡

排土场滑坡分为排土场内部滑坡、沿地基接触面滑坡和软弱地基底部引起滑坡3种形式,排土场滑坡混合雨水或河水则演变成泥石流,其危害性更大。

①排土场内部滑坡。排土场内部滑坡是指地基岩层稳固,由于物料的岩石力学性质、排土工艺及其他外界条件所导致的排土场失稳现象。排土场内部滑坡多数与物料的岩石力学性质有关,特别是排土场受大气降雨和地表水的浸润作用,会严重恶化排土场的稳定状态。

②沿地基接触面滑坡。沿地基接触面滑坡是指排土场松散岩石与地面接触面之间的摩擦强度小于排土场堆料内部的抗剪强度时,发生沿地基接触面的滑坡。这类滑坡的主要原因是在地基与物料接触面之间形成了软弱的潜在滑动面,多发生在地基倾角较大或接触面为软弱层的情况下。

③软弱地基底鼓引起滑坡。当排土场坐落在软弱地层上,由于地基受到排土场荷载压力而产生滑坡和底鼓,然后牵动排土场滑坡。地基为软弱层,分为第四纪表土层、风化带和人为活动形成的软弱层两类。

2)排土场泥石流

泥石流是山区特有的一种自然灾害,它是由于降水(包括暴雨、冰川、积雪融化水等)产生在沟谷或山坡上的一种夹带大量泥沙、石块等固体物质的特殊洪流,是高浓度的固体和液体的混合颗粒流。它的运动过程介于山崩、滑坡和洪水之间,是地质、地貌、水文、气象等各种自然因素、人为因素综合作用的结果。泥石流灾害的特点是爆发突然、活动频繁、危及面广、历时短暂、重复成灾、来势凶猛、破坏力强大。

泥石流发生的条件是:短时间有大量水的来源、有丰富的松散碎屑物质和有便于集水、集物的陡峻地形。

排土场泥石流危害极大,它不同于自然泥石流,它的特点是隐蔽性大、易启动、频率高、冲击力强、涉及面广、冲淤变幅大、淤埋能力强、主流摆动速度快。

矿山排土场泥石流是人为泥石流的典型代表。按照动力作用可以分为滑坡型泥石流、冲蚀性泥石流和复合成因型泥石流。按照流动特性可以分为稀性泥石流和黏性泥石流。稀性泥石流面积大于 20 km² 为大规模泥石流;稀性泥石流面积 220 km² 为中等规模泥石流;稀性泥石流面积小于 2 km² 为小规模泥石流。黏性泥石流面积大于 5 km² 为大规模泥石流;黏性泥石流面积 1 ~ 5 km² 为中等规模泥石流;黏性泥石流面积小于 1 km² 为小规模泥石流。

## 5.8.2 排土场安全度检查

排土场安全检查包括规章制度、设计、作业管理、防洪与防震等方面。

**(1)排土场规章制度与设计检查**

①检查排土场规章制度制定和执行情况。

②检查排土场设计及变更情况。

**(2)排土场作业管理检查**

排土场作业管理检查的内容包括排土参数、变形、裂缝、底鼓、滑坡等。

①排土参数检查内容如下:

a.测量各类型排土场段高、排土线长度,测量精度按生产测量精度要求。实测的排土参数应不超过设计的参数,特殊地段应检查是否有相应的措施。

b. 测量各类型排土场反坡的坡度,每 100 m 不少于两个剖面,测量精度按生产测量精度要求。实测的反坡坡度应在各类型排土场范围内。

c. 测量汽车排土场安全车挡的底宽、顶宽和高度。实测的安全车挡的参数应符合不同型号汽车的安全车挡要求。

d. 测量铁路排土场线路坡度和曲率半径,测量精度按生产测量精度要求;挖掘机排土测量挖掘机至站立台阶坡顶线的距离,测量误差不大于 10 mm。

e. 测量排土机排土外侧履带与台阶坡顶线之间的距离,测量误差不大于 10 mm,安全距离应大于设计要求。

f. 检查排土场变形、裂缝情况。排土场出现不均匀沉降、裂缝时,应查明沉降量,裂缝的长度、宽度、走向等,并判断危害程度。

g. 检查排土场地基是否隆起。排土场地面出现隆起、裂缝时,应查明范围和隆起高度等,判断危害程度。

②检查排土场滑坡。排土场发生滑坡时,应检查滑坡位置、范围、形态和滑坡的动态趋势以及成因。

③检查排土场坡脚外围滚石安全距离范围内是否有建构筑物和道路,是否有耕种地等,是否在该范围内从事非生产活动。

④检查排土场周边环境是否存在危及排土场安全运行的因素。

**(3)排土场排水构筑物与防洪安全检查**

①排水构筑物安全检查主要内容:构筑物有无变形、移位、损毁、淤堵,排水能力是否满足要求等。

②截洪沟断面检查内容:截洪沟断面尺寸,沿线山坡滑坡、塌方,护砌变形破损、断裂和磨蚀,沟内物淤堵等。

③排土场下游设有泥石流拦挡设施的,检查拦挡坝是否完好,拦挡坝的断面尺寸及淤积库容。

**(4)排土场安全设施检查**

安全设施检查的主要内容包括:钢丝绳、大卸扣的配备数量和质量;照明设施能否满足要求;安全警示标志牌、灭火器、通信工具等配置及完好情况。

**(5)企业必须建立的排土场管理档案**

①建设文件及有关原始资料。

②组织机构和规章制度建设。

③排土场观测资料和实测数据。

④事故隐患的整改情况。

## 5.9 顶板与冲击地压事故应急救援

### 5.9.1 顶板事故及其预兆

**(1)顶板事故**

1)顶板与底板

顶板是指正常层序的含煤地层中覆盖在煤层上面的岩层。根据岩层相对于煤层的位置和垮落性能、强度等特征的不同,顶板分为伪顶、直接顶和基本顶3种。底板是指正常层序的含煤地层中伏于煤层之下的岩层,底板分为直接底和基本底两种。

2)顶板事故

顶板事故是指在井下开采过程中,因顶板意外冒落而造成人员伤亡、设备损坏、生产中止等事故。

3)顶板事故分类

①按顶板事故发生的力学原理分类。顶板事故按其发生的力学原理分为压垮型冒顶、漏垮型冒顶和推垮型冒顶3类。因支护强度不足,顶板来压时压垮支架而造成的冒顶事故称为压垮型冒顶;由于顶板破碎、支护不严引起破碎的顶板岩石冒落而引发的冒顶事故称为漏垮型冒顶;因复合型顶板重力的分力推动作用使支架大量倾斜失稳而造成的冒顶事故称为推垮型冒顶。

②按顶板事故发生的规模分类。顶板事故按其发生的规模分为局部冒顶和大面积冒顶两类。局部冒顶是指冒顶范围不大,伤亡人数不多的冒顶,常发生在煤壁附近、采煤工作面两端、放顶线附近、掘进工作面及年久失修的巷道等;大面积冒顶是指冒顶范围大、伤亡人数多的冒顶,常发生在采煤工作面、采空区、掘进工作面等。

**(2)顶板事故预兆**

1)采煤工作面局部冒顶的预兆

①掉渣,顶板破裂严重。

②煤体压酥,片帮煤增多。

③裂缝变大,顶板裂隙增多。

④支柱发出响声,采空区顶板下沉断裂。

⑤顶板出现离层,可用"敲帮问顶"方式试探顶板。

⑥有淋水的采煤工作面,顶板淋水明显增加。

⑦在含瓦斯煤层中,瓦斯涌出量突然增大。

⑧破碎的伪顶或直接顶有时会因背顶不严或支架不牢出现漏顶现象。

2)掘进巷道冒顶事故

当掘进工作面巷道围岩应力较大、支架的支撑力不够时,就可能损坏支架,形成巷道冒顶,巷道冒顶事故多发生在掘进工作面及巷道交会处。巷道冒顶事故的预兆有:

①掉、漏顶。破碎的伪顶或直接顶有时会因背板不严和支架不牢固出现漏顶现象,

造成空顶、支架松动而冒顶。

②顶板有裂缝。裂缝迅速变宽、增多。

③顶板发出响声。一方面顶板压力急剧加大时，顶板岩层下沉，顶板内有岩层断裂的声响；另一方面，木质支架或木板也会出现压弯断裂而发出响声。

④顶板出现离层，掘进面片帮次数明显增多。

⑤有淋水的巷道顶板淋水量增加等。

## 5.9.2　防范顶板事故的措施

**(1)采煤工作面局部冒顶的预防**

①及时支护悬露顶板，加强敲帮问顶。

②炮采时炮眼布置及装药量要合适，避免崩倒支架。

③尽量使工作面与煤层节理垂直或斜交避免片帮，一旦片帮应掏梁超前支护。

④综采面采用长侧护板，整体顶梁、内伸缩式前梁增大支架向煤壁方向的推力，提高支架的初撑力。

⑤采煤机转移后，及时伸出伸缩梁，及时接顶带压移架。

⑥破碎直接顶范围较大时，注入树脂类黏结剂固化，支护形式采用交错梁直线柱布置。

**(2)掘进巷道冒顶事故的预防**

①根据岩石性质及有关规定，严格控制顶距，严禁空顶作业。

②严格执行敲帮问顶制，危石必须挑下，无法挑下时要采取临时支撑措施。

③在破碎带或斜巷掘进时要缩小棚距，并用拉撑件把支架连在一起，防止推垮。

④支护失效替换支架时，必须先护顶，支好新支架，再拆老支架。

⑤斜巷维修巷道棚梁时，必须停止行车，必要时要制定安全措施。

**(3)顶板事故的应急救援**

①发生冒顶事故后，救护队应配合现场人员一起救助遇险人员。如果通风系统遭到破坏，应迅速恢复通风。当瓦斯和其他有害气体威胁到抢救人员的安全时，救护队应撤出抢救人员和恢复通风。

②在处理冒顶事故前，救护队应向冒顶区域的有关人员了解事故发生原因、冒顶区域顶板特性、事故前人员分布位置、检查瓦斯浓度等，并实地查看周围支架和顶板情况，在危及救护人员安全时，首先应加固附近支架，保证退路安全畅通。

③抢救被埋、被堵人员时，用呼喊、敲击等方法，或采用探测仪器判断遇险人员位置，与遇险人员联系，可采用掘小巷、绕道或使用临时支护通过冒落区接近遇险者；一时无法接近时，应设法利用钻孔、压风管路等提供新鲜空气、饮料和食物。

④处理冒顶事故时，应指定专人检查瓦斯和观察顶板情况，发现异常，应立即撤出人员。

⑤清理大块矸石等压人冒落物时，可使用千斤顶、液压起重器具、液压剪、起重气垫等工具进行处理。

### 5.9.3 不同地点的冒顶救援

**(1)回采工作面大冒顶**

1)整巷法

冒顶范围不超过 15 m,冒落矸石块度不大、人工便于搬运时,可采取整巷法处理,整巷处理的具体方法如下:

①在冒落区的两端,由外向里,先用双腿套棚,维护好顶板,保证退路畅通无阻,顶梁用小板刹紧背严,防止顶板继续错动、垮落。若顶板压力大,可在冒顶区两头加打木跺。

②边整理工作面边支棚子,把冒落的矸石清理到采空区,派人砌好矸石墙,每整理 1 m 长工作面,支两架板梁棚。

③遇到大块矸石,应用煤电钻(风钻)打眼,爆破破碎岩石,钻眼数量和炮眼的装药量应根据岩石块的大小与性质决定,但必须符合《煤矿安全规程》的要求,不准出现裸露爆破。

④如顶板垮落的矸石破碎,不易一次通过时,先沿煤帮输送机道整修一条小巷,采用人字形支架使风流贯通,输送机开动后,再从冒顶区两头向中间依次放矸支棚,梁上如有空顶,应采用小木跺插梁背实。

2)开补巷绕过冒顶区

冒顶范围较大不适合整巷处理时,采取补巷绕过冒顶区的方法进行救援。根据冒顶区在工作面的位置不同,按以下三种情况进行处理:

①冒顶发生在工作面机尾。沿工作面煤帮,从回风巷重开一条巷(补巷)绕到工作面未冒顶区,将机尾缩至工作面完整支架处继续回采(在没有人员被埋的情况下)。当工作面补巷采成一直线时,再接上输送机,恢复正常回采。冒顶区埋压的设备、支架用整小巷的办法或重新开补巷,直接扒开矸石回收。

②冒顶发生在工作面的中部。平行于工作面留 3~5 m 煤柱,重开一条开切眼,对埋压在冒顶区的设备、支架、材料等,在新开切眼内每隔 10~15 m,往冒顶区穿小洞,用掘小巷的方法分段回收设备。回收完设备、支架、器材后,最好在煤柱上打眼爆破,倒采 1~2 排,以采穿老工作面为宜,以免煤柱支撑顶板,给以后回采造成顶板控制上的困难。

③冒顶发生在工作面机头。煤帮退出 3~5 m,从输送机边向上掘进一条斜上山通到冒顶区的上部。在斜上山内另装一部临时输送机或将老工作面的输送机头转移过来安装,逐步接长中部槽。掘通补巷后,随着工作面的推进,逐步延长工作面输送机,缩短补巷内的输送机,直到工作面采直。

**(2)掘进工作面冒顶**

掘进工作面发生冒顶,处理冒落巷道的方法有木跺法、搭"凉棚"法、撞楔法和打绕道法等。

1)木跺法

木跺法是处理冒落巷道的常用方法,一般又分为"井"字木跺法和"井"字木跺与小棚结合法两种。

2）搭"凉棚"法

冒落拱不超过 1 m、顶板岩石比较稳定、长度不大时,用 5~8 根长料搭在冒落两头完好的支架上,然后在"凉棚"的掩护下清理冒落物、架棚。架完棚子后,在"凉棚"上用材料把顶板背实。

3）撞楔法

当顶板岩石破碎不停垮落,人员清理巷道时常采用撞楔法。首先把棚子立在工作面上,在棚子的顶梁和巷道顶板之间打入大板、钢轨等撞楔材料,使它们互相靠近把巷道顶板完全挡住,打撞楔要从巷道的左上角往右上角打,反过来打也行。撞楔要斜着往上打,一次打入的深度不宜太大( 20~40 cm)。岩石压力越大,撞楔打入的斜度也越大,一边打撞楔,一边掏出岩石。撞楔打好后,立一架棚子,并在撞楔末端补上方木,方木中心要留出切口,以便插入下一行撞楔,之后在已经安设好的两架棚子中间安上水平横撑。重复作业,循环向前掘进。

4）打绕道法

当冒落巷道长、不易处理并造成堵风的情况下,为了给遇险人员输送新鲜空气、食物和饮料,迅速营救遇险人员,可采取打绕道的方法,绕过冒落区进行抢救工作。

## 5.9.4 冲击地压事故应急救援

### (1)冲击地压

冲击地压又称岩爆,是指井巷或工作面周围岩体,由于弹性变形能的瞬时释放而产生突然剧烈破坏的动力现象,常伴有煤岩体抛出、巨响及气浪等现象。它具有很大的破坏性,是矿山重大灾害之一。

### (2)冲击地压特性

①突发性。发生前一般无明显前兆,冲击过程短暂,持续时间为几秒到几十秒。

②一般表现为煤爆、浅部冲击和深部冲击。最常见的是煤层冲击,也有顶板冲击和底板冲击,少数矿井发生了岩爆。

③具有破坏性。造成煤壁片帮、顶板下沉、底鼓、支架折损巷道堵塞、人员伤亡。

④具有复杂性。实践证明,除褐煤以外的各煤种均有可能发生冲击地压。

### (3)冲击地压分类

①根据原岩体的应力状态分类。

a.重力应力型冲击地压。主要受重力作用,没有或只有极小构造应力影响的条件下引起的冲击地压。

b.构造应力型冲击地压。主要受构造应力的作用引起的冲击地压。

c.中间型或重力构造型冲击地压。主要受重力和构造应力共同作用引起的冲击地压。

②根据冲击的显现强度分类。

a.弹射。单个碎块从处于高应力状态下的煤或岩体上射落,并伴有强烈声响。

b. 矿震。它是煤、岩内部的冲击地压,较弱的矿震称为微震,也称为煤炮。

c. 弱冲击。煤或岩石向已采空间抛出,但破坏性不大,对支架和设备基本上无损坏。

d. 强冲击。部分煤或岩石急剧破碎,大量向已采空间抛出,出现支架折损、设备移动和围岩震动,震级在 2.3 级以上,伴有巨大声响,形成大量煤尘和产生冲击波。

③根据震级强度和抛出的煤量分类。

a. 轻微冲击:抛出煤岩量在 10 t 以下,震级在 1 级以下的冲击地压。

b. 中等冲击:抛出煤岩量在 10~50 t 以下,震级在 1~2 级的冲击地压。

c. 强烈冲击:抛出煤岩量在 50 t 以上,震级在 2 级以上的冲击地压。

④根据发生的地点和位置分类。

a. 煤体冲击。发生在煤体内,根据冲击深度和强度又分为表面、浅部和深部冲击。

b. 围岩冲击。发生在顶底板岩层内,根据位置有顶板冲击和底板冲击。

**(4)冲击地压的危害**

我国的冲击地压首次发生在辽宁抚顺胜利煤矿。随着开采深度的增加和开采范围的扩大,冲击地压的危害会更加严重。

①冲击地压对从业人员安全的威胁。冲击地压能够直接造成人员伤亡。在冲击地压伤亡事故中,多数人员是被摔死、摔伤的;少数人员是由于设备倾倒、支架倒塌砸死、砸伤的;还有部分人员是由于冲击地压导致的冒落岩石砸死、砸伤的。

②冲击地压对巷道的破坏。由于岩体片帮和抛出、顶板下沉、底板上鼓、支架受力破坏,造成巷道变形,甚至造成巷道堵塞,无法通风和行人。

③冲击地压对矿井安全生产的危害冲击地压除造成井巷工程破坏、伤害作业人员、耗费大量资金进行维护外,发生高强度冲击地压时,还会对地面建筑物造成破坏。冲击地压严重破坏矿井安全生产秩序,造成大面积减产,影响矿山企业经济效益,导致当地社会稳定程度下降。

**(5)冲击地压的防范措施**

①建立冲击地压控制保障体系和冲击地压综合管理体系。

②合理布置采掘工程,选择合理的开采顺序,避免出现应力集中现象。

③预先开采保护层,使有冲击地压危险的矿层提前泄压。

④采取松动爆破远距离爆破,使矿岩中积聚的弹性变形能有控制地释放。

⑤向煤岩层内提前实施高压注水,使煤岩层塑性成分增加、强度降低。

⑥采用宽巷道掘进,设置防冲击隔离带;工作面架设防冲击挡板、格栅等减小冲击地压危害的措施。

⑦选择崩落法等合理的采矿方法。

⑧采用锚喷支护、锚网支护等先进技术,加强巷道支护。

**(6)冲击地压应急救援**

①得知冲击地压事故报告必须立即启动事故应急救援预案,成立现场指挥部,制定抢救方案,实施事故救援。

②发生冲击地压事故后,救护队应配合现场人员一起救助遇险人员。如果通风系统遭到破坏,应迅速恢复通风。当瓦斯和其他有害气体威胁到抢救人员的安全时,救护队应撤出抢救人员和恢复通风。

③在处理冲击地压事故前,救护队应向冲击地压区域的有关人员了解事故发生原因、顶板特性、事故前人员分布位置,检查瓦斯浓度等,并实地查看周围支架和顶板情况,在危及救护人员安全时,首先应加固附近支架,保证退路安全畅通。

④抢救被埋、被堵人员时,用呼喊、敲击等方法或采用生命探测仪器判断遇险人员位置与遇险人员联系,可采用掘小巷、绕道或使用临时支护通过冒落区接近遇险者,一时无法接近时应设法利用钻孔、压风管路等提供新鲜空气、饮料和食物。

⑤处理冲击地压事故时,应指定专人检查瓦斯和观察顶板情况,发现异常应立即撤人。

⑥冲击地压事故导致电气设备移位、砸伤人员时,应先将设备断电,再采取措施施救。

⑦清理大块矸石等压人冒落物时,可使用千斤顶、液压起重器具、液压剪、起重气垫等工具进行处理。

⑧遇险人员获救后,要立即采取保温措施,迅速运送到安全地点。

⑨长期被困井下人员,不要用灯光直射眼睛,搬运出井口前应用毛巾、黑布等物盖住眼睛。

### 5.9.5　坍塌事故应急救援

#### (1)坍塌事故

2015 年 7 月 25 日,某锡矿第三采选厂发生坍塌事故,造成 11 名作业人员被困井下。事故发生后,国家安全生产监督管理总局及省政府领导高度重视,安排人员奔赴现场指导抢险救援工作,多支救护队共同合作并在抢险指挥部的正确领导下,联合作战,历经 43 h,成功将 11 名被困人员救出。

#### (2)矿井概述

该矿属于乡集体企业,始建于 1985 年。矿山面积 1.74 km$^2$,生产规模 5×10$^4$ t/a,采用井工地下开采方式,开采矿种为锡矿。该矿开采深度为 1 795 m 至 1 660 m 标高。该矿自上而下开拓有 4 条平硐,分别是 1 799 m 平硐、1 726 m 平硐、1 688 m 平硐和 1 630 m 平硐。这 4 条平硐分属 3 个开采主体,分别是一车间、第二采选厂和第三采选厂。一车间开拓1 799 m 平硐,单独取得安全生产许可证,实际为独眼井,超层越界开采+1 799 m 以上矿体;第二采选厂开拓 1 726 m 平硐和 1 688 m 平硐,开采 1 688 m 以上矿体;第三采选厂开拓 1 630 m 平硐,超层越界开采 1 630 m 以上矿体。第二采选厂和第三采选厂联合取得安全生产许可证,其所属的 3 条平硐互为安全出口,共用 1 条回风斜井。

#### (3)事故直接原因

距硐口 1 600 m 左右的主平硐与上部相连的斜坡上山交叉口上方存在断层受连日强降雨影响,巷道顶板因积水长期浸泡塌落,积水混合碎石形成泥石流溃泄,掩埋堵塞

1 630 m 平硐,造成人员被困。

**(4)应急处置和抢险救援**

1)企业先期处置

事故发生后,企业及时组织自救互救,并按规定向上级进行了报告。

2)各级应急响应及救援力量调集

事故发生后,当地政府主要领导带领各有关部门负责人立即赶赴现场组织指挥救援,成立了由州委书记任指挥长、州长任副指挥长、州县其他领导和有关部门负责人为成员的现场救援指挥部,下设9个工作小组。国务院、国家安全生产监督管理总局和省政府高度重视,国家安全生产监督管理总局派出工作组、省政府有关部门负责人赴现场指导抢险救援工作。救援指挥部调集了多支矿山救护队80余人和公安、消防、武警、边防、解放军、医护人员、州县干部、公司职工等一千余人,迅速开展抢险救援工作。

**(5)应急处置救援总结分析**

1)救援经验

事故发生后,国家安全生产监督管理总局和地方各级主要领导及有关部门领导第一时间迅速赶赴事故现场,指导、指挥抢险救灾工作;及时成立了救援领导小组、救援指挥部以及各个工作组,明确了各自工作职责和任务。

调集了大批救援力量全力以赴开展救援。调集专业矿山救护队指战员80余人,公安、消防、武警、边防、解放军783人,医护人员208人,州县干部职工522人,公司干部职工165人以及各种车辆、装备到达事故现场,分班分组挖掘清理堵塞巷道,并组织突击队轮番到最前沿探险救人。

2)存在问题

救援情况复杂,施救条件差,救援风险大。

①事故企业存在迟报事故的情况。事故发生时间为7月25日凌晨6时左右,县安全生产监督管理局7月25日13时10分才接到事故报告,致使救援延误数小时。

②小型非煤矿山安全基础较差,企业应急管理工作相对薄弱。应加大对非煤矿山的检查指导力度,进一步督促非煤矿山加强应急救援体系建设,提高应急管理水平。

③缺乏快速、有效清理坍塌砂石的专用工具。

# 5.10 矿山运输事故应急救援

## 5.10.1 采煤机安全运行

**(1)滚筒式采煤机种类及构成**

采煤机是煤矿井下机械化采煤工作面落煤、装煤的主要设备,在各种类型采煤机中,由于滚筒式采煤机具有采高范围大,对煤层厚度、硬度、顶底板条件及煤层倾角等变化适应性强的特点,是目前国内外使用最广泛的采煤机。

1)滚筒式采煤机的构成

①滚筒式采煤机一般由截割部、牵引部、电动机和电气系统及辅助装置等部分组成,截割部是工作机构及其驱动装置的总称,包括固定减速箱、摇管和滚筒,是采煤机实现截煤、碎煤和装煤的部分。

②牵引部使采煤机沿工作面移动,包括牵引驱动装置和牵引机构两部分。

③电动机是采煤机的动力部分,为截割部、牵引部提供动力。

④辅助装置包括挡煤板、底托架、电缆拖曳装置、供水喷雾冷却装置及调高、调斜装置等。

2)牵引方式

滚筒式采煤机按牵引方式分为钢丝绳牵引采煤机、链牵引采煤机和无链牵引采煤机三种类型。

钢丝绳牵引采煤机目前已被淘汰。链牵引由于链条弹性变形,传动速度不均匀,易引起机器振动和断链事故,被无链牵引机构所取代。采用无链牵引,取消了危及安全的牵引链,彻底消除了因断链、跳链等造成的伤亡事故,使工作面环境更安全。

①无链牵引优点:

a.采煤机运行平稳,载荷均匀。

b.可采用双牵引传动,提高牵引力,适应在倾角较大的条件下工作。

c.消除牵引链的事故,提高安全性。

d.提高综合效率,将牵引力有效地用在割煤上。

e.可实现工作面多机同时作业,提高工作面单产无链牵引缺点。

②无链牵引缺点:

a.对工作面刮板输送机的弯曲和起伏条件要求较严,对煤层地质条件变化适应性较差。

b.使机道宽度增大,须提高支架控顶能力。

无链牵引机构的结构形式有:齿轮销排型、销轮齿轨型、复合齿轮齿条型、链轮链轨型和强力链轨型。采煤机按牵引控制方式分为机械牵引采煤机、液压牵引采煤机和电牵引采煤机。由于机械传动结构复杂,调速和保护性能差,目前机械牵引采煤机已被淘汰。液压传动是利用液压泵和液压发动机组成的容积调速系统来驱动牵引机构,目前国内大多数采煤机是液压牵引。所谓"电牵引"是由单独牵引电动机经齿轮传动驱动牵引机构,根据牵引电动机的形式可分为直流电牵引和交流电牵引两类。

电牵引采煤机优点:

①电牵引部的调速、换向、过载保护和各种监控保护都可以由电气系统实现,机械部分大为简化,可以缩小采煤机的体积。

②调速方便,调速范围广,调速特性好。

③传动效率高,可实现高牵引速度。

④采煤机故障少,维修费用低,出现故障时有完善的显示,维修方便。

### (2)滚筒式采煤机伤人事故及其预防

由于采煤机作业空间小,环境恶劣,易产生伤人事故。采煤机伤人事故类型有:滚筒割人、牵引链弹跳或折断打人、采煤机下滑、电缆车碰人等。滚筒式采煤机的截煤滚筒是比较容易出事故的地方。

采煤机截齿是易损易耗部件,需要经常检查和更换。在作业过程中,由于顶板、煤壁、支架、刮板输送机等特殊情况需要处理,作业人员往往到工作面靠煤壁一侧,此处距离滚筒很近,若采煤机司机或其他作业人员误操作,极易导致滚筒伤人事故。为防止采煤机伤人事故,应注意以下事项:

①启动采煤机前,必须先巡视采煤机四周,确认对人员无危险后,方可接通电源。采煤机因故暂停时,必须打开隔离开关和离合器。

②更换截齿和滚筒,上下3 m内有作业人员时切断电源,打开采煤机隔离开关和离合器,并对工作面输送机施行闭锁。

③检查或更换截齿需要转动滚筒时,不得开电动机转动,必须在打开离合器状态下用手扳转。

④为了防止工作面片帮砸伤更换截齿人员,更换截齿地点应尽可能在工作面上、下两端头,如必须在工作面中间进行,应注意顶板情况,确认安全可靠后方可进行。

⑤在检修采煤机时,要避免检修中机械碰撞、摩擦产生火花,以防引起瓦斯、煤尘爆炸,拆卸、安装大件时,要注意起吊工具安全可靠,防止发生砸伤人员事故。

⑥采煤机开动时,下方不要站人或来回通过,防止下滑伤人。机组过后顶溜要及时,使下部溜槽弯曲过去,缩短下滑距离。

此外使用滚筒式采煤机采煤时,应遵守下列规定:

①工作面遇有坚硬夹矸或黄铁矿结核时,采取松动爆破措施处理,严禁用采煤机强行截割。

②工作面倾角在15°以上时,必须有可靠的防滑装置。

③采煤机必须安装内、外喷雾装置。割煤时必须喷雾降尘,内喷雾压力不得小于2 MPa,外喷雾压力不得小于1.5 MPa,喷雾流量应与机型相匹配。如果内喷雾装置不能正常喷雾,外喷雾压力不得小于4 MPa。无水或喷雾装置损坏时必须停机。

④采用动力载波控制采煤机,当2台采煤机由1台变压器供电时,分别使用不同的载波频率,并保证所有动力载波互不干扰。

⑤采煤机控制按钮必须设在靠采空区一侧,并加保护罩。

⑥使用有链牵引采煤机时,在开机和改变牵引方向前必须发出信号,只有在收到反向信号后,才能开机或改变牵引方向,防止牵引链跳动或断链伤人。必须经常检查牵引链及其两端的固定连接件,发现问题及时处理。采煤机运行时,所有人员必须避开牵引链。

⑦采煤机用刮板输送机作轨道时,必须经常检查刮板输送机溜槽连接、挡煤板导向管连接,防止采煤机牵引链因过载而断链;采煤机为无链牵引时,齿(销、链)轨的安设必须紧固、完整,并经常检查。必须按安全作业规程规定和设备技术性能要求操作、推进刮板输送机。

## 5.10.2　刮板输送机安全运行

刮板输送机是一种挠性牵引机构的连续输送机械,在采煤工作面起着承载、运煤和采煤机导向以及液压支架推移支撑作用,是整套机采设备的"中坚",其性能、可靠程度和寿命是采煤工作面正常生产和取得良好技术经济效益的重要保证。刮板输送机主要部件有机头部、机尾部、溜槽及其附件、刮板链及紧链装置、防滑及锚固装置和推移装置。

**(1)刮板输送机伤人事故**

刮板输送机伤人事故主要有:断链伤人,飘链伤人,机头、机尾翻翘伤人,溜槽拱翘伤人,运料伤人,在溜槽上摔倒伤人,耦合器无保护罩碰人,信号误动作造成伤人及因刮板输送机引发的瓦斯、煤尘爆炸等造成人身伤亡。

**(2)刮板输送机安全事故预防措施**

①刮板输送机在开机前一定要先发出信号,再点动试机,无问题后再正式开机。

②凡是转动、传动部位应按规定设置保护罩或保护栏杆。

③不准在输送机内行走,严禁乘坐刮板输送机。

④严格执行停机处理故障、停机检修的制度,停机后要悬挂停机警示牌。

⑤做好刮板输送机的日常维护与管理。做到一稳:整台机组要平稳;两平:溜槽接口要平,电动机和减速器底座要平;三直:整台机组要平直,工作面要直,电动机、减速器中心线要对直;四勤:对刮板输送机要勤检查、勤注油、勤清理、勤修理。

⑥此外,要严格执行《煤矿安全规程》的规定:

a.采煤工作面刮板输送机必须安设能发出停止和启动信号的装置,发出信号点的间距不得超过 15 m。

b.刮板输送机的液力耦合器,必须按所传递功率的大小注入规定量难燃液,并经常检查有无漏失。易熔合金塞必须符合标准,并设专人检查、清除塞内污物。

c.刮板输送机严禁乘人。用刮板输送机运送物料时,必须有防止顶人和顶倒支架的安全措施。

d.移动刮板输送机的液压装置,必须完整可靠。移动刮板输送机时,必须有防止冒顶伤人和损坏设备的安全措施。必须打牢刮板输送机的机头、机尾锚固支柱。

## 5.10.3　带式输送机安全运行

**(1)带式输送机种类及其构成**

1)概述

带式输送机是以胶带兼作牵引机构和承载机构的连续运输机械。带式输送机既可用于水平运输,又可用于倾斜运输。通常情况下,倾斜向上运输时的倾角不超过 18°,向下运输时的倾角不超过 15°。矿用带式输送机主要有绳架式、可伸缩式、嵌钢丝绳式及钢丝绳牵引等四大类型。按牵引方式不同,带式输送机可分为滚筒驱动和钢丝绳牵引两大类。

2）可伸缩带式输送机组成

可伸缩带式输送机由机头、储带装置、中间机身部、机尾部、托辊、输送带、清扫器、制动装置和保护装置等部件组成。

3）带式输送机摩擦传动理论

带式输送机所需要的牵引力是通过主动滚筒与胶带之间的摩擦力来传递的，即其输送带围包在传动滚筒上，依靠滚筒与输送带的摩擦力来驱动输送带运行。带式输送机的牵引力是由多方面决定的，取决于运输生产率，输送带速度、宽度，输送机的长度以及托运结构等。为了提高传动滚筒上的牵引力，主要从以下三个方面着手：

①增加胶带的初张力：带式输送机在运转过程中，由于胶带被拉长而使张力减小，可以通过拉紧装置适当地增加初张力以提高牵引力。

②增加摩擦系数：在主动滚筒上包覆一层摩擦系数较大的木衬或橡胶等衬垫，以增大摩擦系数。

③增大围包角：井下带式输送机由于工作条件差，所需牵引力较大，故采用双滚筒传动，围包角可达480°。

**（2）带式输送机常见伤人事故及其预防**

1）带式输送机常见伤人事故

①胶带火灾事故，易造成较多人员死亡。

②处理胶带打滑伤人。

③在胶带上行走，被拉入溜煤眼或摔倒。

④跨越穿过胶带伤人。

⑤处理胶带跑偏伤人。

⑥清扫胶带、连接胶带等伤人。

⑦清理胶带卷筒附着煤泥伤人。

⑧用带式输送机运送物、料伤人。

2）防止带式输送机伤人事故措施

①带式输送机司机必须经过安全技术培训，考试合格后持证上岗。

②带式输送机的驱动装置、液力耦合器、传动滚筒、尾部滚筒等要设置保护罩和防护栏杆，防止人员靠近造成事故。

③工人衣着要利索，袖口、衣襟要扎紧，严禁留长发。输送机运行中禁止用铁锹和其他工具刮胶带上的煤泥或用工具拨正跑偏胶带，以免发生人身事故。

④带式输送机开机时，要先发出信号，后点动试机，再投入正常运行。

⑤正常情况下，输送机要求空载启动，并避免频繁启动。

⑥带式输送机运行时严禁跨越，严禁乘人。带式输送机巷道中行人跨越带式输送机处应设过桥。

⑦输送机运行中，人不得探入下胶带或储带仓内清扫浮煤，不得钻入机架清扫浮煤或淤泥，要进行处理时，必须通知司机停机进行。

⑧检修带式输送机时，必须认真执行停送电制度，防止误操作造成事故。

⑨加强对设备的保养,运行中发现问题要及时处理,及时维修。

3)带式输送机司机贯彻如下操作注意事项

①接班运行前检查重点:各种保护装置、制动装置、信号闭锁系统应齐全、灵敏可靠。

②机头、机尾清扫器应符合要求。

③胶带张紧情况要符合规定。

④开机一周要检查各胶带接头确保接头良好。

⑤各滚筒、托辊完整齐全、转动灵活。

⑥信号清晰可靠。

4)启动、运行和停机安全操作事项

①启动前先发信号,警告人员离开带式输送机转动部位。

②启动时,先点转 1~2 次,听声音、看状态,确认无异常后,方可连续运行。

③运转中做到三注意:一要注意胶带张紧情况,发现打滑立即处理,处理不了的及时汇报;二要注意胶带运行情况,发现跑偏等异常情况立即处理或及时汇报;三要注意开机、停机信号,不得出现误操作。

④停机后应将隔离开关置于零位。

**(3)带式输送机安全保护装置**

1)驱动滚筒防滑保护装置

驱动滚筒防滑保护装置是当驱动滚筒与输送带打滑摩擦时能够使带式输送机自动停机的装置。设置该装置可避免因滚筒摩擦生热,引起火灾和瓦斯、煤尘爆炸等重大事故。

2)堆煤保护装置

堆煤保护装置是当输送机机头发生堆积煤时,能够使带式输送机自动停机的装置。装设堆煤保护装置,可避免煤的堆积,防止巷道封堵,避免影响矿井正常通风及引起瓦斯积聚和瓦斯超限。

3)防跑偏装置

防跑偏装置是输送带发生跑偏时,能够使输送带自动纠偏,在严重跑偏时能够使输送机自动停机的装置。设置防跑偏装置可防止因胶带跑偏带来的撒煤、胶带撕裂、磨损胶带、损坏机架、增大运行阻力等事故。

4)温度保护、烟雾保护和自动洒水装置

在带式输送机运转过程中,由于种种原因,使驱动滚筒与输送带打滑等造成温度升高、热量积聚,产生烟雾会引起火灾事故,这些保护装置能监测到温度信号、烟雾信号,实现自动停机并能自动洒水,把事故消灭在萌芽状态。

5)输送带张紧力下降保护装置和防撕裂保护装置

拉紧装置的作用是保证输送带有足够的初张力,使滚筒与输送带之间产生必要的摩擦力,设置张紧力下降保护装置,可防止因张紧力不足产生的胶带打滑引发事故。防撕裂保护装置是当输送带发生撕裂时能够使输送机自动停机,防止撕裂事故扩大的装置。

6)防逆转装置和制动装置

倾斜井巷中使用带式输送机,在停机情况下,因载荷重力分力作用,上运时,会使带式输送机逆转,有可能造成飞车事故;下运时,使带式输送机继续运行或过速运行,不能停车。因此,在倾斜井巷使用的带式输送机必须同时装设防逆转装置和制动装置。

## 5.10.4  掘进机械与装载机安全运行

### (1)掘进机

巷道掘进机能够同时完成破落煤岩、转载运输、喷雾灭尘和调动行走等工作,与钻眼爆破和机械装载的传统方法相比具有掘进速度快、效率高,减少不必要的工程量,大大提高生产安全性,又能减轻工人体力劳动的特点。巷道掘进机可分为全断面巷道掘进机和部分断面巷道掘进机。目前,应用于煤矿的主要是部分断面巷道掘进机,用于掘进煤巷和半煤岩巷。

1)掘进机常见伤人事故

由于掘进工作面比较狭窄,而掘进机体积又较大,工作时前后、左右、上下都有动作,易引起伤人事故,常见的有:

①掘进机移动时,没有发出信号,或者其他人员误操作,挤伤在场工作人员,挤坏电缆、水管、支架等。

②在检修切割头,更换锯齿、喷嘴等靠近切割头时,切割电机开动而咬伤工作人员。

③在掘进中发生透水与突出事故,检修机器时,发生片帮事故,砸伤工作人员。

④掘进工作面除尘效果差,影响工人身体健康和潜在煤尘爆炸危险。

2)预防措施

必须严格执行《煤矿安全规程》有关规定:

①掘进机必须装有只准以专用工具开、闭的电气控制回路开关,专用工具必须由专职司机保管。司机离开操作台时,必须断开掘进机上的电源开关。

②在掘进机非操作侧,必须装有能紧急停止运转的按钮。

③掘进机必须装有前照明灯和尾灯。开动掘进机前,必须发出警报。

④只有在铲板前方和截割管附近无人时方可开动掘进机。

⑤掘进机作业时,应使用内外喷雾装置,内喷雾装置的使用水压不得小于 3 MPa,外喷雾装置的使用水压不得小于 1.5 MPa;如果内喷雾装置的使用水压小于 3 MPa 或无内喷雾装置,则必须使用外喷雾装置和除尘器。

⑥掘进机停止工作和检修以及交班时,必须将掘进机切割头落地,并断开掘进机上的电源开关和磁力启动器的隔离开关。

⑦检修掘进机时,严禁其他人员在截割臂和转载桥下方停留或作业。

⑧掘进机工作和检修时,一定要注意观察工作面的情况,发现有片帮、透水等征兆时,应立即停机,撤离人员。

⑨要经常检查刮板链的磨损情况,磨损严重时要立即更换,以防发生断链伤人事

故;经常检查各部油温情况,按规定换油、注油,要检查电缆的损伤情况和接地保护装置,以防止触电事故的发生。

⑩要保证掘进面通风良好,防止瓦斯积聚。

**(2)装载机**

耙斗装载机具有结构简单、灵活方便、既能装煤又能装岩等特点,应用范围广。但是,在实际使用过程中,由于操作不当,违章作业或没有采取必要的防护措施,易造成设备损坏、人员伤亡等事故。

1)装载机常见事故

①耙斗碰人:耙斗装载机工作过程中,迎头工作面有人作业,造成耙斗碰人。

②操纵司机没有观察周围环境情况,盲目急于开车,突然启动碰人。

③尾轮脱落伤人:尾轮的固定方式没有按照《煤矿安全规程》要求对不同岩石条件采取不同固定措施,易造成固定楔固定不牢而使尾轮脱落。煤岩过高,尾轮固定位置相对偏低,司机操纵回空斗时易多次碰撞尾轮,造成松动,使尾轮脱落。司机操作失误,使两个闸把同时闸紧,轻、重绳同时牵引,拉出尾轮或拉断钢丝绳。

④钢丝绳伤人:使用不合格钢丝绳,继续使用磨损过度或严重锈蚀的钢丝绳,因强度不够,导致拉断钢丝绳伤人。在耙装过程中绳速过快,使绳的抖动范围很大,加之耙装机没有封闭的护绳栏或因护绳栏间距过大,造成钢丝绳窜出抽伤司机或周围工作人员。使用的牵引绳为打结的钢丝绳,这不但加快钢丝绳间的相互摩擦,而且易在打结处产生毛刺,极易导致钢丝绳断绳和在钢丝绳与钢丝绳之间、钢丝绳与绳轮之间产生火花而发生事故。

此外,由于耙斗装载机重心偏高,在长距离移动耙斗装载机时,操作不当导致出轨或翻倒砸伤人员;由于耙斗装载机固定不牢,拉翻、拉倒耙斗装载机而发生挤人、砸人、撞击事故。

2)预防常见事故措施

①加强工作面的管理,搞好职工培训,提升工人的安全意识和技术水平。在耙斗装载机工作时,尾轮下及耙斗运行范围内严禁有人平行作业。耙斗装载机司机必须经过培训和严格考试,取得操作资格证书,严禁非司机无证操作。

②耙斗装载机作业前必须将机身和尾轮固定牢靠,特别是挂尾轮的固定,应根据岩层性质选用不同固定方式。不准将尾轮挂在棚梁或棚腿上,防止拉倒棚子。

③使用合格钢丝绳,并做好钢丝绳的日常检查,当磨损和断丝超过规定值时,应及时更换,特别注意不得使用打结的钢丝绳。操作过程中钢丝绳的速度要保持均匀,不可使钢丝绳忽松忽紧。

④司机操作前,检查耙斗装载机各部件连接情况及绞车卷筒和制动闸是否完整齐全、灵活可靠。

⑤开车前一定要发出明确信号,机器两侧不得站人,以免伤人。此外,应做好机器周围环境清扫干净,保证封闭钢丝绳护栏完好。做好洒水防尘、防瓦斯工作。在较长距离移动耙斗装载机时,要掌握好重心,避免翻翘。

3）特殊条件下的安全措施

①在上、下山装载,当倾角大于10°时,机身除用卡轨器固定外,还要用钢丝绳把台车固定在轨枕上,或在台车的斜上方打两根深度大于0.8 m的轨道,再用钢丝绳把台车固定在轨道桩上。

②上山装载时,应在司机前方打护身柱,并加挡板,且下方不准有人作业。

③下山装载时,注意下放矿车应减速行驶,避免矿车冲撞耙斗装载机。

④在拐弯巷道装载时,钢丝绳运行的外侧可设专人指挥,并设专用指挥信号,钢丝绳运行的内侧不得有人。

4）《煤矿安全规程》关于使用耙斗装载机必须遵守的规定

①耙斗装载机作业时必须照明。

②耙斗装载机绞车的刹车装置必须完整、可靠。

③必须装有封闭式金属挡绳栏和防耙斗出槽的护栏;在拐弯巷道装岩(煤)时,必须使用可靠的双向辅助导向轮,清理好机道,并有专人指挥和信号联系。

④耙装作业开始前,甲烷断电仪的传感器必须悬挂在耙斗作业段的上方。

⑤固定钢丝绳滑轮的锚桩及其孔深与牢固程度,必须根据岩性条件在安全作业规程中作出明确规定。

⑥在装岩(煤)前,必须将机身和尾轮固定牢靠。严禁在耙斗运行范围内进行其他工作和行人。在倾斜井巷移动耙斗装载机时,下方不得有人。倾斜井巷倾角大于20°时,在司机前方必须打护身柱或设挡板,并在耙斗装载机前方增设固定装置。倾斜井巷使用耙斗装载机时,必须有防止机身下滑的措施。

⑦耙斗装载机作业时,其与掘进工作面的最大和最小允许距离必须在安全作业规程中明确规定。

## 5.10.5 倾斜井巷道串车提升安全

倾斜井巷的提升运输是整个矿井运输系统的重要组成部分,也是矿井安全生产的重要环节。斜巷运输环节多,战线长,分布面广,环境复杂多变,易导致各种运输事故。其中,斜井巷跑车事故危险性最大。

**(1)常见的跑车类型与伤害**

倾斜井巷跑车常见的类型有:钢丝绳断裂跑车、连接件断裂跑车、矿车底盘槽钢断裂跑车、连接销窜出脱钩跑车、制动装置不良引起的跑车、工作人员的操作失误造成跑车。

跑车事故的危害:造成人身伤亡,直接威胁工人生命安全;造成经济损失,除可能造成车辆、轨道、巷道的损坏外,还可能撞坏电源主线路,风、水管等重要设施,可导致矿井生产中断,造成重大经济损失;易引发大的灾害事故,产生明火,引发瓦斯、煤尘等爆炸事故。

**(2)预防措施**

①开展技术培训,提高技术素质。对各岗位的工人应分期分批地进行脱产技术培

训、学习,使他们了解所担任工种有关设备的结构、工作原理、性能技术特征与操作中的安全规定,以提高业务素质与操作水平,使他们持证上岗,严禁无证操作。严格岗位责任制,增强工人的责任心。作为绞车司机,在开车前要详细做好各项检查,特别是制动装置要灵活可靠;在操作时松闸与紧闸要平稳过渡,运行中密切注意钢丝绳的运行情况,出现异常应立即停车。作为信号把钩工,在开车前必须详细检查各车的装载和连接情况,严禁超挂、超重提升。加强安全生产管理,严格执行规章制度。

②加强设备的技术管理,定期检查检修各环节设备,保持设备处于完好的状态。

③设置可靠防跑车装置和跑车防护装置。

**(3)斜井提升规定要求**

倾斜井巷内使用串车提升时必须遵守下列规定:

①在倾斜井巷内安设能够将运行中断绳、脱钩的车辆阻止住的跑车防护装置。

②各车场安设能够防止带绳车辆误入非运行车场或区段的阻车器。

③在上部停车场入口安设能够控制车辆进入摘挂钩地点的阻车器。

④在上部停车场接近变坡点处,安设能够阻止未连挂的车辆滑入斜巷的阻车器。

⑤在变坡点下方略大于1列车长度的地点,设置能够防止未连挂的车辆继续往下跑车的挡车栏,各车场安设用车时能发出警报的信号装置。

上述挡车装置必须经常关闭,放车时方准打开。兼作行驶人车的倾斜井巷,在提升人员时,倾斜井巷中的挡车装置和刹车防护装置必须是常开状态,并可靠地锁住。倾斜井巷使用绞车提升时必须遵守下列规定:

①轨道的铺设质量符合《煤矿安全规程》第353条的规定,并采取轨道防滑措施。

②托绳轮按设计要求设置,并保持转动灵活。

③倾斜井巷上端有足够的过卷距离。过卷距离根据巷道倾角、设计载荷、最大提升速度和实际制动力等参量计算确定,并有1.5倍的备用系数。

④串车提升的各车场设有信号室及躲避硐;运入斜井各车场设有信号和候车硐室,候车硐室具有足够的空间。

斜井提升时,严禁蹬钩、行人。运送物料时,开车前把钩工必须检查牵引车数、各车的连接和装载情况。牵引车数超过规定,连接不良或装载物料超重、超高、超宽或偏载严重有翻车危险时,严禁发出开车信号。

## 课后习题

1. 煤矿事故时如何进行分类和分级,各自的特点有哪些?

2. 灾害事故的处理程序和原则包括哪些?

3. 防止瓦斯聚集的方法有哪些?

4. 煤尘爆炸应急救援程序包括哪些?

5. 矿井火灾是如何进行分类的,矿井火灾事故救援程序包括哪些?

6. 高温情况下如何开展救护工作?

7. 矿井防治水灾应遵循哪些原则?

8. 处理煤与瓦斯突出事故的方法包括哪些?

9. 矿山作业中存在哪些有害气体?

10. 氨中毒时,应急处置包括哪些?

11. 我国尾矿库的特点包括哪些内容?

12. 尾矿库事故类型包括哪些?

13. 排土场的事故类型包括哪些?

14. 排土场安全检查包括哪些?

15. 顶板事故发生的预兆包括哪些?

16. 冲击地压的应急救援程序包括哪些?

17. 滚筒式采煤机伤人事故有哪些,如何进行预防?

18. 掘进机的作用有哪些,如何预防伤人事故?

19.《煤矿安全规程》中规定耙斗装载机必须遵循的原则有哪些?

20. 瓦斯矿井使用机车运输有哪些必须遵守的规定?

第6章
# 矿山事故现场急救与自救互救

矿山事故的发生在所难免,当事故发生后,专业的矿山救护队伍很难迅速到达事故现场,若矿工能正确地根据"矿井灾害预防与处理计划"展开救灾、自救、互救和避灾,就能让初期事故得到控制,最大限度地减少人员伤亡和财产损失,降低事故危害程度。本章除了介绍有关现场急救和抢救知识以外,还介绍了井下灾变时人员避灾系统和人员应如何自救互救,目的是让学生掌握基本的人身自救和急救的技能。

## 6.1 现场急救概述

本节主要介绍现场急救的基本原则、徒手心肺复苏技术、止血包扎技术、骨折包扎技术、骨折固定和伤员搬运技术等等。这些技术方法不仅适用于矿井生产过程中,也适用于其他场所,属于公共安全必备技能,为学生日后从事相关专业工作奠定基础。

### 6.1.1 现场急救的任务和原则

**(1)现场急救的任务**

现场急救的任务主要是维持伤员的生命,稳定伤情,防止继发性损伤并迅速送往医院。对某些需要抢救先于诊断的重症急诊伤员,现场的急救人员应有机敏的判断能力和决断力,迅速做出正确的判断并采取相应的处理措施。例如:保持呼吸道畅通、心肺复苏,以及止血、包扎、固定、搬运等技术的应用。

**(2)现场急救原则**

①先复苏后固定。伤员既有心跳呼吸骤停,又有骨折时,应当首先实施心肺复苏术,进行人工呼吸和胸外心脏按压。

②先止血后包扎。为防止伤员血液大量流失,应当先采取指压法或止血带止血,再按科学方法包扎伤口。

③先重伤后轻伤。先抢救心跳呼吸骤停、窒息、大出血、开放性及张力性气胸、休克等重伤员,再进行其他轻伤处理。

④先救治后运送。受伤后 12 h 是最佳急救期。

⑤急救与呼救并重。在实施急救之前,应当拨打急救电话,并陈述清楚简要的情况。

### 6.1.2　现场急救的程序

**(1)观察**

观察的方法是看、听、闻、思考。首先观察现场环境,注意灾难现场的稳定性、范围、人数及可作庇护的场地,确定伤员及救援者有无进一步的危险,若有,即刻脱离危险地区或去除造成危险的因素,以确保自己和伤者的安全。非必要时不能任意移动伤员,尽可能请求旁观者协助工作。迅速、镇静地对伤员进行详细检查,并根据伤情做出是否向急救中心求救的判断。在对伤员进行检查时,如发现是大出血、严重休克、呼吸和心脏骤停等伤情时要立即施行急救直到医生到达。如非严重伤情时,检查结束后,再根据伤情对伤员进行止血、包扎及固定,最后送往医院。

**(2)呼救**

1)什么情况下呼救

遇到以下意外伤害或突发疾病,并在现场对受害者进行初步检查后,即可立即向井口调度室(在地面时向当地120急救中心或医院急诊室)呼救。

①各种急性疾病:如突然晕倒、昏迷、休克等。

②遇到突然、意外灾害,如爆炸、火灾、触电、塌方、溺水、工伤、交通事故、刀刺、枪击及化学气体中毒所致伤害。

2)打电话内容

①报告发生了什么意外(疾病、意外事故)。

②如果突发疾病,报告病人症状及姓名、年龄、性别,还有患病人数。

③如遇意外事故,要力争准确报告伤亡人数和基本情况、事故发生地点。

④准确报告病人或伤员的详细地址(必要时可说明到现场的途径,最好说明在现场周围附近有何明显标志)。

⑤要求接听者将内容复述一遍,确保内容无错漏,等待双方确认即可挂机。上述工作可交由旁人协助完成。

### 6.1.3　现场急救的原则及措施

**(1)伤情分类**

在现场进行伤情分类时,可根据受伤程度将伤员分为轻、重、危三类,以便抢救。

①轻伤:是指仅有局部组织的擦伤、挫伤或皮下血肿等轻微损伤和肢体远端单一骨折。

②重伤:是指有多发性骨折、内脏损伤、大面积或特殊部位的烧伤,严重挤压伤等。

③危重伤:包括各部位大出血、内出血、重度脑外伤引起的深昏迷、严重休克、呼吸和心脏骤停等。

**(2)急救原则**

急救原则:先抢后救,先急后缓,先重后轻,边救边送、严密观察。

①先抢后救。对于处于危险环境的伤员,要先将伤员脱离危险区再实施救护。

②先急后缓。在抢救多处受伤的伤员时,要先处置紧急伤后再处置缓慢伤。

③先重后轻。多名伤员受伤时,应先抢救重伤员后抢救轻伤员。

④边救边送、严密观察。对于伤情已经稳定的伤员要在医生的护送下,送往医院,并且要在运送途中严密观察,发现异常立即抢救。

**(3)急救措施**

①制止出血、处理外伤、骨折固定等。

②预防处理休克。

③安置昏迷伤员于复原卧位(即复苏姿势)。

④将伤员置于正确、舒适的姿势,以防伤情恶化。

⑤预防休克,冬天随时注意保暖,以防体温散失,但夏天需防暑避免过热而出汗。

⑥补充体液,给予生理盐水。

⑦给予伤员心理支持,消除其焦虑不安情绪。

⑧如非必要不可脱掉伤员的衣服,以免翻动伤员而加重伤情,必要时,将伤处衣服剪开。

⑨要遣散围观群众,保持伤员周围环境安静及空气流通。

⑩迅速送医或寻求支援,以获得更妥善的治疗。

**(4)安置伤员的各种姿势及其适应症**

①平躺:检查时;做心外按压时;严重的头部外伤及颅骨骨折时。

②平躺,头肩部垫高,头面部偏向一侧:中风,但未完全失去知觉且无嘴角歪斜、分泌物流出;中暑,但未丧失意识;头部外伤流血,但未丧失意识。

③平躺,头肩部垫高、屈膝:腹部疼痛时;腹部严重创伤时。

④平躺,脚抬高:热衰竭时;晕倒、休克时;下肢骨折或创伤时,固定后尽早抬高伤肢。

⑤坐卧:呼吸困难时。

⑥侧卧:头部有外伤,但意识不清醒时;下颌骨折;病人意识清醒,但口腔内有分泌物流出。

⑦复苏姿势:伤员脊椎未受损伤,但意识不清或昏迷时;严重中风,伤员已失去意识时;肢体瘫痪的一侧在下。

## 6.1.4　伤情检查步骤

**(1)初步检查**

检查可能影响或危及生命的伤员,尽快做出适当处理。

1)检查伤员的方法及步骤

①方法。

观察:呼吸、出血、瞳孔、肤色、分泌物、外观。

触摸:脉搏、体温、疼痛反应、肿胀、皮肤湿冷或干燥。

交谈:判断伤员的意识状况,询问伤员意外伤害发生的过程、疾病史、姓名电话、地址、活动能力、疼痛感觉等。

②步骤。轻摇伤员肩膀并呼唤伤员:"喂,你怎么了?"试其反应。如有反应,即代表仍有呼吸及心跳。如伤员是俯卧的,在可能的情况下(或找人帮助)应将其转为仰卧位,方便检查,但必须遵照滚木式转身法原则(图6-1)。

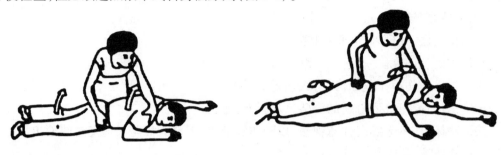

图6-1　滚木式转身法

2)气道畅通

可用仰头举颏法以防止舌后坠(图6-2)。

若怀疑脊椎骨折,则应用托颌法(图6-3),以免移动脊椎骨折处造成脊椎神经损伤。

图6-2　仰头举颏法　　　　图6-3　托颌法

3)检查呼吸

①利用视、听、感觉的方法用5~10 s检查伤员是否仍有呼吸。如果有呼吸,会看到胸部运动,急救员的耳能听到、脸颊能感觉到空气呼出(图6-4)。

②若呼吸停止应立即进行人工呼吸(图6-5)。

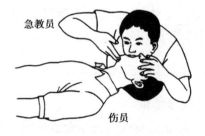

图6-4　检查呼吸　　　　　图6-5　人工呼吸

4)制止严重出血

如发现严重出血的伤口,立即止血。

5)处理休克

尽早发现休克征兆,如有血压降低、心跳加快、呼吸停止或有大出血等情况时,急救员应立即处理,切勿被其他较轻微的伤势影响。

**(2)进一步检查**

根据伤员的病史、病症及症状作出诊断,急救员应为伤员做全身检查。

①病史。由伤员或目击者讲述意外或病发的过程。

②病症。由急救员凭观察或感觉得知伤员受伤的状况。

③病状。伤员的感觉。

在检查伤员生命体征后,应马上对伤员自头部开始,依次检查颈、胸、腹、背、骨盆、四肢。

①头部。检查头皮有无肿瘀、出血、畸形或凹陷。

a.眼睛有无异物或损伤、瞳孔对光反应是否正常。

b.耳朵及鼻孔有无渗液或渗血,耳后有无渗血。

c.口腔内是否有伤口、异物、松脱牙齿或假牙。

②颈部。有无肿胀、压痛、畸形及出血。

③胸部。检查有无骨折及出血,观察两边肺部起伏是否平均。

④腹部。按压腹部有无感到硬实或伤者申诉触痛。

⑤背部。用手感觉背部有无肿胀及畸形,如前部无严重骨折,可转侧检查背部有无其他伤势。

⑥盆骨。挤压两侧髂骨,检查有无骨折,膀胱是否胀满。

⑦肢体。检查有无出血或骨折,皮肤感觉有无丧失或刺痛,检查远端血液循环。

## 6.2　矿井发生灾变时的自救、互救与避灾

自救就是当井下发生灾变时,在灾区或受灾变影响区域的每个工作人员进行避灾和保护自己的行为。

互救就是井下遇险人员在有效地进行自救的前提下,妥善地救护灾区其他受伤人员的行为。

### 6.2.1　井下灾变时的自救与互救

**(1)矿工遇险时应遵守的原则**

1)矿工遇险时的求救方法及自救、互救原则

矿工遇险时的求救方法 SOS:SOS 方法为莫尔斯电码,是目前国际上常用的一种求救方式。S——三短,O——三长,S——三短。具体方法:可用敲打、光源、击掌、打口哨等手段发出求救信号。遇难时要有节奏地敲打,不要盲目乱敲,当听到一声很长的回声时,即表明外面的救援人员已知道遇险人员的状况及位置,这时就不要再敲打了。剩下的时间要保存体力,做好现场的自救、互救工作。

2)矿工自救应遵守"报、抢、撤、躲"四项原则

①报:及时报告灾情。发生灾害事故后,事故地点附近的人员应尽量了解或判断事

故性质、地点和灾害程度,迅速利用最近处的电话或其他方式向矿调度室汇报,并迅速向事故可能波及的区域发出警报,使其他工作人员尽快知道灾情。在汇报灾情时,要将看到的异常现象(火烟、飞尘等)、听到的异常声响、感觉到的异常冲击如实汇报,不能凭主观想象判定事故性质,以免给领导造成错觉,影响救灾。

②抢:积极抢救。灾害事故发生后,处于灾区内以及受威胁区域的人员,应沉着冷静。根据灾情和现场条件,在保证自身安全的前提下,采取积极有效的方法和措施,及时投入现场抢救,将事故消灭在初期阶段或控制在最小范围,最大限度地减少事故造成的损失。在抢救时,必须保持统一的指挥和严密的组织,严禁冒险蛮干和惊慌失措,严禁各行其是和单独行动;要采取防止灾区条件恶化和保障救灾人员安全的措施,特别要提高警惕,避免中毒、窒息、爆炸、触电、二次突出、顶帮二次垮落等再生事故的发生。

③撤:安全撤离。当受灾现场不具备事故抢救的条件,或可能危及现场人员的安全时,应由在场负责人或有经验的老工人带领,根据矿井灾害预防和处理计划中规定的撤退路线和当时当地的实际情况,尽量选择安全条件最好、距离最短的路线,迅速撤离危险区域。撤退时,要服从领导、听从指挥,使用自救器或用湿毛巾捂住口鼻;遇到溜煤眼、积水区、垮落区等危险地段时,应探明情况,谨慎通过。撤退路线选择的正确与否决定了自救的成败。

④躲:妥善避灾。如无法撤退(通路被冒顶阻塞或在自救器有效工作时间内不能到达安全地点等)时,应迅速进入预先筑好的或在就近地点快速构筑的临时避难硐室妥善避灾,等待矿山救护队的救援,切忌盲动。

实例表明:遇险人员在采取合适的自救、互救措施后,能够坚持较长时间而获救。例如,1961 年某矿井下配电室发生火灾,53 名遇险人员中有 45 人所处的地点、环境相似,但是在事故发生 18 h 后,只有 18 人还活着。据现场勘查和被救人员介绍:

①凡避难位置较高的均死亡,位置较低的绝大部分人保住了生命。

②俯卧在底板上并用沾水毛巾堵住嘴的人保住了生命,与此相反,特别是迎着烟雾方向的人均死亡。

③事故发生后,恐慌乱跑、大哭大叫的人大部分死亡。

3)矿工互救必须遵守"三先三后"原则

①对窒息(呼吸道完全堵塞)或心跳呼吸骤停的伤员,必须先复苏,后搬运。

②对出血伤员,要先止血,后搬运。

③对骨折伤员,要先固定,后搬运。

**(2)自救器和避难硐室**

《煤矿安全规程》规定:入井人员必须随身携带自救器。在突出煤层采掘工作面附近,爆破时撤离人员集中地点,必须设直通矿调度室的电话,并设置有供给压缩空气设施的避难硐室。

1)自救器

自救器是一种轻便、体积小、便于携带、使用迅速、作用时间短的个人呼吸保护装备。当井下发生火灾、爆炸、煤和瓦斯突出等事故时,供人员佩戴,可有效防止中毒或窒息。

从国内外事故教训来看,不少遇难者当时如果佩戴自救器是完全可以避免死亡的。例如,美国 1950—1973 年的事故统计中,由于火灾和瓦斯事故死亡的 728 人中,就有 140 人死于无自救器。我国在 1978—1979 年的 6 起大事故中也有 81% 的人死于无自救器。近年来,虽然我国特别加强了矿山安全管理工作,每个矿井都强制配备了自救器,要求每个下井工人必须携带,但是由于有的煤矿领导不够重视,或下井就不带,或即使带了也不会使用,使得在事故发生时多数矿工不能自救脱险而中毒或窒息死亡。因此每个从事井下工作的人员不但要携带自救器,而且要掌握其构造、性能、使用条件和使用方法。

自救器分为过滤式和隔离式两类。为确保防护性能,必须定期进行性能检验。

①过滤式自救器。它是利用装有化学氧化剂的滤毒装置将有毒空气氧化成无毒空气供佩戴者呼吸用的呼吸保护器,仅能防护一氧化碳一种气体。人员使用时呼吸的氧气仍是外界空气中的氧气,适用于氧气含量不低于 18% 和一氧化碳含量不高于 1.5% 的灾区环境中。

②隔离式自救器。隔离式自救器又分为化学氧自救器和压缩氧自救器。这两种自救器能防护各种有毒有害气体,人员使用时呼吸的氧气由自救器本身供给,与外界空气成分无关,适用于各种缺氧、有毒有害环境中。

③自救器的选用原则。对于流动性较大,可能会遇到各种灾害威胁的人员(如测风员、瓦斯检查员)应选用隔离式自救器。就地点而言,在煤与瓦斯突出矿井或突出区域的采掘工作面和瓦斯矿井的掘进工作面,应选用隔离式自救器(因为这些地点发生事故后往往是空气中氧气浓度过低或一氧化碳浓度过高)。

2)避难硐室

避难硐室是供矿工在遇到事故无法撤退而躲避待救的设施。避难硐室分为永久避难硐室和临时避难硐室两种。永久避难硐室事先设在井底车场附近或采区工作地点安全出口的路线上。对其要求是:设有与矿调度室直通的电话,构筑坚固,净高不低于 2 m,严密不透气或采用正压排风,并备有供避难者呼吸的供气设备(充满氧气的氧气瓶或压气管和减压装置)、隔离式自救器、药品和饮水等;设在采区安全出口路线上的避难硐室,距人员集中工作地点应不超过 500 m,其大小应能容纳采区全体人员。临时避难硐室是利用独头巷道、硐室或两道风门之间的巷道,由避灾人员临时修建的,因此,应在这些地点事先准备好所需的木板、木桩、黏土、砂子或砖等材料,还应装有带阀门的压气管。避灾时,若无构筑材料,避灾人员就用衣服和身边现有的材料临时构筑避难硐室,以减少有害气体的侵入。避难硐室如图 6-6 所示。

图 6-6　避难硐室

在避难硐室内避难时应注意以下事项：

①进入避难硐室前,应在硐室外留有衣服、矿灯等明显标志,以便救护队发现。

②待救时应保持安静、不急躁,尽量俯卧于巷道底部,以保持精力、减少氧气消耗,并避免吸入更多的有毒气体。

a.硐室内只留一盏矿灯照明,其余矿灯全部关闭,以备再次撤退时使用。

b.间断敲打铁器或岩石等发出呼救信号。

c.全体避灾人员要团结互助、坚定信心。

d.被水堵在上山时,不要向下跑出探望。水位下降露出棚顶时,也不要急于出来,以防 $SO_2$、$H_2S$ 等气体中毒。

e.看到救护人员后,不要过分激动,以防血管破裂。

**(3)各类事故时的自救与互救措施**

1)瓦斯与煤尘爆炸事故时的自救与互救措施

①防止瓦斯爆炸时遭受伤害的措施。据亲身经历过瓦斯爆炸的人员回忆,瓦斯爆炸时,会感觉到附近空气颤动,有时还发出"嘶嘶"的空气流动声,并有耳鸣现象,这些现象一般被认为是瓦斯爆炸前的预兆。井下人员发现这些现象时,要沉着、冷静,采取措施进行自救。

具体方法是:背向空气颤动的方向,俯卧倒地,面部贴在地面,以降低身体高度,避开冲击波的强力冲击,并闭住气暂停呼吸,用毛巾捂住口鼻,防止把火焰吸入肺部。最好用衣物盖住身体,尽量减少肉体暴露面积,以减少烧伤。爆炸后,要迅速按规定佩戴好自救器,弄清方向,沿避灾路线,快速撤退到新鲜风流中。若巷道破坏严重,不知撤退是否安全时,可以到棚子较完整的地点躲避等待救援。

②掘进工作面发生瓦斯爆炸后的自救与互救措施:

a.如发生小型爆炸,掘进巷道和支架基本未遭破坏,遇难矿工未受直接伤害或受伤不严重时,应立即打开随身携带的自救器,佩戴好后迅速撤出受灾巷道,到达新鲜风流中。对于附近的伤员,要协助其佩戴好自救器,帮助其撤出危险区。不能行走的伤员,在靠近新鲜风流 30～50 m 范围内,要设法疏运到新鲜风流中。如距离远,则只能为其佩戴自救器,不可抬运。撤出灾区后,要立即向矿调度室报告。

b. 如发生大型爆炸,掘进巷道遭到破坏,退路被阻,但遇险矿工受伤不严重时,应佩戴好自救器,千方百计疏通巷道,尽快撤到新鲜风流中。如巷道难以疏通,应坐在支护良好的棚子下面,或利用一切可能的条件建立临时避难硐室,相互安慰、稳定情绪,等待救助,并有规律地发出呼救信号。对于受伤严重的矿工要为其佩戴好自救器,使其静卧待救,并且要利用压风管道、风筒等改善避难地点的生存条件。

③采煤工作面瓦斯爆炸后的自救与互救措施:

a. 如果进回风巷道没有发生垮落而被堵死,通风系统破坏不大,所产生的有害气体,较易被排除。这种情况下,采煤工作面进风侧的人员一般不会受到严重伤害,应迎风撤出灾区。回风侧的人员要迅速佩戴使用自救器,由最近路线进入进风侧。

b. 如果爆炸造成严重的垮落冒顶,通风系统被破坏,爆源的进回风侧都会积聚大量的一氧化碳和其他有害气体,该范围内所有人员都有发生一氧化碳中毒的可能。为此,在爆炸后,没有受到严重伤害的人员,要立即打开自救器并佩戴好。在进风侧的人员要逆风撤出,在回风侧的人员要设法经最短路线,撤退到新鲜风流中。如果冒顶严重撤不出来,首先要把自救器佩戴好,并协助重伤员在较安全的地点待救;附近有独头巷道时,也可进入暂避,并尽可能地用木料、风筒等设立临时避难场所,并把矿灯、衣物等明显的标识物挂在避难场所外面明显的地方,然后进入室内静卧待救。

2)煤与瓦斯突出时的自救与互救措施

①发现突出预兆后现场人员的避灾措施:

a. 矿工在采煤工作面发现有突出预兆时,要以最快的速度通知人员迅速向进风侧撤离。撤离中快速打开隔离式自救器并佩戴好,迎着新鲜风流继续外撤。如果距离新鲜风流太远时,应首先到避难所或利用压风自救系统进行自救。

b. 掘进工作面发现煤和瓦斯突出预兆时,必须向外迅速撤至防突反向风门之外,之后把防突风门关好,然后继续外撤。如自救器发生故障或使用自救器不能安全到达新鲜风流时,应在撤出途中到避难所或利用压风自救系统进行自救,等待救护队救援。

②发生突出事故后现场人员的避灾措施:在有煤与瓦斯突出危险的矿井,矿工要把自己的隔离式自救器戴在身上,一旦发生煤与瓦斯突出事故,立即打开并佩戴好,迅速外撤。在撤退途中,如果退路被堵或自救器有效时间不够,可到矿井专门设置的井下避难所或压风自救装置处暂避,也可寻找有压缩空气管路的巷道、硐室躲避。这时要把管子的螺丝接头卸开,形成正压通风,延长避难时间,并设法与外界保持联系。

例如,某矿于 11 时 15 分左右发生了煤与瓦斯突出,突出煤矸 50001、瓦斯 70 万 $m^2$,通风设施被破坏,井下到处弥漫着高浓度瓦斯,井下 100 多人受到严重威胁。其中 34 名遇险者被堵在突出灾区。这时有人打开了 2 个压风管阀门,新鲜空气通过压风管阀门"嘶嘶"地进入灾区,34 人围坐在压风管阀门周围等待救援。同时通过电话,他们很快与地面取得了联系。一名掘进副队长在灾区组织遇险者自救,他把大家召集在压风管附近,向他们讲安全知识,鼓励大家要有勇气克服困难。地面救灾指挥部得知被堵在灾区的几十名遇险者还活着,立即调集救护力量尽快打通进入灾区的通道。16时15分,遇险者全部被救出。

3)矿井火灾事故时的自救与互救措施

①首先要尽最大可能迅速了解或判明事故的性质、地点、范围和事故区域的巷道情况、通风系统、风流及火灾烟气蔓延的速度、方向,以及与自己所处巷道位置之间的关系,并根据矿井灾害预防和处理计划及现场的实际情况,确定撤退路线和避灾自救的方法。

②撤退时,任何人在任何情况下都不要惊慌,不能狂奔乱跑。应在现场负责人及有经验的老工人带领下有组织地撤退。

③位于火源进风侧的人员,应迎着新鲜风流撤退。

④位于火源回风侧的人员,在撤退途中遇到烟气有中毒危险时,应迅速戴好自救器,尽快绕到新鲜风流中或在烟气没有到达之前,顺着风流尽快从回风出口撤到安全地点。如果距火源较近而且越过火源没有危险时,也可迅速穿过火区撤到火源的进风侧。

⑤在自救器有效作用时间内不能安全撤出时,应到设有储存备用自救器的硐室换用自救器后再行撤退,或寻找有压风管路系统的地点,以压缩空气供呼吸之用。

⑥撤退行动既要迅速果断,又要快而不乱。撤退中应靠巷道有连通出口的一侧行进,避免错过脱离危险区的机会,同时还要注意观察巷道和风流的变化情况,谨防火风压可能造成的风流逆转。人与人之间要互相照应,互相帮助,团结友爱。

⑦如果逆风或顺风撤退,都无法躲避着火巷道或火灾烟气可能造成的危害,则应迅速进入避难硐室。没有避难硐室时,应在烟气袭来之前,选择合适的地点就地利用现场条件,快速构筑临时避难硐室,进行避灾自救。

⑧逆烟流撤退具有很大的危险性,在一般情况下不要这样做。除非在附近有脱离危险区的通风出口,而且又有把握脱离危险区时;或只有逆烟撤退才有争取生存的希望时,才采取这种撤退方法。

⑨撤退途中,如果有平行并列巷道或交叉巷道时,应靠有平行并列巷道和交叉巷口的一侧撤退,并随时注意这些出口的位置,尽快寻找脱险出路。在烟雾大、视线不清的情况下,要摸着巷道壁前进,以免错过连通出口。

⑩当烟雾在巷道里流动时,一般巷道上部烟雾浓度大、温度高、能见度低,对人的危害也大,靠近巷道底部情况要好一些,有时巷道底部还有比较新鲜的低温空气流动。为此,在有烟雾的巷道里撤退时,在烟雾不严重的情况下,即使为了加快速度也不应直立奔跑,而应尽量贴着巷道底板和巷道壁,摸着铁管或管道等爬行撤退。

⑪在高温浓烟的巷道撤退时,还应注意通过利用巷道内的水浸湿毛巾、衣物或向身上淋水等办法进行降温,改善自己的感觉,或利用随身物件等遮挡头部、面部,以防高温烟气的刺激。

⑫在撤退过程中,当发现有发生爆炸的前兆时(当爆炸发生时,巷道内的风流会有短暂的停顿或颤动,应当注意,这与火风压可能引起的风流逆转的前兆有些相似),有可能的话要立即避开爆炸的正面巷道,进入旁侧巷道,或进入巷道内的躲避硐室。如果情

况紧急,应迅速背向爆源,靠巷道的一侧就地顺着巷道爬卧,面部朝下紧贴巷道底板,用双臂护住头面部并尽量减少皮肤的外露面积。如果巷道内有水坑或水沟,则应顺势爬入水中。在爆炸发生的瞬间,要尽力屏住呼吸或闭气将头部浸入水中,防止吸入爆炸火焰及高温有害气体,同时要以最快的速度戴好自救器。爆炸过后,应稍事观察,待没有异常变化迹象后,要辨明情况和方向,沿着安全避灾路线,尽快离开灾区,撤到有新鲜风流的安全地带。

4)矿井透水事故时的自救与互救措施

①透水后现场人员撤退时的注意事项:

a. 透水后,应在可能的情况下迅速观察和判断透水的地点、水源、涌水量、发生原因、危害程度等情况。根据灾害预防和处理计划中规定的撤退路线,迅速撤退到透水地点以上的水平,而不能进入透水点附近及下方的独头巷道。

b. 行进中,应靠近巷道一侧,抓牢支架或其他固定物,尽量避开压力水头和泄水流,并注意防止被水中滚动的矸石和木料撞伤。

c. 如透水破坏了巷道中的照明和路标,迷失行进方向时,遇险人员应朝着有风流通过的上山巷道方向撤退。

d. 在撤退沿途和所经过的巷道交叉口,应留设指示行进方向的明显标志,以引起救护人员的注意。

e. 人员撤退到立井,需从梯子间上去时,应遵守秩序,禁止慌乱和争抢。行动中手要抓牢,脚要蹬稳,切实注意自己和他人的安全。

f. 如果唯一的出口被水封堵无法撤退时,应有组织地在独头工作面躲避,等待救护人员的营救。严禁盲目潜水逃生等冒险行为。

②透水后被围困时的避灾自救措施:

a. 当现场人员被涌水围困无法退出时,应迅速进入预先筑好的避难硐室内避灾,或选择合适地点快速构筑临时避难硐室避灾。迫不得已时,可爬上巷道中的高冒空间待救。如是老窑透水,则须在避难硐室外建临时挡墙或吊挂风帘,防止被涌出的有毒有害气体伤害。进入避难硐室前,应在硐室外留设明显标志。

b. 在避灾期间,遇险矿工要有良好的精神和心理状态,情绪稳定、自信乐观、意志坚强。要做好长时间避灾的准备,除轮流担任岗哨观察水情的人员外,其余人员应静卧,以减少体力和空气消耗。

c. 避灾时,应用敲击的方法有规律、不间断地发出呼救信号,向营救人员指示躲避处的位置。

d. 被困期间断绝食物后,即使在饥饿难忍的情况下,也应努力克制,决不嚼食杂物充饥。需要饮用井下水时,应选择适宜的水源,并用纱布或衣服过滤。

e. 长时间被困在井下,发觉救护人员来营救时,避灾人员不可过度兴奋和慌乱,以防发生意外。

5)冒顶事故时的自救与互救措施

①采煤工作面冒顶时的避灾自救措施:

a.迅速撤退到安全地点。当发现工作地点有即将发生冒顶的征兆,而当时又难以采取措施防止采煤工作面顶板冒落时,最好的避灾措施是迅速离开危险区,撤退到安全地点。

b.遇险时要靠煤帮贴身站立或到木垛处避灾。从采煤工作面发生冒顶的实际情况来看,顶板沿煤壁冒落是很少见的。因此,当发生冒顶来不及撤退到安全地点时,遇险者应靠煤帮贴身站立或卧倒。一般情况下冒顶不可能压垮或推倒质量合格的木垛,因此,如遇险者所在位置靠近木垛,可撤至木垛处避灾。

c.遇险后立即发出呼救信号。冒顶对人员的伤害主要是砸伤、掩埋或隔堵。冒落基本稳定后,遇险者应立即采用呼叫、敲打(如敲打物料、岩块,可能造成新的冒落时,则不能敲打,只能呼叫)等方法,发出有规律、不间断的呼救信号,以便救护人员和撤出人员了解灾情,组织力量进行抢救。

d.遇险人员要积极配合外部的营救工作。冒顶后被煤矸石、物料等埋压的人员,不要惊慌失措,在条件不允许时切忌采用猛烈挣扎的办法脱险,以免造成事故扩大。被冒顶隔堵的人员,应在遇险地点有组织地维护好自身安全,构筑脱险通道,配合外部的营救工作,为提前脱险创造良好条件。

②独头巷道迎头冒顶被堵人员避灾自救措施:

a.遇险人员要正视已发生的灾害,切忌惊慌失措,坚信矿领导和同志们一定会积极进行抢救。遇险人员应迅速组织起来,主动听从现场班组长和有经验的老工人的指挥,团结协作,尽量减少体力和隔离区氧气的消耗,有计划地饮水、进食和使用矿灯等,做好较长时间的避灾准备。

b.如人员被困地点有电话,应立即用电话汇报灾情、遇险人数和计划采取的避灾自救措施。否则,应采用敲击钢轨、管道和岩石等方法,发出有规律的呼救信号,并每隔一定时间敲击一次,不间断地发出信号,以便营救人员了解灾情,组织力量进行抢救。

c.维护加固冒落地点和人员躲避处的支架,并经常派人检查,以防止冒顶进一步扩大,保障被堵人员避灾时的安全。

d.如人员被困地点有压风管,应打开压风管给被困人员输送新鲜空气,并稀释被隔堵区域的瓦斯浓度,但要注意保暖。

**(4)事故现场负责人救灾组织**

矿井发生爆炸、火灾、水灾、冒顶、煤与瓦斯突出等重大灾害事故的初期阶段,波及的范围和危害一般较小,这既是扑救和控制事故的有利时期,也是决定矿井和人员安全的关键时刻。多数情况下,事故发生初期,矿山救护人员难以及时到达现场抢救,灾区人员如果能及时、正确地开展自救、互救,对保护自身安全和控制灾情扩大具有重要作用。抢险救灾实践证明,事故现场负责人(区队长、矿井干部,也包括有经验的老工人、瓦斯检查员等)若能发挥高度的责任心,勇于承担事故现场的救灾职责,正确组织遇险人员救灾与避灾,对减少灾害损失,将起到不可估量的作用。

例如,1998年6月12日,淮南某煤矿6号运煤石门掘进工作面发生了一起煤与瓦斯突出事故,突出煤岩650 t,瓦斯12 600 $m^3$。12时18分,专职瓦斯检查工王某在6号运煤石门口以北 5 m 钻窝外,突然听到 6 号运煤石门掘进迎头人员尖声喊叫、风筒剧烈抖动声,以及从 6 号运煤石门内传来"扑扑"的声音,同时有一股强气流从里面向外推动,便意识到可能发生了事故。他随即向外撤退,并让 5 号运煤石门以北的 3 名钻工及在 6 号运煤石门外的 8 名矿工全部撤离事故现场,后又跑到附近的变电所打电话,向矿调度室汇报。矿领导立即布置停电撤人,组织抢救。经矿山救护队 3 个昼夜的奋力抢救消除了事故。在这次事故中,专职瓦斯检查员在危险时刻,能冷静地组织突出区域附近人员及时撤离事故现场,挽救了 11 人的生命。

为了充分发挥事故现场负责人现场组织救灾的作用,必须根据本人所处的工作环境特点,认识和掌握常见事故的规律,了解事故发生前的预兆和事故发生后的特征,牢记各种事故的避灾要点,熟悉矿井的避灾路线和安全出口,掌握抢救伤员的基本方法和现场创伤急救的操作技术。

事故发生后,现场负责人要充分发挥高度的责任心,勇敢地担负起现场救灾的职责。同时还必须做到以下几点:

①认真组织。要求所有人员要统一行动,听从指挥,任何情况下都不得各行其是,盲目蛮干。

②沉着冷静。要保持清醒的头脑,临危不乱,鼓励大家树立坚定的信心,并在各个环节上做好充分准备,谨慎妥善地行动。

③遵循原则。要求遇险人员遵循救灾和避灾基本原则,即及时报告灾情、积极抢救、安全撤离和妥善避灾。

④随机应变。在组织抢救、撤离灾区和避灾待救时,要密切注意灾情变化,当可能出现危及人员安全的情况时,要果断采取应变措施,避免人员伤亡。切忌图省事或存侥幸心理冒险行动。

⑤及时联络。在整个抢险和避灾过程中,要想方设法及时与矿调度室取得联系,告知灾情、遇险人员位置、人数、遇到的困难情况等,争取早日获救。

⑥团结互助。现场负责人应以身作则,并要求所有遇险人员发扬团结互助的精神和先人后己的风格,要充分做好思想工作,发挥积极力量,互相照顾、同心协力、共渡难关。要尽量使遇险人员保持稳定的情绪和良好的心理状态,树立坚定的获救脱险的信念,互相鼓励,以极大的毅力克服一切困难,直到最后胜利。特别是在遇险待救时间较长时,千万不可悲观失望和过分忧虑,更不得急躁盲动。

**(5)矿山救护指战员的自救、互救**

在抢险救灾过程中,矿山救护指战员难免遇到各种各样的险情,如果自救、互救措施采取得当,就可能避免伤害或减轻伤害程度。如果措施采取不当,就可能造成伤害或加重伤害程度。在遇到瓦斯、煤尘、火灾、水灾、顶板事故时的应急措施基本与前面所述内容相同。以下内容主要介绍救护队在灾区进行侦察或作业时遇到身体不适或仪器发生故障时如何自救、互救。

1)矿山救护指战员的自救

①身体不适时的自救。救护指战员在灾区侦察时可能遇到头晕、恶心。这时千万

不要慌,也不要乱跑,这可能是发生轻微中毒或呼吸器药品吸收二氧化碳不充分造成的。此时,正确的方法是立即按手动补气,并向小队长发出求救信号,打手势告诉小队长自己的感觉。小队长可根据情况令全小队护送该队员退出灾区。

②呼吸器发生故障时的自救。救护指战员在灾区工作时,可能遇到呼吸器发生故障。这时应沉着冷静,根据情况采取不同措施,如果是定量孔被堵或流量减小,应该按手动补气;如果是压力表和高压跑气,应当关气瓶阀门,然后间断地开关气瓶阀门。这两种情况发生时都必须报告小队长,全小队退出灾区。

2)矿山救护指战员的互救

救护指战员在灾区工作时,可能由于各种原因需要其他同志救护。

①口具、鼻夹脱落时。这是负压氧气呼吸器最容易出现的情况。原因包括遇险者发生中毒或呼吸器药品失效,行走时不慎摔倒或氧气用尽。这时要想给伤员再安上口具是很难的,尤其是昏迷伤员。那么唯一的办法就是给伤员立即戴上备用的全面罩呼吸器,然后扶着或抬着伤员缓慢退出灾区。切记不能惊慌失措,通过口具讲话,因为这时可能造成自身中毒并引起其他同志恐慌,扩大事故。如果是多名同志中毒,在口具无法戴上,备用呼吸器不够时,其他同志应将该队员的口具放于队员口鼻前,同时按手动补气,使其少吸有害气体,等待救援。

②正压呼吸器发生余压报警时。如果是高压漏气,此时应立即给该队员更换备用的呼吸器,然后全队退出灾区。如果不是高压漏气,也应全队退出灾区。

在上面所讲的自救、互救措施中,不论是何种原因造成的险情,都离不开备用呼吸器。因此在灾区工作时,一定要携带备用呼吸器,以备急用。在我国自身伤亡事故原因分析中,多数伤害是由于未戴备用呼吸器造成的。而多次安全脱险的经验表明,由于携带并给遇险队员戴了备用呼吸器,便避免了伤害。例如,陕西省某救护队在一次灾区工作中由于未戴备用呼吸器,1名队员发生中毒后,其他人员慌乱抢救,又造成1名队员中毒,最终导致2名队员死亡。山西省某救护队在一次灾区侦察中,1名队员中毒,吐掉口具,其他队员立即互救,给该队员戴上了备用呼吸器,然后缓慢地撤出灾区,避免了意外事故的发生。

## 6.2.2 井下灾变避险系统

2010年7月19日,《国务院关于进一步加强企业安全生产工作的通知》(国发〔2010〕23号)规定,煤矿、非煤矿山要制定和实施生产技术装备标准,安装监测监控系统、井下人员定位系统、紧急避险系统、压风自救系统、供水施救系统和通信联络系统(以下简称安全避险"六大系统"),并于3年之内完成。逾期未安装的,依法暂扣安全生产许可证、生产许可证。2011年3月23日,《关于进一步加快煤矿"六大系统"示范矿井建设的通知》(安监总厅煤装〔2011〕59号)要求,由各省级煤矿安全监管部门牵头,会同煤炭行业管理部门和驻地煤矿安全监察机构组织开展"六大系统"示范矿井建设。2012年1月20日,《关于煤矿井下紧急避险系统建设管理有关事项的通知》(安监总煤装〔2012〕15号),对井下紧急避险系统的设计及建设标准进行了规定。

煤矿安全避险"六大系统"是国家的强制要求,通过对安全避险"六大系统"的学习,熟悉矿井"六大系统"的相关规定,熟悉各大系统的主要组成及其作用,掌握矿井"六大系统"的相关知识。

**(1)矿井监测监控系统**

1)矿井监测监控系统的定义

矿井监测监控系统是用来监测甲烷、一氧化碳、二氧化碳、氧气等气体的浓度和风速、气压、温度、烟雾、粉尘浓度、水位等环境参数,并对生产设备运行状态(馈电状态、风门状态、风筒状态、局部通风机开启、主通风机开停等)进行监测,并实现甲烷超限声光报警、断电和甲烷风电闭锁控制等功能的系统。

2)矿井监测监控系统的作用

①闭锁和报警功能。当瓦斯超限、局部通风机停止运行、掘进巷道停风时,煤矿安全监控系统自动切断相关区域的电源,同时闭锁和报警。

②监控功能。通过煤矿安全监控系统监控瓦斯抽放系统、通风系统、煤炭自燃、瓦斯突出等。

③记录和存储功能。煤矿安全监控系统在应急救援和事故调查中也发挥着重要作用,当煤矿井下发生瓦斯(煤尘)爆炸等事故后,系统的监测记录是确定事故时间、爆源、火源等的重要依据之一。

3)矿井监测监控系统的组成

煤矿安全监控系统主要由地面中心站、井下监控分站、信号传输网络、传感器等组成,如图 6-7 所示。

①地面中心站。地面中心站是煤矿环境安全和生产工况监控系统的地面数据处理中心,用于完成煤矿监控系统的信息采集、处理、储存、显示和打印功能,必要时还可对局部生产环节或设备发出控制指令和信号。中心站一般由主控计算机及其外围设备和监控软件组成,通常设置在煤矿监控中心或生产调度室。

②井下监控分站。井下监控分站是一种以嵌入式芯片为核心的微型计算机系统,可挂接多种传感器,接收来自传感器的信号,对井下多种环境参数诸如瓦斯、风速、一氧化碳、负压、设备开停状态等进行连续监测,具有多通道、多制式的信号采集功能和通信功能,通过控制传输系统及时将监测到的各种环境参数、设备状态传送到地面,并执行中心站发出的各种命令,及时发出报警和断电控制信号。

③信号传输网络。信号传输网络是将井下监控分站监测到的信号传送到地面中心站的信号通道,如无线传输信道、电缆、光纤等。

④传感器。传感器是将被测物理量转换为电信号,并具有显示和声光报警功能的装置。煤矿监测监控系统传感器类型有高低浓度甲烷传感器、一氧化碳传感器、氧气传感器、温度传感器、风速传感器、烟气传感器、开停传感器、馈电状态传感器等。

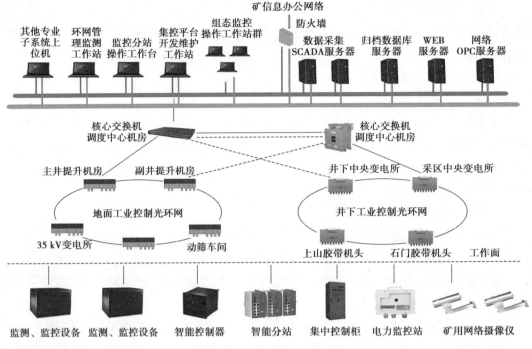

图 6-7 矿井监测监控系统

4) 传感器的设置要求

①甲烷传感器的设置要求。

a. 掘进工作面的设置要求。低瓦斯矿井的煤巷、半煤岩巷和有瓦斯涌出的岩巷掘进工作面,必须在工作面及回风流中设置甲烷传感器;高瓦斯、煤与瓦斯突出矿井必须在掘进工作面及其回风流中设置甲烷传感器;当掘进工作面长度大于 1 000 m 时,必须在掘进巷道中部增设甲烷传感器;当掘进工作面采用串联通风时,必须在被串掘进工作面的局部通风机前设置甲烷传感器;掘进机必须设置机载式甲烷断电仪或便携式甲烷检测报警仪。

b. 采煤工作面的设置要求。所有的采煤工作面及回风巷必须设置甲烷传感器,当采煤工作面采用串联通风时,被串工作面的进风巷必须设置甲烷传感器;高瓦斯和煤与瓦斯突出矿井还必须在工作面上隅角设置甲烷传感器或便携式甲烷检测报警仪;当采煤工作面的回风巷长度大于 1 000 m 时,必须在回风巷中部增设甲烷传感器;煤与瓦斯突出矿井采煤工作面的甲烷传感器不能控制其进风巷内全部非本质安全型电气设备时,必须在进风巷设置甲烷传感器;采煤机必须设置机载式甲烷断电仪或便携式甲烷检测报警仪。

c. 风站的设置要求。采区回风巷、一翼回风巷及总回风巷的测风站应设置风速传感器,上述地点内临时施工的电气设备上风侧 10 ~ 15 m 处应该设置甲烷传感器。

d. 煤仓的设置要求。井下煤仓、地面选煤厂煤仓上方应设置甲烷传感器,封闭的选煤厂及机房内上方应设置甲烷传感器。

e. 其他地点甲烷传感器的设置要求。高瓦斯矿井进风的主要运输巷道内使用架线电机车时,装煤点、瓦斯涌出巷道的下风流中必须设置甲烷传感器。在煤(岩)与瓦斯突出矿井和瓦斯喷出区域中,进风的主要运输巷道和回风巷道内使用矿用防爆特殊型蓄电池电机车或矿用防爆型柴油机车时,蓄电池电机车必须设置车载式甲烷断电仪或便携式甲烷检测报警仪,矿用防爆型柴油机车必须设置便携式甲烷检测报警仪,当瓦斯浓度超过 0.5% 时必须停止机车运行。在回风流中的机电设备室的进风侧必须设置甲烷传感器。瓦斯抽放泵站必须在室内安装甲烷传感器。井下临时瓦斯抽放泵站下风侧栅栏外必须设置甲烷传感器。抽放泵输入管路中宜设置高浓度甲烷传感器,利用瓦斯时还应在输出管路中设置高浓度甲烷传感器;不利用瓦斯,采用干式抽放设备时,输出管路中也应设置甲烷传感器。

②其他传感器的设置要求。

a. 主要通风机的风硐应设置压力传感器。

b. 主要通风机、局部通风机必须设置设备开停传感器。

c. 矿井和采区主要进回风巷道中的主要风门必须设置风门开关传感器,当两道风门同时打开时发出声光报警信号。

d. 机电室内应设置温度传感器,报警值为 34 ℃。

e. 被控设备开关的负荷侧应设置馈电状态传感器。

f. 开采易自燃、自燃煤层的矿井的采区回风巷、一翼回风巷、总回风巷、采煤工作面应设置一氧化碳传感器。

g. 带式输送机滚筒下风侧 10~15 m 处应设置一氧化碳、烟雾传感器。

h. 自燃发火观测点、封闭火区防火墙栅栏外应设置一氧化碳传感器。

i. 开采易自燃、自燃煤层及地温高的矿井采煤工作面应设置温度传感器,其报警值为 30 ℃。

5)监控系统的维护管理要求

①采区设计、采掘作业规程和安全技术措施,必须对安全监控设备的种类、数量和位置,信号电缆和电源电缆的敷设,控制区域等做出明确规定,并绘制布置图。

②煤矿安全监控设备之间必须使用专用阻燃电缆或光缆连接,严禁与调度电话电缆或动力电缆等共用。防爆型煤矿安全监控设备之间的输入、输出信号必须为本质安全型信号。

③安全监控设备必须具有故障闭锁功能。当与闭锁控制有关的设备未投入正常运行或故障时,必须切断该监控设备所监控区域的全部非本质安全型电气设备的电源并闭锁;当与闭锁控制有关的设备工作正常并稳定运行后,自动解锁。

④矿井安全监控系统必须具备甲烷断电仪和甲烷风电闭锁装置的全部功能。当主机或系统电缆发生故障时,系统必须保证甲烷断电仪和甲烷风电闭锁装置的全部功能;当电网停电后,系统必须保证正常工作时间不小于 2 h;系统必须具有防雷电保护;系统必须具有断电状态和微电状态监测、报警、显示、存储和打印报表功能;中心站主机不少于 2 台,1 台备用。

⑤安装继电控制系统时,必须根据断电范围要求提供断电条件,并接通上下电源及控制线。安全监控设备的供电电源必须取自被控制开关的电源侧,严禁接在被控开关

的负荷侧。拆除或改变与安全监控设备关联的电气设备的电源线及控制线、检修与安全监控设备关联的电气设备、需要安全监控设备停止运行时,须报告矿调度室,并制定安全措施后方可进行。

⑥安全监控设备必须定期进行调试、校正,每月至少 1 次。甲烷传感器、便携式甲烷检测报警仪等采用载体催化元件的甲烷检测设备,每 7 天必须使用校准气样和空气样调校 1 次,每 7 天必须对甲烷超限断电功能进行测试。安全监控设备发生故障时,必须及时处理,在故障期间必须有安全措施。

⑦必须每天检查安全监控设备及电缆是否正常。使用便携式甲烷检测报警仪或便携式光学甲烷检测仪与甲烷传感器进行对照,并将记录和检查结果报监测值班员。当两者读数误差大于允许误差时,先以读数较大者为依据,采取安全措施并必须在 8 h 内对两台设备调校完毕。

⑧矿井安全监控系统中心站必须实时监控全部采掘工作面瓦斯浓度变化及被控设备的通、断电状态。矿井安全监控系统的监测日报表必须报矿长和技术负责人审阅。

⑨必须设专职人员负责便携式甲烷检测报警仪的充电、收发及维护。每班要清理隔爆罩上的煤尘,发放前必须检查便携式甲烷检测报警仪的零点和电压或电源欠压值,不符合要求的严禁发放使用。

⑩配制甲烷校准气样的装置和方法必须符合国家有关标准,相对误差必须小于5%。制备所用的原料气应选用浓度不低于99.9%的高纯度甲烷气体。

**(2)井下人员定位系统**

1)井下人员定位系统定义

煤矿井下人员定位系统又称煤矿井下人员位置监测系统和煤矿井下作业人员管理系统,具有人员位置、携卡人员出入井时刻、重点区域出入时刻、限制区域出入时刻、工作时间、井下和重点区域人员数量、井下人员活动路线等监测、显示、打印、存储、查询、异常报警、路径跟踪、管理等功能。

2)井下人员定位系统的组成

煤矿井下人员位置监测系统一般由识别卡、位置监测分站、电源箱(可与分站一体化)、传输接口、主机(含显示器)、系统软件、服务器、打印机、大屏幕、UPS 电源、远程终端、网络接口、电缆和接线盒等组成,如图6-8所示。

3)井下人员定位系统的工作原理

①识别卡。由下井人员携带,保存有约定格式的电子数据,当进入位置监测分站的识别范围时,将用于人员识别的数据发送给分站。

②位置监测分站。通过无线方式读取识别卡内用于人员识别的信息,并发送至地面传输接口。

③传输接口。接收分站发送的信号,并送主机处理;接收主机信号,并送相应分站;控制分站的发送与接收、多路复用信号的调制与解调,并具有系统自检等功能。

④主机。主要用来接收监测信号、报警判别、数据统计及处理、磁盘存储、显示、声光报警、人机对话、控制打印输出、与管理网络连接等。

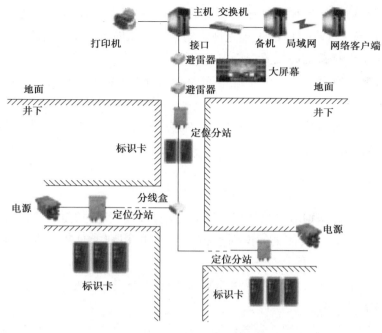

图 6-8　井下人员定位系统

4）井下人员定位系统的作用

①遏制超定员生产。通过监控进入采区、采煤工作面、掘进工作面等重点区域人数,遏制超定员生产。

②防止人员进入危险区域。通过对进入盲巷、采空区等危险区域人员进行监控,及时发现误入危险区域人员,防止发生窒息等伤亡事故。

③及时发现未按时升井人员。通过对人员出入进行监测,可及时发现超时作业和未升井人员,以便及时采取措施,防止发生意外。

④加强特种作业人员管理。通过对瓦斯检查员等特种作业人员巡检路径及到达时间监测,及时掌握检查员等特种作业人员是否按规定的时间和线路巡检。

⑤加强干部带班管理。通过对带班干部出入井及路径监测,及时掌握干部下井带班情况,加强干部下井带班管理。

⑥煤矿井下作业人员考勤管理。通过对入井作业人员的出入井和路径监测,及时掌握工作人员是否按规定出入井,是否按规定到达指定作业地点等。

⑦应急救援与事故调查技术支持。通过系统可及时了解事故时入井人员总数、分布区域、人员的基本情况等。发生事故时,系统不被完全破坏,还可在事故后 2 h 内(系统有 2 h 备用电源)掌握被困人员的流动情况。在事故后 7 d 内(识别卡电池至少工作 7 d),若识别卡不被破坏,可通过手持设备测定被困人员和尸体大致位置,以便及时搜救和清理。

⑧持证上岗管理。通过设置在人员出入井口的人脸、虹膜等检测装置,检测入井人员特征,与上岗培训、人脸、虹膜数据库资料对比,没有取得上岗证的人员不允许下井,特殊情况(如上级检查等)须经有关领导批准,并存储记录。

⑨紧急呼叫功能。具有紧急呼叫功能的系统,调度室可以通过系统通知携卡人员撤离危险区域,携卡人员可以通过预先规定的紧急按钮向调度室报告险情。

5)井下人员定位系统的设置和管理要求

①矿井调度室应设人员定位系统地面中心站,配备显示井下人员位置等的显示设备,执行 24 h 值班制度。

②各个人员出入的井口、采区、采掘工作面等重点区域出入口,盲巷等限制区域,主要巷道分支,以及井下避险系统出入口等地点应设置分站,并能满足监测携卡人员出入的要求。

③下井人员应携带识别卡。识别卡严禁擅自拆开。

④工作不正常的识别卡严禁使用。性能完好的识别卡总数至少比经常下井人员的总数多 10%。不固定专人使用的识别卡、性能完好的识别卡总数至少比每班最多下井人数多 10%。

⑤各个人员出入井口应设置检测识别卡工作是否正常和唯一性的装置,并提示携卡人员本人及有关人员。

总之,煤矿井下人员位置监测系统识别卡正常工作和下井人员每人一张卡,且仅携带表明自己身份的卡,是遏制超能力生产、加强煤矿井下作业人员管理、为应急救援提供技术支持的必要条件。

**(3)井下紧急避险系统**

1)井下紧急避险系统的概念

煤矿井下紧急避险系统是指在煤矿井下发生紧急情况时,为遇险人员安全避险提供生命保障的设施、设备组成的有机整体。

2)井下紧急避险系统设施相关概念

井下紧急避险设施是指在井下发生灾害事故时,为无法及时撤离的遇险人员提供生命保障的密闭空间。紧急避险设施主要包括永久避难硐室、临时避难硐室、可移动式救生舱。

永久避难硐室是指设置在井底车场、水平大巷、采区(盘区)避灾路线上,具有紧急避险功能的井下专用巷道硐室。其服务于整个矿井、水平或采区,服务年限一般不低于5 年。

临时避难硐室是指设置在采掘区域或采区避灾路线上,具有紧急避险功能的井下专用巷道硐室,主要服务于采掘工作面及其附近区域,服务年限一般不大于 5 年。

可移动式救生舱是指可通过牵引、吊装等方式实现移动,适应井下采掘作业地点变化要求的避险设施。

3)紧急避险系统的作用与功能

在井下发生突出、火灾、爆炸、水害等突发紧急情况时,在无法顺利逃生的情况下,为无法及时撤离的遇险(幸存)人员提供一个安全的密闭空间。对外能够抵御高温烟气,隔绝有毒有害气体;对内能为遇险人员提供氧气、食物、水,去除有毒有害气体,创造生存基本条件;并为应急救援创造条件、赢得时间。

紧急避险系统是突发紧急情况下井下人员无法逃脱时的最后保护方式,为被困矿工提供维持生命环境,使其与救援人员联络获得逃生方式,或等待救护队到达,促进提高获救的成功率。

4) 紧急避险设施的设置要求

①煤与瓦斯突出矿井必须建设采区永久避难硐室,当采区内突出煤层的推进巷道长度及采煤工作面推进长度超过 500 m 时,应在距离工作面 500 m 范围内建设临时避难硐室(避难所)或设置可移动式救生舱。

②非煤与瓦斯突出矿井,当采掘工作面距行人井口的距离超过 3 000 m 时,必须在井底车场或主要采区车场建设永久避难硐室,同时当该区域内采掘工作面距永久避难硐室超过 1 000 m 时,应在距离工作面 1 000 m 范围内建设临时避难硐室(避难所)或设置可移动式救生舱。

③当采掘工作面距行人井口的距离小于 3 000 m 时,必须在井底车场或主要采区车场建设临时避难硐室(避难所)或设置可移动式救生舱。

5) 永久避难硐室建设标准

①位置要求:永久避难硐室一般设置在井底车场、水平、采区避灾路线上,服务区域覆盖整个矿井、水平或采区。

②功能要求:服务年限一般不低于 5 年,额定避险人数一般为 20 ~ 100 人,使用面积应不低于 0.75 m²/人。

③环境要求:永久避难硐室应布置在稳定岩层中,避开地质构造带、高温带、应力异常区及透水危险区,若布置在煤层中要有防瓦斯涌出和煤层自燃措施;前后 20 m 范围内巷道应采用不燃性材料支护,且顶板完整、支护完好,符合安全出口的要求。

6) 永久避难硐室的基本组成

①隔离系统。避难硐室的隔离系统主要包括在进出口各设的两道防护密闭门和两道防爆密闭墙。密闭门高不低于 1.5 m,宽不小于 0.8 m,向外开启,要求开闭灵活、密封可靠,能够里外锁死。密闭墙掏槽深度不小于 0.2 m,墙体用强度不低于 C30 的混凝土浇筑。

②过渡室。过渡室要求净高不低于 2 m,面积不小于 3.0 m²,并设置压缩空气幕和压气喷淋装置,以及单向排水和排气管及手动阀门。

③生存室。生存室要求净高不低于 2 m,每人有效使用面积不小于 1.0 m²,并设置两趟单向排气管和一趟单向排水管及手动阀门。同时应具备以下几大系统。

a.氧气供给系统。由于煤矿井下发生火灾、煤尘爆炸、坍塌等灾害性事故时,都会致使避难所周围环境缺氧,同时,避险人员在密闭空间会短时间内耗尽氧气。因此,必须在避难硐室内部设置能向避险人员提供氧气以保证避险人员能够维持正常呼吸的供氧装置。

b.降温除湿系统。发生灾变时,避险人员长时间在密闭的室内生存,人体散热导致硐室气温升高,同时如发生爆炸,外界温度传入及化学药品产生反应造成生存环境温度升高,湿度增大,所以需要对生存温度、湿度进行控制调节,以保证适宜的生存环境温度不高于 35 ℃,湿度不大于 85%,保证紧急避险设施内始终不低于 100 Pa 的正压状态。

c. 有毒有害气体处理系统。由于遇险人员长时间生存在密闭空间,人体呼出的二氧化碳会使密闭空间二氧化碳浓度不断增加,当达到 8% 时,人会在短时间内死亡;同时,硐室外的一氧化碳会随人员进入而进入。所以,必须对避难硐室内的二氧化碳和一氧化碳两种有毒有害气体进行处理。处理二氧化碳能力不低于 0.5 L/(min·人);处理一氧化碳能力应保证在 20 min 内将一氧化碳浓度由 0.04% 以上降到 0.002 4% 以下。

d. 动力保障系统。避难硐室主供电电源采用可靠的供电点供电,电缆在进入避难硐室前 20 m,穿管入巷道底板,实现避难硐室内部双回路供电。硐室内安设馈电开关、照明综保,控制室内的供电电源。室外的空调压缩机由馈电开关经变压器后直接供电。按照最新版标准要求,硐室必须设计选用磷酸铁锂电池组(带电源管理系统)作为备用电源,当发生事故断电后采用备用电池箱作为备用电源。磷酸铁锂电池容量大、电压高、体积小、性能稳定、性价比高。磷酸铁锂电池组是锂离子电池中性能较好的一种,相较其他的锂电池来说,循环寿命高、充电时间短。同时配有电池管理箱,实现对磷酸铁锂电池组充放电管理。

e. 监测监控系统。按照标准必须配备独立的内外环境参数检测或监测仪器,在突发紧急情况下人员避险时,能够对避险硐室过渡室内的氧气浓度、一氧化碳浓度 2 个参数,生存室内的氧气浓度、甲烷浓度、二氧化碳浓度、一氧化碳浓度、温度、湿度、压差 7 个参数和避险硐室外的氧气浓度、甲烷浓度、二氧化碳浓度、一氧化碳浓度、温度 5 个参数进行检测或监测。

f. 气幕喷淋系统。由于避险人员在开启硐室第一道防护门的过程中会带入一定浓度的有毒有害气体及火源,极易造成对避险人员的二次伤害。气幕喷淋系统的功能是将有毒气体及火源驱至门外,不会随着避险人员的进入而带入室内。气幕系统是利用储存在钢瓶中的压缩空气,通过减压器将稳定的压力输送至硐室门联动开关。当硐室门开启时,硐室门联动开关即刻开启,压缩空气向外喷出。当硐室门关闭时,硐室门联动开关即刻关闭,阻止压缩空气继续喷出。喷淋系统是利用储存在钢瓶中的压缩空气,由过渡室进入生存室时,开启喷淋开关,将避险人员身上有可能携带的有毒气体清洗干净。气幕喷淋系统用气必须与高压空气瓶和井下压风系统相连接,当压风正常时用压风,当压风不正常时用高压空气。

g. 排气系统。硐室内的排气系统由两部分组成:一是自动排气系统,主要功能是当硐室内没有使用压风系统,硐室内的压力超过 200 Pa 时,自动开启排气阀,排气管道必须加装逆止阀;二是手动排气阀,主要功能是当室内使用压风系统时,自动排气阀不能满足要求,需采用大口径手动排气阀。

h. 供水施救系统。矿井的供水施救系统支管通过地沟预埋接入避难硐室,为避难硐室提供备用饮用水源和生活、卫生水源。当避难硐室内部食物消耗完后,还可以通过该系统提供流体食物给避难人员。供水管路选用直径 32 mm 的无缝钢管。供水管路应有专用接口和供水阀门。

i. 通信联络系统。避难硐室要有两套独立的矿用通信联络装置。一套为避难硐室内与矿(井)调度室直通的电话,该电话配置必须与业主单位通信系统相兼容;另一套为避难硐室内与避难硐室外有线对讲通话,对讲电话自带电源。

j. 排水系统。为了排除硐室内的异常积水和多余废水,特设硐室排水系统。排水系统既能达到排水的作用,又要保证不破坏硐室的对外气密性。排水系统由排水池、排水管道、U形弯管、排水截止阀、排水单向阀组成。因为硐室排水量很小,基本无固定排水。所以,先用DN50排水管及配套规格阀门即可满足要求。

k. 照明系统。照明系统由两部分组成:一是避难硐室有电时的照明,由照明综保和127 V巷道灯组成,127 V巷道灯100人硐室一般每个过渡室2个,生存室6个;二是避难硐室无电时的照明,由本安电路用按钮开关和矿用本安型机车信号灯等组成,矿用本安型机车信号灯由备用锂离子电池供电。

l. 基本生存保障。避难硐室应配备在额定防护时间内额定人员生存所需的食品和饮用水,并有足够的安全余量。食品配备不少于2 000 kJ/(人·天),食用水500 mL/(人·天)。避难硐室还应配备必要的应急维修所需工具箱、灭火工具、急救箱等。

7)临时避难硐室(避难所)建设标准

①基本要求。临时避难硐室设置在采掘区域或采区避灾路线上。额定避险人数一般为10~40人,使用面积应不低于0.6 m²/人。一般宜布置在稳定岩(煤)层中,避开地质构造带、高温带、应力异常区以及透水危险区,若在煤层中要有防瓦斯涌出和煤层自燃措施。前后20 m范围内巷道应采用不燃性材料支护,且顶板完整、支护完好,符合安全出口的要求。临时避难硐室应由隔离门和避难所两部分组成。

②功能设施要求。

a. 安全监测监控系统。配备独立的内外环境参数检测或监测仪器。对避难所内外的甲烷浓度、一氧化碳浓度等环境参数进行实时监测。

b. 人员定位系统。实时监测井下人员分布和进出紧急避险设施的情况。

c. 压风自救系统。呼吸嘴数量满足最多避难人数需要,但不得少于15个,每人供风量不得少于0.3 m³/min。

d. 供水施救系统。供水管路应有专用接口和供水阀门。

e. 通信联络系统。设置直通矿调度室的电话,无线通信或应急通信。

f. 视频监控。室内安装一部摄像头,能够对室内视频图像进行实时监控,并与矿井视频监控系统连接。

g. 其他辅助设施。自救器、照明器材、消防器材、急救箱等。

h. 基本生存保障。食品不少于5 000 kJ/(人·天),饮用水不少于1.5 L/(人·天)。

8)救生舱

矿工自救中,由于自救器有效时间较短,当佩戴自救器后,在其有效作用时间内不能到达安全地点;撤退路线无法通过;若有自救器而有害气体含量又较高时,避难室或救生舱可以发挥作用。

矿用可移动式逃生救生舱(以下简称"救生舱")是一种新型的矿井下逃生避难装

备。将其放置于采掘工作面附近,当煤矿井下突发重大事故时,井下遇险人员在不能立即升井脱险的紧急情况下,可快速进入救生舱内等待救援,能改变单纯依赖外部救援的矿难应急救援模式,由被动待援到主动自救与外部救援相结合,使救援工作科学、有序、有效。

救生舱是矿山救援系统的重要组成部分,在设计上配备了巷道内气体、温度、压力等参数的检测系统、可独立工作的动力系统、生命维持系统、环境控制系统以及必要的保护结构。

救生舱在设计上充分考虑了使用现场环境的复杂性和恶劣性,采用了坚固的钢制外壳及防火、防锈、防腐的专用涂层。舱体设有独立的生命维持系统,在没有外界动力条件下可提供8人4天的生存环境。针对特殊情况设计了观察窗和紧急逃生装置;装备了较为舒适的内部装饰,可缓解在紧急情况下避难人员的紧张情绪。

**(4)压风自救系统**

压风自救系统主要由空气压缩机、压风管路和压风自救装置组成。

1)空气压缩机

空气压缩机应安装在地面,必须有工作机和备用机;深部多水平开采的矿井,空气压缩机安装在地面难以保证对井下作业点有效供风时,可在其供风水平以上两个水平的进风井井底车场安全可靠的位置安装,但不得使用滑片式空气压缩机;井下使用多套压风系统时应进行管路联网。

2)压风管路

所有矿井采区避灾路线上均应敷设压风管路,并设置供气阀门,间隔不大于200 m;主管直径不小于100 mm,支管直径不小于50 mm。管材必须满足供气强度、阻燃、抗静电等要求;管路每隔3 m固定,并采取防护措施,防止因灾破坏。

3)压风自救装置

煤与瓦斯突出矿井应在距采掘工作面25~40 m的巷道内、爆破地点、撤离人员与警戒人员所在的位置以及回风巷有人作业处等地点至少设置一组压风自救装置;在长距离的掘进巷道中,应根据实际情况增加压风自救装置的设置组数;每组压风自救装置应可供5~8人使用;压风自救装置要安装在地点宽敞、支护良好、没有杂物堆积的人行道侧,人行道宽度要保持在0.5 m以上。

**(5)供水施救系统**

1)供水施救系统基本要求

地下矿山企业应在现有生产和消防供水系统的基础上建立供水施救系统。供水施救系统要求除了日常在采掘作业地点及灾变时人员集中场所能够提供水源,当发生事故时系统要为被困人员在井下各作业地点及避难室(场所)提供正常供水,为救援创造时间。

2)水源

①供水水源引自地面消防水池或专用水池,水池容量不小于200 m³。

②井下钻孔作为水源地,必须与地面供水管网形成系统。

③地面水池需采取防冻和防护措施。

④必须是可供饮用的水源。

⑤供水压力不能满足需要时,需安装加压设施或减压阀、减压水舱。

3)供水管路

①供水管路、管件和阀门型号应符合设计要求,最大静水压力大于 1.6 MPa 的管段宜采用无缝钢管,不大于 1.6 MPa 的管段可采用焊接钢管。地面供水入水口必须安装过滤装置,防止造成管路堵塞。

②供水管路必须铺设到所有采掘工作面、采区避灾路线、人员较集中地点、主要机电硐室(采区变电所、瓦斯抽放泵站)、主要运输巷、主要行人巷道和避难硐室及避灾路线巷道等地点。

③井筒、井底车场、水平总运输巷道设置供水主管,进入采区巷道设置供水干管,进入采掘工作面或避难硐室设置供水支管。避难硐室(救生舱)前后 20 m 范围内的供水管路要采取保护措施,防止损坏。

④除按照《煤矿安全规程》要求设置三通及阀门外,还要在所有采掘工作面和其他人员较集中的地点设置供水阀门,保证各采掘作业地点在灾变期间能够实现提供应急供水的要求。供水管阀门安装位应与压风自救装置位置一致。

**(6)通信联络系统**

矿井通信联络系统又称矿井通信系统,是煤矿安全生产调度、安全避险和应急救援的重要工具。矿井通信系统包括矿用调度通信系统、矿井广播通信系统、矿井移动通信系统、矿井救灾通信系统等。下面对矿用调度通信系统的设置要求做一简述。相关规程规定:在主副井绞车房、井底车场、运输调度室、采区变电所、水泵房等主要机电设备明室和采掘工作面以及采区、水平最高点,应安设电话;井下避难硐室(救生舱)、井下主要水泵房、井下中央变电所和突出煤层采掘工作面、爆破时撤离人员集中地点等,必须设有直通矿调度室的电话;距掘进工作面 30~50 m 范围内、距采煤工作面两端 10~20 m 范围内以及采掘工作面的巷道长度大于 1 000 m 时,应在巷道中部安设电话。

# 6.3　抢救技术

## 6.3.1　人工呼吸法

根据呼吸运动的原理,用外力使伤员的胸腔扩大和缩小,引起肺被动地收缩和舒张,从而使其恢复自主性呼吸。在施行人工呼吸前,要先将伤员迅速地搬运到附近较安全又通风的地方。如果急救的现场在井下,应注意顶板良好、无淋水,确保现场环境无其他安全隐患,关注瓦斯浓度、通风情况等,以保障救援人员和伤员的安全,再解开伤员领口,松开腰带,并做好保暖措施。

**(1)口对口人工呼吸法**

①先让气道通畅。在矿井或地面发生意外,难免发生呕吐、口内出血或者有泥土等

外物进入口中。呼吸停止后,人会昏迷,又无法吐出这些异物。如果不先清除,急于进行口对口吹气,空气无法入肺,甚至把异物吹入肺内,往往造成不幸。另外,呼吸停止的人,肌肉松弛,下颌随之下移,于是舌根向后坠落,可能会阻塞气道。故必须采取以下急救方法:

a. 用双手扳开伤员下颌,将嘴张大,迅速查看口内有无呕吐物或其他异物。若发现有呕吐物、血块或唾液、泥土等,应立即将伤员的头侧向一边,并用食指裹以毛巾、手帕或衣角,伸入口内,将异物一一掏出,动作要快,一般只需十几秒。

b. 解除舌后坠,应将伤员的头尽力后仰,再用另一手将头固定。头后仰,下颌和咽喉间被紧拉,舌根被连带上提。

②站好位置。伤员仰卧在地上,救护者应双膝跪在伤员头侧。如果伤员躺在床上或桌面上,救护者应站在伤员的头侧。跪在伤员头前时,可用膝盖顶住伤员的头,使头保持后仰,一手捏住伤员的鼻孔,另一手托起下颌。

③吹气入肺。吹气前,救护者张大嘴,尽力吸气,然后俯身用自己的嘴唇包住伤员的嘴唇,以免漏气(图6-9)。

图6-9　口对口吹气法

④让气流出。吹气完毕,救护者立刻将头离开伤员,松开捏鼻的手。同时,救护者可以直起身子,张大嘴唇,深吸气,为下一次吹气做好准备。如此有节律地、均匀地反复进行,直至伤员恢复自主性呼吸。

**(2)人工呼吸法注意事项**

①施行口对口吹气时,救护者口唇要包住伤员口唇,以免漏气。用手指捏住患者的鼻翼,吹气2次,每次约1 s,吹气的同时用眼睛余光观察胸廓是否隆起。若有条件,救护者应使用带单向阀门的呼吸膜或呼吸面罩包住伤员口唇,减少交叉感染的风险。

②人工呼吸法适用于电休克、中毒性窒息或外伤性窒息等引起的呼吸停止。操作时应注意心跳情况,如心跳停止,应与胸外心脏按压法同时进行。

③施行人工呼吸法,有时要持续较长时间,甚至数小时才能把伤员救过来。施行人工呼吸时间的长短,应视伤员恢复自主呼吸或出现死亡征象而定。

## 6.3.2　止血

创伤一般会出血,特别是较大的动脉血管损伤,会引起大出血。如果抢救不及时或不恰当,就可能使伤员出血过多,甚至危及生命。正常情况下,成人的血液量一般占体重的7% ~8%。当失血量为1 000 mL时,口唇、面色苍白,皮肤出冷汗,四肢发凉,呼吸急促,一般会迅速恶化;当失血量达到全身血量的 30% ~40%(成年人约 1 200 ~1 600 mL)时,可能会导致生命危险。因此,在这种情况下,首先要争分夺秒,准确有效地止血,然后再进行其他急救处理。此外,施救者要做好个人防护,避免直接接触患者体液、血液、分泌物、排泄物、呕吐物等,如视情况戴丁腈手套、防目镜等。

**(1)出血的种类**

出血的种类,可根据血液的颜色和出血情况来判断。分为如下几类:

①动脉出血。血液是鲜红的,随心脏跳动的频率从伤口向外喷射,速度快。

②静脉出血。血液是暗红的,徐缓均匀地从伤口流出。

③毛细血管出血。血液是红色的,像水珠样地从伤口渗出,多能自身凝固止血。

**(2)止血的方法**

毛细血管和静脉出血,一般用纱布、绷带包扎好伤口,就可以止血。大的静脉出血可用加压包扎法止血。下面介绍几种常用的暂时性的动脉止血方法。

①加压包扎止血法。该法是最常用的有效止血方法,适用于全身各部位(图 6-10)。操作方法是用消毒纱布或干净毛巾、布料盖住伤口,再用绷带、三角巾或布带加压缠紧,并将肢体抬高,也可在肢体的弯曲处加垫,然后用绷带缠好。

图 6-10　加压包扎止血法

②止血带止血法。当四肢大动脉大出血,用其他方法不能止血或伤肢损伤无法再复原时,才可用止血带。止血带应绑在出血部位靠近心脏的一端,一般位于伤口上方 5 ~8 cm 处。因为止血带易造成肢体残废,所以使用时要特别小心。

通常用大三角巾、绷带、手帕、布条等布止血带。止血带选择时,掌握"宁宽勿窄"的原则,在止住血的前提下,尽量选择宽的止血带。不能使用电线、铁丝、绳子等过细且无弹性的物品充当止血带,不仅止血效果差且易造成二次损伤。止血带可以把血管压住,达到止血的目的,适用于四肢大血管出血。使用止血带止血时,必须注意以下几点:

a.上止血带后,要有标记,一旦止血带放置到位,需记录好时间,之后不再进行任何操作,一直等到接受过更高级培训的人员到来接手。

b.院前及院内急救时,尽可能缩短止血带使用时间,最长使用时间不应超过 2 h。一旦使用止血带,应尽快将伤员送至医院得到正规救治。以下情况禁止松开止血带:预计无法对松开止血带造成的出血进行有效止血;使用止血带时间已经超过 6 h;患者休克;肢体离断。

c.受严重挤压伤的肢体或伤口远端肢体严重缺血时,不能上止血带。

d.如肢体伤重已不能保存,应在伤口近心端紧靠伤口处上止血带,不必放松,直至手术截肢。

e. 在上止血带的部位,必须先衬绷带、布块或绑在衣服外面,以免损伤皮下神经;同时,绑的松紧要适宜,以摸不到远端脉搏及使出血停止为限度。

④布条绞紧止血法。将三角巾折成条带状,平整地绕肢体一周,两端左右交叉打活结,并在一头留成一小套,然后取一个小木棒穿在活结下,稍向上提绞紧,再将绞紧后的木棒一头插入小套内,并把小套拉紧固定。

### 6.3.3 包扎

伤口是细菌侵入人体的入口。如果伤口被污染,就可能引起化脓感染、气性坏疽及破伤风等病症,严重损害人体健康,甚至危及生命。因此,受伤以后,在矿井无法做清创手术的条件下,必须先进行包扎。

**(1)包扎的目的**

①保护伤口,减少感染。

②压迫止血。

③减轻疼痛。

④固定夹板和敷料,利于转运。

**(2)包扎的材料**

①胶布:也叫作橡皮膏,用作固定纱布和绷带。

②绷带:用于四肢或颈部的包扎。

③三角巾:用于全身各部位的包扎。

④四头带:多用于鼻、下颌、前额及后头部的包扎。

若现场没有上述包扎材料,可以就地取材,用手帕、毛巾、衣服等代替,使用这些替代品时,应尽量保持清洁,以减少感染风险。

**(3)包扎的方法**

①绷带包扎。

a. 环形法。将绷带作环形重叠缠绕即成。通常是第一圈环绕稍作斜状,第二圈、第三圈作环形,并将第一圈斜出的一角压于环形圈内,这样就牢固些。最后用橡皮膏将带尾固定,或将带尾剪成两半,打结后即成(图 6-11)。此法适用于头部、颈部、腕部及胸部、腹部等处。

图 6-11　环形法

　　b.螺旋法。通常是先作环形缠绕开头的一端,再斜向上绕,每圈盖住前圈的1/3 或 2/3 即成。此法适用于四肢、胸背、腰部等处。

　　c.螺旋反折法。先用环形法包扎开头的一端,再斜旋上升缠绕,每圈反折一次。此法适用于小腿、前臂等处。

　　d."8"字环形法。一圈向上,一圈向下,呈"8"字形来回包扎,每圈在中间和前圈相交,并根据需要与前圈重叠或压盖一半。此法适用于关节部位(图6-12)。

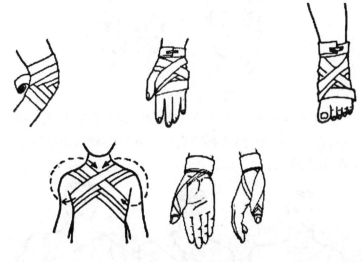

图 6-12　"8"字环形法

　　②三角巾包扎。制作及要求:三角巾在顶角有一长45 cm的带,侧边长85 cm,底边长135 cm,三角巾的高为65 cm。三角巾制作简单,使用方便,容易掌握,适用于多种部位的包扎。把1 m×1 m的本色白布对角剪开,即成两块大三角巾。如果再将三角巾对折剪开,即成两块小三角巾。三角巾用途很广,适用于以下人体部位的包扎。

　　a.面部包扎。把三角巾的顶角先打一个结,然后顶角在上用以包扎头面,在眼睛、鼻子和嘴的地方挖几个小洞,把左右角拉到脖子后面,再绕到前面打结(图6-13)。

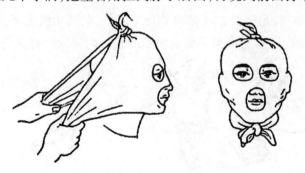

图 6-13　面部包扎

　　b.头部包扎。先沿三角巾的长边折叠两层(约两指宽),从前额包起,把顶角和左右两角拉到脑后,先作一个半结,将顶角塞到结里,然后再将左右角包到前额打结(图6-14)。

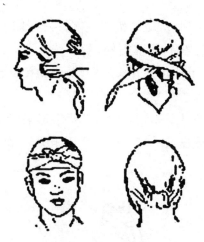

图 6-14　头部包扎

c. 胸部包扎。如果伤在右胸,就把三角巾的顶角放在右肩上,把左右两角拉到背后(左面要放长一点),在右面打结,然后再把右角拉到肩部和顶角打结。如果伤在左胸,就把顶角放在左肩,包扎同上(图 6-15)。

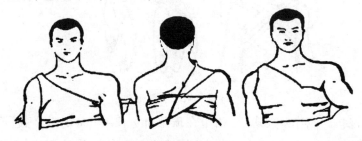

图 6-15　胸部包扎

d. 背部包扎。此法和胸部包扎方法一样,不同的是从背部包扎,在胸部打结。

e. 腹部包扎。在内脏脱出处放一块干净纱布,再置一个大小适宜的碗(或用其他布圈代替),三角巾底边横放于腹部,两底角在背部打结,然后再与从大腿中间向后拉紧的顶角结在一起。

f. 手足包扎。手指、足趾放在三角巾的顶角部位,把顶角向上折,包在手背或足背上面,然后把左右两角交叉向上拉到手腕或足腕的左右两面缠绕打结(图 6-16)。

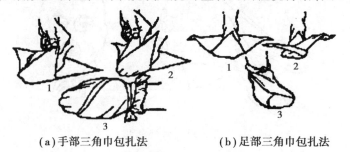

（a）手部三角巾包扎法　　　（b）足部三角巾包扎法

图 6-16　手足包扎

g. 大小悬臂带包扎。用三角巾兜起前臂,悬吊于颈部(图 6-17)。

图 6-17　大小悬臂带包扎

用三角巾包扎,必须注意边要固定,角要拉紧,手心伸展,敷料贴紧,打结要牢。当现场出现大批伤员时,来不及准备三角巾,也可用毛巾代替,将毛巾斜对折叠,中间用窄绷带穿过。如果毛巾太短,还可在毛巾的一端接上带子。用毛巾代替三角巾,同样适用于全身包扎,方法也与三角巾包扎基本相同。

③四头带包扎。用较宽的长条本色白布或毛巾,将布头自中部各剪去 1/3,即可使用,此法适用于鼻部、下颌、前额及后头部包扎(图 6-18)。

图 6-18　四头带包扎

## 6.3.4　骨折的临时固定

### (1)骨折的诊断

一般诊断骨折不太困难,主要根据望、问,并运用摸法和比法,进行局部检查,综合判断。一般骨折伤员的患部有肿胀、青紫(即瘀斑)、疼痛和局部压痛、功能障碍、肢体缩短、骨摩擦音或假关节活动(即在没有关节的部位,由于骨折,出现同关节一样的活动)等症状和体征出现。前 3 种症状不是骨折特有的症状,但后 3 种体征是骨折特有的临床表现。如出现这 3 种特有的体征之一,并结合受伤史,就可诊断清楚。

### (2)急救骨折的要点

如果怀疑有脊柱损伤,绝对不应移动伤者,除非存在立即的生命威胁(如火灾、爆炸等),并且应等待专业救援人员到来。

①对开放性骨折,应特别注意不要弄脏伤处,即使伤口沾有煤泥等脏东西,也不要动它,更不能用水冲洗。可用干净毛巾把伤口完全盖住,然后适度包扎,先止血再将骨折处固定,这样就能减少感染化脓的机会。

②不要随便移动或整复伤处,以免误伤神经、血管或内脏,造成二次损伤。在进行临时固定时,伤处一定要贴在坚硬不易弯的东西上面,固定才较牢靠。用于固定的东西很多,如夹板、木棍、竹片、树枝,甚至伤员自己的对侧肢体也可以。剧烈疼痛可能加剧休克,在进行临时固定前应设法止痛。

③护送骨折伤员时的体位:上肢骨折取坐位或半卧位;下肢骨折取平卧位,伤肢稍抬高。

(3)临时固定的方法

①上臂骨折。肘关节应屈曲90°,在上臂外侧各置夹板一块,放好衬垫,用绷带将骨折上下端固定。用三角巾将前臂吊于胸前,再用一条三角巾将上臂固定于胸部。无夹板时,用一宽布带将上臂固定于胸部,再用三角巾将前臂悬吊于胸前(图6-19),指端露出,随时观察末梢血液循环。

图6-19 上臂骨折　　　图6-20 前臂骨折

②前臂骨折。两块夹板分别放置在前臂及手的掌侧和背侧,加垫后用绷带或三角巾固定(图6-20)。肘关节屈曲90°,用三角巾将前臂吊于胸前,指端露出,随时观察末梢血液循环。

③大腿骨折。夹板两块,外侧由腋窝到足跟,内侧由大腿到足跟,加垫后,用数条三角巾或绷带分段固定(图6-21)。无夹板时,可用健肢固定(图6-22),趾端露出,随时观察末梢血液循环。

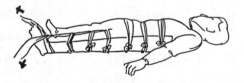

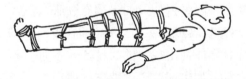

图6-21 大腿骨折固定法　　　图6-22 大腿骨折健肢固定法

④小腿骨折。用从大腿中部至足跟的夹板两块,置于小腿内外侧,加垫后分段固定(图6-23),或者用长腿直角夹板固定。无夹板时,也可使用健肢固定,使用时应确保固定的方式不会对伤肢造成额外的压力或伤害,并且固定应尽可能地稳固,以防进一步地移动或损伤。趾端露出,随时观察末梢血液循环。

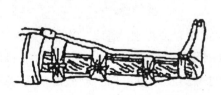
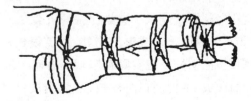

图6-23 小腿骨折固定法

⑤肋骨骨折。肋骨骨折多由胸部受直接或间接外力打击、挤压所致。

a. 症状。伤员伤处疼痛；局部可摸到骨折断端或有骨摩擦音；若骨折端刺破胸膜致使肺脏损伤，可发生咯血、胸闷、呼吸困难，并可能发生血胸、气胸等严重情况。

b. 处理。单纯肋骨骨折可用胶布固定胸壁，贴胶布时应从脊柱开始绕向胸骨，即在伤员深呼气结束时，用数条宽 7 ~ 8 cm 的胶布，自下而上重叠紧贴于伤者胸壁上，每条胶布的前后端应超过脊柱及胸骨中线至少 5 cm。固定期为 2 ~ 3 周。

⑥脊柱骨折。脊柱是由 33 块脊椎骨组成的，脊椎骨中间有一根粗大的脊髓神经，从颈部往下直穿向腰部。容易发生脊柱骨折的部位多在胸、腰椎部的交界处。

在现场判断是否发生胸、腰部脊柱骨折时，可依据以下几点：

a. 根据当时受伤情况进行初步判断；

b. 腰部或胸部疼痛，按压处疼痛加剧（即骨折的地方）同时还可能摸到有一处棘突比较突出；

c. 用针轻刺双足，如果痛觉减退，足踝运动受限，就可能是脊髓损伤。对疑似脊柱骨折的伤员，必须做全身检查，了解有无休克及其他合并症，以便在现场先做好相应的救援，待稳定后，转送医院进一步诊治。

对脊柱骨折的伤员，搬运方法十分重要，搬运时，应确保伤员的头部、颈部和躯干保持在一条直线上，避免扭曲或弯曲，以减少对脊髓的进一步损伤。如操作不当，即使是单纯的骨折，也可导致继发性脊髓损伤，致使发生截瘫。而对已有脊髓损伤的伤员，会加重损伤的程度，尤其是高位的脊柱骨折，如搬运方法不当，甚至可能有生命危险。

搬运时，必须使伤员保持伸展位，即 3 人蹲或跪在伤员一侧，伸手至水平位将伤员平放于硬木板上，伤部可用软垫垫起，以维持伸展，并将伤员固定，然后才可搬运转送。有条件时，最好用铲式担架或负压真空担架。

## 6.3.5　胸外心脏按压法

胸外心脏按压法适用于大多数原因造成的心脏骤停，如电休克、溺水、严重创伤大出血等。

**（1）心脏骤停的判断**

发现心脏骤停时，应在几分钟内开展急救措施，因为大脑缺氧的时间越长，脑损伤的风险越高。正确而及时地做出心脏骤停的判断，是成功恢复心跳的关键。在做胸外心脏按压前，应先准确地判断心脏是否停跳，其方法如下：

①观察心脏骤停的先兆，即心音、脉搏、血压显著减弱或无法检测到。如危重伤员心音低沉，脉搏细弱，心率快速或缓慢，血压骤降，都预示心脏随时可能停跳。

②检查反应及意识。施救者用双手轻拍患者的双肩，俯身在其两侧耳边高声呼唤："先生（女士），您怎么了，快醒醒！"检查呼吸时，患者如果为俯卧位，应先将其翻转为仰卧位。用"一听、二看、三感觉（听：施救者将耳朵贴近患者口鼻，听患者有无呼吸声；

看:观察患者的胸、腹部有无起伏;感觉:用面颊感受患者呼吸的气流)"的方法检查患者呼吸,判断时间约 10 s(或施救者直接用眼睛反复扫视患者胸部,观察患者胸部的起伏情况。这样更加简洁,更加直观,判断时间至少5 s,但不超过10 s)。如果患者无反应无意识,并且没有呼吸或仅有濒死叹息样呼吸,表明患者需要心肺复苏。

③观察瞳孔变化。心跳停止一段时间后,因脑缺氧,瞳孔会出现散大、固定及对光反应消失。因此,瞳孔的变化可作为间接诊断心脏骤停的参考。

④其他。如皮肤、黏膜苍白,出血伤口无血等。

**(2)胸外心脏按压的方法**

在作胸外心脏按压前,应先作心前区叩击术,使伤员头低脚高,救护者以左手掌置其心前区。右手握拳在左手背上捶击 3~5 次,每次间隔 1~2 s。捶击胸前区,有时能使心脏复跳。如果捶击无效,应及时正确地做胸外心脏按压(图6-24)。

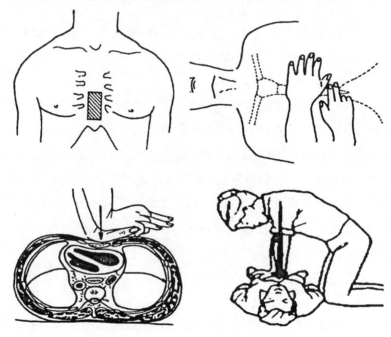

图 6-24  胸外心脏按压示意图

具体操作方法如下:

①伤员的安置。

a.病人体位:病人仰卧于硬板床或地面上,头部与心脏在同一水平,以保证脑血流量。如有可能应抬高下肢,以增加回心血量。

b.术者体位:紧靠病人胸部一侧,保证按压力垂直作用于病人胸骨,术者应根据抢救现场的具体情况,跪在伤病员的安全侧,双腿自然分开,与肩同宽。

②按压部位。准确的按压部位是胸部正中、两乳头连线中点(胸骨下半部),它的下方正是心脏所在位置。按以下方法确定按压部位:

a. 被救者双乳连线正中;

b. 胸骨下 1/2 处。

术者用靠近病人足侧一手的食指和中指，确定近侧肋骨下缘，然后沿肋弓下缘上移至胸骨下切迹，将中指紧靠胸骨切迹(不包括剑突)处，食指紧靠中指。将另一只手的掌根(长轴与病人胸骨长轴一致)紧靠前一只手的食指置于胸骨上。然后将前一只手置于该手背上，两手平行重叠，手指并拢、分开或互握均可，但不得接触胸壁。

③按压手势。救护者在伤员的右侧，手掌面与手前臂垂直，一手掌面压在另一手的背面上双手互扣。

④按压方向。双手重叠，置于伤员胸骨下半部，两臂伸直，身体前俯，用双肘和肩臂之力有节律地向脊柱方向用力按压，有胸骨下陷的感觉。

⑤按压方法。

a. 成人：术者双肘伸直，借身体和上臂的力量，向脊柱方向按压，按压深度至少5 cm，不超过6 cm，而后迅即放松，解除压力，让胸廓自行复位，使心脏舒张，如此有节奏地反复进行。按压与放松的时间大致相等，放松时手掌根部不得离开按压部位，以防位置移动，但放松应充分，以利于血液回流。按压频率为100～120次/min。

b. 小儿：使患儿仰卧于诊疗桌上，足部略抬高以增加回心血量。对于儿童，可以用一只手或两只手进行胸外按压，按压深度大约5 cm；若是婴儿，则用两个拇指环绕按压或用两个手指按压，对新生儿来说，首选是用两个拇指环绕按压的方法，按压深度大约4 cm。按压频率为100～120次/min。

⑥按压次数。以100～120次/min为宜。按压过快，心脏舒张不够充分，心室内血液不能完全充盈；按压过慢，动脉压力低，效果也不好。因此，要求下压时间和松手时间相等。

**(3)胸外心脏按压时的注意事项**

按压的力量应因人而异，对身强力壮的伤员，按压力量可大些，对年老体弱的伤员，力量宜小些。按压的力量要稳健有力，均匀规则，重力应放在手掌根部，仅在胸骨处着力，切勿在心尖部按压。同时注意用力不能过猛，否则可致肋骨骨折，心包出血或引起气胸等。

## 6.3.6 心肺复苏术

心肺复苏术包括开放气道、胸外按压和实施人工呼吸3个关键步骤。在进行人工呼吸时，成人通常采用口对口吹气的方法，对婴儿则推荐采用口对口鼻吹气的方法。按照国际心肺复苏标准，无论单人还是双人复苏，对意识丧失且呼吸异常(没有呼吸、叹息样呼吸或濒死样喘息)的人实施按压和人工呼吸，比例为30次按压配合2次人工呼吸(即30∶2)。对于青春期以下儿童，在双人复苏时按压与呼吸比例为15∶2，单人复苏仍为30∶2。通常，5个这样的周期构成一个循环。

实施心肺复苏术的注意事项：在抢救伤员时不能犹豫不决，时间就是生命；每次按压后让胸廓完全回弹;避免过度通气;动作要规范、到位;不能做做停停。有时,心肺复苏术需要长时间进行,这时应轮换进行,每隔 1～2 min 更换一次急救员,以防疲劳,保证胸外按压不中断。要尽量减少胸外按压中断,实施人工呼吸时造成的按压中断不应超过 10 s。

在有条件的情况下,经过培训的非专业人员可以使用 AED(自动体外除颤器)给予患者电击除颤,帮助患者恢复心脏跳动。

### 6.3.7　创伤性及失血性休克的急救

创伤性及失血性休克,在井下常见。它是伤后早期死亡的原因之一。因此,务必提高对这类休克的认识,做到早期诊断,及时紧急处理。

**(1)检查与识别**
①休克的表现。
a. 收缩压低于 90 mmHg(1 mmHg＝0.133 kPa),脉压差低于 20 mmHg。
b. 伤员皮肤苍白,手脚发凉,出冷汗,尿量减少。结合外伤史和临床表现即可判定为休克。
②休克严重程度的估计见表 6-1。

表 6-1　休克严重程度表

| 休克分类 | 轻　度 | 中　度 | 重　度 |
|---|---|---|---|
| 血压(收缩压)/mmHg | 80～90 | 60～80 | 40～60 |
| 脉搏/(次·min) | 80～100 | 100～120 | 120 以上或微弱、测不到 |
| 口唇 | 正常或稍发白 | 苍白或稍发绀 | 呈灰色 |
| 四肢温度 | 无变化或稍发凉 | 温而凉 | 冰凉 |
| 表情 | 正常或稍烦躁 | 烦躁不安或淡漠 | 迟钝或神志不清 |
| 尿量 | 正常 | 少 | 少或无尿 |

**(2)紧急处理要点**
①保持安静。现场抢救时,要迅速将伤员安置到安全的地方,让其安静休息。凡有休克现象的伤员,必须遵守"先抢救后转运"的原则,不应未经抗休克处理而急于转运。
②伤员体位。采取平卧位,或头低脚高位,以增加回流到心脏的血量,改善脑部血液循环。
③保持伤员的呼吸道通畅。注意清除伤员呼吸道的尘土、血块和分泌物。必要时,可供给氧气。
④解除伤员疼痛。对有骨折的伤员,应进行骨折临时固定,以免搬动刺激神经引起疼痛,伤员肌体剧痛时,可给予适量的镇痛药,但需谨慎使用,避免掩盖或加重病情,同时,要在医务工作者的指导下使用。

⑤伤口包扎止血。妥善包扎伤处,可减少出血。在特定条件下,对腹腔脏器出血、骨盆骨折或股骨骨折而致休克者,需由受过训练的专业人士操作,就地穿着抗休克裤。

⑥防止呼吸、血液循环衰竭。对出现呼吸、血液循环衰竭的伤员,除了针对伤情予以处理外,对当时出现的症状要及时急救。对呼吸衰竭的伤员,必要时进行口对口吹气;对血压急剧下降的伤员,必要时进行胸外心脏按压等处理。

⑦转送医院应符合下列情况。

a. 经抗休克后伤情平稳,收缩压稳定在 12 kPa 左右,脉压差在 4 kPa 以上,尿量增加 30 mL/h 以上,皮肤温度逐渐恢复,伤员安宁。

b. 骨折已经固定良好。

c. 外出血已经得到控制。

d. 呼吸道已保持通畅。

e. 有医务人员护送,做好必要的监护,车内有必要的急救器材和药品。

f. 转运前,与接收伤员的医院联系好,以便做好紧急抢救准备。

**(3)心理支持**

在矿山事故应急救援中,除了对伤员进行生理上的急救处理外,心理支持同样重要。事故受害者可能会经历极度的恐惧、焦虑和休克后的心理创伤。因此,在急救过程中,救援人员应当注意以下几点:

①情绪安抚:在确保伤员生理安全的同时,救援人员应尽量用平静和安慰的语气与伤员交流,以减轻其恐慌和焦虑情绪。

②信息提供:向伤员提供必要的信息,比如正在采取的急救措施、伤员的状况以及后续的救援计划,这有助于减少伤员的不确定性和恐惧。

③陪伴与倾听:在等待进一步救援时,救援人员应尽可能陪伴伤员,倾听他们的感受和担忧,给予必要的心理支持。

④避免二次伤害:在交流和搬运过程中,避免使用可能引起伤员情绪波动的语言和行为,减少对伤员的二次心理伤害。

⑤专业心理援助:在有条件的情况下,应尽快联系专业的心理援助人员,为伤员提供专业的心理干预和治疗。

⑥家属沟通:及时与伤员家属沟通,提供伤员的最新状况,同时注意沟通的方式和内容,避免给家属带来过大的心理负担。

⑦团队协作:救援团队中应有专人负责心理支持工作,或者所有成员都应接受基本的心理急救培训,以便在紧急情况下提供有效的心理支持。

⑧后续跟踪:在伤员被送往医院后,救援人员应与医院保持联系,了解伤员的心理状况,并提供必要的后续心理支持。

⑨自我照顾:救援人员在提供心理支持的同时,也应注意自己的心理健康,避免因长时间处于高压环境下而出现心理疲劳。通过这些措施,可以在矿山事故应急救援中为

伤员提供全面的心理支持,帮助他们更好地应对事故带来的心理冲击。

### 6.3.8 伤员的搬运

**(1)担架搬运法**

担架可分为特制的和临时的两种。特制的担架使用方便,但在伤员多的情况下可能不够用,此时,可以用木板、竹竿、绳子等材料制作临时担架,或者利用木棍和衣服、毯子等物品制作简易担架。

操作方法和注意事项:

①由3~4人合成一组,小心谨慎地将伤员移上担架。

②将伤员头部向后,这样做可确保后面的救护人员能随时观察伤员的情况。

③抬担架的人,脚步要一致。

④向高处抬时(如走上坡),前面的人要放低,后面的人要抬高,以使伤员保持水平状态。抬担架走下坡时则相反。

**(2)单人徒手搬运法**

①扶持法。伤轻且能够行走的伤员,可以由急救人员扶持着缓慢行走。

②背负法。急救者背向伤员站好,然后让伤员伏在背上,双手绕颈交叉下垂。接着,急救者用双手从伤员大腿下方紧紧抱住伤员大腿,确保伤员稳固。在不能够站立的巷道或在昏迷伤员不能站立的情况下,救护者可躺于伤员的一侧,一手紧握伤员的肩部,另一手抱其腿部,用力翻身,使伤员俯在救护者的背上,而后慢慢爬行或慢慢起身。适用于短距离搬运,但不适合有脊柱损伤或其他严重伤害的伤员。

③抱持法。救护者一手扶伤员的脊背,一手放在伤的大腿后面,将伤员抱起来前进。适用于较轻体重的伤员,确保救护者有足够的力量支撑。

**(3)双人徒手搬运法**

①方法。两个急救者面对面,用手臂互相交叉形成井字形的手座,让伤员坐在上面,双手扶住急救者的肩部。

②抱法。一人抱住伤员的臂部、腿部,另一人抱住伤员的肩部、腰背部。在搬运过程中,两人需要保持步伐一致,确保伤员平稳移动。

## 课后习题

1.现场急救常用人工呼吸的操作方法是什么?

2.井下避灾自救的内容和原则分别是什么?

3.现场伤情判断的主要内容有哪些?该如何分类?

4.井下紧急系统有哪些?具备哪些功能?

5.常见的创伤止血方法有哪些?包扎技术要领各自是什么?

# REFERENCES 参考文献

[1] 张超,马尚权.应急救援理论与技术[M].徐州:中国矿业大学出版社,2016.

[2] 陈雄.矿山事故应急救援[M].重庆:重庆大学出版社,2016.

[3] 王起全.事故应急与救援导论[M].上海:上海交通大学出版社,2015.

[4] 易俊,黄文祥.事故应急救援[M].北京:中国劳动社会保障出版社,2016.

[5] 赵青云.矿山应急救援实用技术[M].北京:煤炭工业出版社,2015.

[6] 易俊,黄文祥.矿山事故应急救援技术[M].北京:煤炭工业出版社,2018.

[7] 曹杰,朱莉.现代应急管理[M].北京:科学出版社,2011.

[8] 庄越,霍非舟,于蓉.现代安全事故管理[M].北京:科学出版社,2018.

[9] 邢娟娟.企业事故应急救援与预案编制技术[M].北京:气象出版社,2008.

[10] 郭德勇,杜波.矿山应急救援技术与装备研究[M].北京:煤炭工业出版社,2016.

[11] 纪晓峰.煤矿事故应急救援管理[M].北京:煤炭工业出版社,2014.

[12] 田卫东,周华龙.矿山救护[M].重庆:重庆大学出版社,2009.

[13] 国家安全生产应急救援指挥中心.矿山工人自救互救[M].北京:煤炭工业出版社,2012.

[14] 国家安全生产监督管理总局.矿山救护规程:AQ 1008—2007[S].北京:煤炭工业出版社,2008.

[15] 程爱国,张柳,白俊清.实用矿山医疗救护[M].北京:北京大学医学出版社,2007.

[16] 方裕璋.应急救援与抢险救灾[M].徐州:中国矿业大学出版社,2005.

[17] 中国统配煤矿总公司安监局技术处.矿工井下避灾[M].北京:煤炭工业出版社,1990.

[18] 张嘉勇,邱利,张爱霞.煤矿灾害事故评价方法[M].北京:冶金工业出版社,2018.

[19] 景国勋,杨玉中.矿山重大危险源辨识、评价及预警技术[M].北京:冶金工业出版社,2008.

[20] 宋卫东,付建新,谭玉叶.金属矿山采空区灾害防治技术[M].北京:冶金工业出版社,2015.

[21] 王玉庄,许保国.矿山灾害防治[M].北京:金盾出版社,2010.

[22] 阚珂.中华人民共和国安全生产法释义[M].北京:中国民主法制出版

社,2014.

[23] 赵青云,田培刚,刘林,等.矿山应急救援自身防卫实用技术研究及应用[J].煤矿安全,2017,48(6):242-244.

[24] 张培森,李复兴,朱慧聪,等.2008—2020年煤矿事故统计分析及防范对策[J].矿业安全与环保,2022,49(1):128-134.

[25] 关芳芳.我国煤矿事故统计分析及安全预防措施[J].办公室业务,2019(18):77.

[26] 臧小为,沈瑞琪,E.B.尤尔托夫,等.2008—2018年俄罗斯煤炭工业事故统计分析及启示[J].煤矿安全,2020,51(3):247-251,256.

[27] 叶兰.我国瓦斯事故规律及预防措施研究[J].中国煤层气,2020,17(4):44-47.

[28] 杨永辰,崔景昆,李国栋.煤矿采空区瓦斯爆炸机理及区域划分[M].北京:煤炭工业出版社,2019.

[29] 王莉.基于三类危险源划分的煤矿瓦斯爆炸事故机理与预警研究[M].徐州:中国矿业大学出版社,2016.

[30] 刘建英.煤矿瓦斯爆炸载荷特性及防爆舱体的动态响应与设计研究[M].北京:北京邮电大学出版社,2019.

[31] 林柏泉,等.煤矿瓦斯爆炸机理及防治技术[M].徐州:中国矿业大学出版社,2012.

[32] 张延松,胡千庭,司荣军,等.瓦斯爆炸诱导沉积煤尘爆炸研究[M].徐州:中国矿业大学出版社,2011.

[33] 王龙.煤矿通风瓦斯安全现存问题及解决对策[J].矿业装备,2023(5):120-122.

[34] 刘涛.基于模块化的煤矿瓦斯爆炸事故应急处置研究[J].现代工业经济和信息化,2023,13(3):298-299,302.

[35] 袁晓芳,朱明杰,孙林辉.基于csQCA的煤矿瓦斯爆炸事故影响因素及路径研究[J].煤矿安全,2023,54(10):237-242.

[36] 李宣东,胡兵,石福泰,等.煤矿瓦斯爆炸事故不安全动作多维属性统计及特征分析[J].煤矿安全,2024,55(1):233-240.

[37] 王晓义,姚有利.基于FTA-AHP的煤矿瓦斯爆炸的研究[J].山西大同大学学报(自然科学版),2024,40(1):109-113.

[38] 中国煤炭工业劳动保护科学技术学会组织.矿井火灾防治技术[M].北京:煤炭工业出版社,2007.

[39] 谭波.矿井火灾灭火救援技术与案例[M].北京:煤炭工业出版社,2015.

[40] 王刚,程卫民.矿井火灾防治实用措施[M].北京:煤炭工业出版社,2013.

[41] 雷柏伟,吴兵.矿井火灾救灾气体分析理论与实践[M].北京:应急管理出版社,2019.

[42] 司俊鸿.矿井火灾时期风流紊乱及优化调控理论研究[M].北京:应急管理出版社,2022.